Das Konzept Eigeninitiative

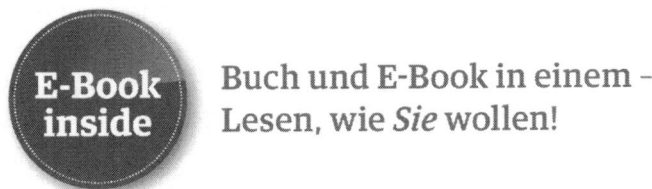

Jette Wiegel hat in unterschiedlichen Funktionen DAX-30-Konzerne und Mittelständler zu den Themen Leadership, Innovation, Management, Organisationsentwicklung und -kultur beraten. Später verantwortete sie bei großen Mittelständlern umfangreiche Projekte in Organisations-, Führungskräfte- und Kulturentwicklung. Danach verantwortete sie mehrere Jahre den HR-Bereich eines IT-Unternehmens. Heute arbeitet sie in einem DAX-Unternehmen in einem Team, das für das konzernweite strategische und operative Leadership-Development verantwortlich ist.

Michael Frese ist Psychologe und Management-Forscher. Er wirkt an der National University of Singapore Business School und der Leuphana Universität Lüneburg. Er verfolgt dabei einen interdisziplinären Ansatz, der Theorie und Praxis in den Bereichen Innovation, Management, Entrepreneurship, Fehlermanagement-Kultur, Organisation und Unternehmensentwicklung vereint. Er hat das Konzept Eigeninitiative als erster wissenschaftlich entwickelt und gilt als weltweit führend in diesem Bereich.

Jette Wiegel, Michael Frese

Das Konzept Eigeninitiative

Proaktivität fördern,
Unternehmenskultur prägen,
Innovationskraft steigern

Campus Verlag
Frankfurt/New York

ISBN 978-3-593-50855-9 Print
ISBN 978-3-593-43821-45 E-Book (PDF)
ISBN 978-3-593-43839-9 E-Book (EPUB)

Copyright © 2018 Campus Verlag GmbH, Frankfurt am Main.
Umschlaggestaltung: Guido Klütsch, Köln
Satz: Fotosatz L. Huhn, Linsengericht
Gesetzt aus: Sabon, Univers
Druck und Bindung: Beltz Grafische Betriebe GmbH, Bad Langensalza
Printed in Germany

www.campus.de

Inhalt

Vorwort und Einleitung

Es gibt jede Menge Bücher für und wider Motivation in der Öffentlichkeit. Das ist durchaus verständlich. Denn nichts ist wichtiger für die Führung von Organisationen als motivierte Menschen im Unternehmen. Fast alle gut geführten Unternehmen haben ihre Human Resources daraufhin optimiert. Auch die Auswahl von Mitarbeitern wird anhand klarer Ideen, was die jeweilige Person können sollte, getroffen. Die Unternehmen verwenden psychologische Tests, um die besten und geeignetsten Mitarbeiter auszuwählen, sie haben vielleicht sogar daran gedacht, die Technik und die Ausstattung optimal zu gestalten und dabei auch den Menschen beachtet. Was nun noch fehlt, ist die Motivation.

Wenn wir Manager fragen, welche Mitarbeiter sie suchen, dann sagen sie oft, dass sie sich Mitarbeiter wünschen, die Eigeninitiative entfalten können und dabei teamfähig sind. Wenn wir CEOs fragen, wie sie die Organisation des Unternehmens entwickeln wollen, die sie leiten, dann sagen sie oft: Wir möchten die Organisation so gestalten, dass die notwendigen organisationalen Routinen die Eigeninitiative der Mitarbeiter nicht ersticken, sondern dass das Unternehmen und seine Organisationsform die Eigeninitiative für Neues fördern. Wenn wir das mittlere Management befragen, dann wird dort oft beklagt, dass es zu wenig Eigeninitiative und Innovationskraft in den Teams gibt und dass sich im Gegenteil ein lässiges Arbeiten ohne großen und ernsthaften Einsatz, aber mit hoher Anspruchshaltung breitmacht. Diskutieren wir mit Managern, Politikern und Wissenschaftlern über die Arbeit der Zukunft, so wird einstimmig festgestellt, dass individuelle Verantwortung, hoher Einsatz für Projektarbeit und nicht zuletzt Eigeninitiative für die eigene Weiterentwicklung notwendig werden. Zunehmend weniger wird Arbeitenden gesagt, welche Fortbildung sie aufsuchen sollen und wie sie sich für zukünftige Arbeitsplätze fit machen können – auch hier wird die Eigeninitiative des Einzelnen in Bezug auf die individuelle Weiterentwicklung gefordert. Das Bekenntnis zum Unternehmertum und die Forderung nach dem Unternehmertyp, der die eigene Karriere in die Hand nimmt, Innovationen voranbringt und neue Arbeitsplätze schafft, existiert überall. Auch Arbeitslosen und Asylsuchenden wird unter den Konzepten des Förderns und Forderns nahegelegt, Eigeninitiative zu entfalten.

Dabei ist aber überraschend, dass die wissenschaftliche Literatur, die in den letzten Jahren gerade auch in Deutschland geschrieben wurde, wenig zur Kenntnis genommen wird. Die Forschungsergebnisse haben hohe praktische Relevanz, verbergen sich aber zu häufig entweder in esoterisch aufgearbeiteten Zeitschriften oder in wissenschaftlichen Journals, die aufgrund von methodischen Beschreibungen, statistischen Auswertungen und Konstruktdiskussionen oft unlesbar und unverständlich, für den Leser aus der Praxis aber mindestens unzumutbar sind.

Einige Ergebnisse der Forschung zur Eigeninitiative bzw. benachbarten Themen haben es zwar in die Manger- und Personalmanager-Magazine geschafft, aber berichten mehr oder weniger Stückwerk, sodass gegebenenfalls ein bis zwei Zusammenhänge beleuchtet werden, aber kein Gesamtbild deutlich wird. Die Artikel werden typischerweise anhand von jeweils populären Schlagwörtern wie zum Beispiel Agilität, Engagement und Commitment aufgemacht, die Implikationen bleiben dabei abstrakt und/oder zeigen ebenfalls keinen Gesamtzusammenhang auf. Und obwohl jedem Unternehmen klar zu sein scheint, dass es bei möglichst vielen Mitarbeitern möglichst viel Proaktivität braucht, ist noch lange nicht in die Unternehmenspraxis übergegangen, was denn seitens der Unternehmen dafür getan werden kann und muss.

Wir glauben, dass Wissenschaft in diesem Bereich nur dann relevant ist, wenn sie in der Praxis Wissen schafft, sich also nützlich umsetzen lässt und Mehrwert für das Leben von Menschen und für den Erfolg von Organisationen generiert. Deshalb haben wir uns zusammengetan – eine Beraterin der Wirtschaft und ein Forscher, der die Forschung zur Eigeninitiative weltweit begründet hat – und wollen die Forschungsergebnisse und Zusammenhänge einem breiteren Publikum zugänglich machen. Zugänglich nicht nur im Sinne von klarer Sprache, sondern auch im Sinne von Vorschlägen, wie man ein gutes Eigeninitiativemanagement in Betrieben umsetzen kann. Die Forschungsergebnisse sind zum Teil überraschend, die Ergebnisse faszinierend und die Möglichkeiten, dieses Wissen einzusetzen, sehr breit gefächert. Kurzum, es erschien uns praktisch und ethisch geboten, ein Buch zu schreiben, das gut lesbar ist, hohen Praxisbezug liefert, aber dennoch in der wissenschaftlichen Forschung verankert bleibt.

Nun konkreter zur Eigeninitiative: Alle wollen sie haben. Überall wird nach ihr verlangt. Auch außerhalb der Unternehmenswelt hören wir von Initiativen zum Beispiel zur Schaffung von Kinderspielplätzen, zur Vermehrung von Grünflächen in Deutschland oder zur Erhöhung der Attraktivität von Innenstädten. Selbst die Europäische Union fordert ihre Mitgliedstaaten zu Eigeninitiative, Unternehmergeist und Kreativität auf. Ebenso häufig lesen wir Überschriften wie »Mit Eigeninitiative zum Erfolg«, »Ein Aufruf zur Eigeninitiative« oder »Ohne Eigeninitiative geht nichts«. Es herrscht erstaunliche Einigkeit darüber, dass, besonders im Arbeitsleben, zu wenig Eigeninitiative gezeigt und dementsprechend eingefordert bzw. laut nach ihr gerufen wird. Unternehmen suchen zum Beispiel explizit Bewerber, die eine »hohe Eigeninitiative mitbringen«, so der Text in den Stellenausschreibungen. Die Arbeitgeber verlangen, dass Manager und Mitarbeiter immer unternehmerischer denken und mehr Eigeninitiative mit- und einbringen. Was bedeutet diese Forderung?

Das bedeutet zum einen, dass die Wichtigkeit von Eigeninitiative durchaus er- und bekannt zu sein scheint. Zum anderen zeigt die Formulierung in den Stellenanzeigen, dass hier aber auch ein grundlegender Irrtum vorliegt: Man scheint zu glauben, dass es sich nur um eine feste Eigenschaft handelt. Das bedeutet, dass man davon ausgeht, dass eine Person per se proaktiv ist oder eben nicht, also entweder Eigeninitiative mitbringt oder nicht, genauso, wie jemand per genetischer Veranlagung blaue Augen hat oder eben nicht. Ob und wie stark jemand Eigeninitiative zeigt, hängt sicherlich auch damit zusammen, was für eine Sorte Mensch er ist, nicht aber in einem alles bestimmenden Ausmaß, sondern nur zum Teil. Vielmehr ist Eigeninitiative ein Verhalten, es sind Handlungen, die nicht gleichzusetzen sind mit der Persönlichkeit. Und dieses Verhalten wird maßgeblich von der Umgebung und der Situation, in der wir uns befinden, beeinflusst.

Eigeninitiative wird als extrem wichtig wahrgenommen, schon lange eingefordert, paradoxerweise aber so gut wie nirgends systematisch gefördert und nachhaltig ermöglicht. Oft wird in Unternehmen übersehen, dass es zu einem großen Teil in ihrer eigenen Hand und Verantwortung liegt, das Unternehmen über die Strategie, die Strukturen, mithilfe von explizierten Werten, über die Gestaltung des Arbeitsumfeldes, der Compensation und Benefits-Logik bis hin zu einem einheitlichen Führungsverständnis und der Prägung einer förderlichen Unternehmenskultur so zu gestalten und auszurichten, dass die Mitarbeiter die Eigeninitiative, zu der sie per se bereit sind, auch einbringen können und wollen. Denn nachhaltige Eigeninitiative entsteht durch ein abgestimmtes Zusammenspiel genau der eben aufgezählten Aspekte. Man kann Eigeninitiative im Unternehmenskontext nicht einfach nur einfordern. Man kann und muss sie managen – durch ein ganzheitliches Eigeninitiativemanagement.

Um Eigeninitiative zu fördern und als Unternehmen von gestärkter Selbstorganisation, starker Eigenmotivation und hohem Verantwortungsbewusstsein der im Unternehmen agierenden Menschen zu profitieren, braucht es zunächst ein gutes Verständnis von Eigeninitiative. Man sollte verstehen, was Eigeninitiative genau ist. Das Wort Eigeninitiative ist in unserer Umgangssprache weit verbreitet und wird für viele unterschiedliche Verhaltensweisen verwendet. Wir klären in diesem Buch, was genau wir meinen, wenn wir von Eigeninitiative sprechen, um auch Missverständnisse auszuräumen.

Natürlich beleuchten wir das Konzept der Eigeninitiative nicht nur um seiner selbst willen. Und sicher ist es nichts Neues, dass eine hohe Motivation bzw. Eigeninitiative bei den Mitarbeitern von Vorteil ist. Was noch nicht verstanden und bekannt zu sein scheint, ist die kritische Rolle der Eigeninitiative und einer entsprechend eigeninitiativeförderlichen Kultur für die erfolgreiche Umsetzung von Veränderungsprojekten und Innovationen.

Die Erkenntnisse – sowohl aus der Forschung als auch aus der Praxis – reichen längst so weit, dass eine hohe Eigeninitiative und ein dadurch stark ausgeprägtes Eigeninitiativeklima Erfolge und Misserfolge von Unternehmen er- bzw. aufklären kann: Warum gehen einige Unternehmen gestärkt aus Krisensituationen hervor, während andere an einer solchen Situation scheitern? Warum schaffen es die einen, Wandel hervorragend zu gestalten, trotz starkem Druck ständig neue Ideen zu entwickeln und sogar noch marktdefinierende Innovationen hervorzubringen, während andere Unternehmen Defizite einfahren und im Status quo stecken bleiben? Wie schaffen es manche Unternehmen, so agil und flexibel zu bleiben und ihre Strukturen schnell und erfolgreich an die sich ständig verändernden Anforderungen anzupassen? Warum laufen dem einen Unternehmen die Leistungsträger weg, während andere Unternehmen sie wie Magneten anziehen und mit ihrer sogenannten »entrepreneurial workforce« ihr Potenzial voll ausschöpfen können?

Der Grad an gelebter Eigeninitiative im Unternehmen kann einen erheblichen Anteil all dieser Fragen aufklären. Hat man die Zusammenhänge einmal verstanden und verinnerlicht, steht dem Auf- und Ausbau einer starken Veränderungskompetenz und der Umsetzung organisationsweiter Innovationskraft nichts mehr im Wege.

Noch eine letzte Vorbemerkung: Wenn wir allgemein von Mitarbeitern, Kollegen und Managern schreiben, schließen wir selbstverständlich alle Mitarbeiterinnen, Kolleginnen und Managerinnen mit ein. Um eine optimale Lesbarkeit sicherzustellen, verwenden wir die gemeinsam gültige männliche Form.

Besuchen Sie gerne unsere Website www.proactivity-management.com und lesen Sie, was uns rund um das Thema Eigeninitiative antreibt und uns so fasziniert an der Proaktivität von Menschen und Organisationen.

Haben Sie Fragen oder Anregungen? Schreiben Sie uns gerne direkt eine Mail an: authors@proactivity-management.com.

Danksagung oder warum es dieses Buch gibt

An Michael Frese, meinen Koautor

Nach der akademischen Ausbildung ließ ich mich, trotz deines Bemühens, nicht für eine Dissertation begeistern – ich wollte in die Praxis.

Im Herbst 2011 schrieb ich dir aus St. Gallen eine Mail, ob wir nun das gemeinsame Buchprojekt starten würden. Wie es dazu kam, dass ich dir diese Mail geschrieben habe und dass du drei Jahre zuvor der Auslöser dafür warst, habe ich dir bis heute nicht erzählt:

Wir Diplom-Psychologen mussten damals noch mühsame Blockprüfungen ablegen und hatten keinerlei Verschnaufpause durch ein mögliches zeitliches Auseinanderziehen unserer umfangreichen finalen Prüfungen. Meine allerletzte und umfangreichste Abschlussprüfung war die in der Arbeits- und Organisationspsychologie bei dir. Nachdem ich auch diese letzte Prüfung bestanden hatte, wollte ich gerade nach Hause gehen, als du mich beim Rausgehen fragtest, was ich denn nun machen wolle. Ich antwortete entschieden: »Schlafen!«. Du sagtest, dass du eigentlich meintest, was ich denn nun beruflich machen wolle. Ich war wirklich todmüde, wollte einfach nur gehen und dachte, ich hätte eine gute Abschlussformel gefunden mit der Antwort: »Oh, keine Ahnung, vielleicht schreib ich auch erstmal ein Buch«. Anstatt dass du mich, wie ich es erwartete, freundlich verabschiedet und mich aus dem Gespräch entlassen hast, sagtest du doch tatsächlich, das klinge ja super, wir könnten ja auch gemeinsam ein Buch schreiben ...

Wie auch immer ich es dann geschafft habe, mich zu verabschieden, ohne dass ich zusagte, eine Dissertation zu verfassen und ohne konkrete Antwort darauf, dass wir zusammen ein Buch schreiben könnten, weiß ich nicht mehr. Aber ich weiß, dass jene Unterhaltung der Anfang dieses Buches war. Und ja, es hat dann tatsächlich gute sechs Jahre gebraucht, dieses Buch fertigzustellen, neben unterschiedlichen Vollzeittätigkeiten, denen ich seither nachgehe.

Vielen Dank an dich, Michael, als ganz ursprünglicher Initiator der Idee, gemeinsam ein Buch zu schreiben, obwohl damals noch gar nicht absehbar war, dass deine Forschung und meine Praxis sich inhaltlich einmal so gut verheiraten lassen, wie es nun in diesem Buch steht.

Des Weiteren gilt mein Dank auch allen Interviewpartnern, die mit dazu beigetragen haben, dieses Buch mit noch mehr praktischen Beispielen anzureichern. Vielen Dank Ijad Madisch, Jochen Brenner, Alexander Kron, Dennis von Ferenczy und Felix Haas!

Danke auch an meinen Partner, meine Freunde und Familie, die mir immer zugehört haben, wenn ich davon erzählt habe, dass ich an einem Buch arbeite. Vor allem auch Danke dafür, dass ihr mir nie gesagt habt, dass ihr eigentlich glaubt, dass ich verrückt bin und es das Buchprojekt gar nicht gibt, nachdem ich immerhin über einen Zeitraum von sechs Jahren von diesem Projekt erzählt habe, ohne ein sichtbares Ergebnis zu zeigen ...

Danksagung an Jette Wiegel, die Erstautorin dieses Buches

Ich hatte schon lange vorgehabt, ein populärwissenschaftliches Buch über die von mir begründete Forschung zur Eigeninitiative zu schreiben. In der Tat habe ich schnell festgestellt, dass ich dazu nicht alleine in der Lage sein würde – zu lange habe ich nur für Wissenschaft und Wissenschaftler geschrieben; mein Schreibstil war zu trocken und meine Bemühung, alles im Einzelnen richtig zu beschreiben, hätte einem populärwissenschaftlichen Buch einfach nur geschadet.

Noch dazu hatte ich immer wieder eine Menge neue Forschungsprojekte begonnen, sodass ich auch keine Zeit haben würde, ein Buch zu schreiben.

Ich hatte dich, Jette, in unserem letzten Lehrforschungsprojekt beobachtet und habe festgestellt, wie viel Eigeninitiative du entfalten und wie gut du andere begeistern kannst, Dinge praktisch und wissenschaftlich ernsthaft anzugehen. Außerdem gefiel mir deine Diplomarbeit einschließlich des Schreibstils, wenngleich sie auf Englisch angefertigt war.

Deshalb hatte ich dir damals vorgeschlagen, doch gemeinsam etwas zu schreiben. Ich hatte dann viel anderes zu tun und hatte sogar mal mit einem Journalisten angefangen, ein bisschen an einem solchen Buch zu schreiben. Ich war aber besonders glücklich, als du mir dann eines Tages diese Mail geschrieben hast, in der stand, dass du wirklich mit dem Schreiben an einem solchen Buch zusammen mit mir beginnen möchtest.

Sie, lieber Leser, können entscheiden, ob sich diese ungewöhnliche Kooperation einer Beraterin und eines Wissenschaftlers gelohnt hat.

Das Ziel dieses Buches

Angesichts der Wichtigkeit der Eigeninitiative als grundlegende Fähigkeit im Jobgeschehen des 21. Jahrhunderts – sowohl für den Einzelnen als auch für ein gesamtes Unternehmen – ist es erstaunlich, dass ein großer Teil der Managementliteratur zur Eigeninitiative lange Zeit auf Spekulationen angewiesen war, die zum Teil zwar interessant und weiterführend sind[1], aber dennoch ohne Bezug auf einen empirischen Realitätsgehalt entwickelt wurden. Wir konnten in nunmehr fast fünfundzwanzigjähriger Arbeit und evidenzbasierter Forschung ein immer besseres, für die Praxis gewinnbringendes und nutzbares Verständnis der Eigeninitiative herausarbeiten.[2] Ziel dieses Buches ist es daher,

1. zu zeigen, warum Eigeninitiative als bedeutende Schlüsselfähigkeit systematisch gefördert werden kann, aber auch muss,
2. ein fundiertes Verständnis von Eigeninitiative anzubieten – in Abgrenzung zum allgemeinen Sprachgebrauch, um den Zusammenhang zwischen Eigeninitiative und Unternehmenserfolg aufzuzeigen,
3. dabei insbesondere die Rolle von Eigeninitiative in Change-Projekten und bei Innovationen zu verdeutlichen,
4. zu zeigen, welchen Mechanismen bzw. Spiralwirkungen Proaktivität folgt,
5. verständlich zu machen, warum Eigeninitiative eine hohe gesamtgesellschaftliche Relevanz und Funktion hat,
6. erfolgreiche Beispiele zu zeigen,
7. anzuregen, wie es praktisch gelingt, das Unternehmen auf Proaktivität[3] auszurichten und die Wichtigkeit des *Zusammenspiels* vieler

Faktoren als Kern einer florierenden Eigeninitiative im Unternehmen deutlich zu machen.

8. Final beschreiben wir die Überschneidungen von Eigeninitiative und gängigen Motivationskonzepten, beleuchten, warum der Begriff der »intrinsischen Motivation« eigentlich nichts in Workshops und Seminaren für Manager zu suchen hat, und bieten ein alternatives bzw. integratives Konzept von Motivation an.

Die fundierten organisationspsychologischen Erkenntnisse der langjährigen Forschung haben für Unternehmen, Führungskräfte und Mitarbeiter zahlreiche und wertvolle Implikationen. Wir wollen dieses Wissen schnell und systematisch in ein praktisches Know-how überführen. Dieses Buch bietet eine für jedermann überquerbare Brücke zwischen wissenschaftlicher Erkenntnis und der Umsetzung in die Unternehmenspraxis an.

Der Aufbau des Buches

Das Buch ist entsprechend der Ziele strukturiert: Es startet mit »10 Fakten zur Eigeninitiative«, um Ihnen zunächst einen Schnelleinstieg und Überblick über die Erkenntnisse zur Eigeninitiative und Zusammenhänge mit anderen wichtigen Themen in der Unternehmenspraxis anzubieten.

Des Weiteren führen wir im *Teil I* aus,

- welche Veränderungen und Anforderungen der Arbeitsumgebung eine hoch ausgeprägte Eigeninitiative zur Schlüsselkompetenz in der heutigen Arbeitswelt machen,
- was genau Eigeninitiative eigentlich ist, wie sie entsteht und welche Auswirkungen sie auf individueller und Unternehmensebene hat,
- warum Eigeninitiative ein zentraler Erfolgsfaktor bei der Umsetzung von Innovationen und Veränderungen ist,
- welche Dynamiken und Mechanismen der Eigeninitiative man kennen sollte, um sie erfolgreich managen zu können.

Im *Teil II* des Buches zeigen wir,

- warum Eigeninitiative eine so hohe gesamtgesellschaftliche Relevanz hat und eine ganze Gesellschaft von ihr profitieren kann.
- Außerdem geben wir anschauliche, weiterführende Praxisbeispiele von florierender Eigeninitiative zum einen in einem Start-up und zum anderen im Großkonzern und
- fassen abschließend praktische Ansatzpunkte für ein funktionierendes Eigeninitiativemanagement zusammen.

In den Kapiteln 1 bis 7 finden sich immer wieder »Spotlights«: Interviews mit Entscheidern aus der Praxis, die die jeweiligen Inhalte der Kapitel abrunden und praktisch veranschaulichen.

Das 8. und letzte Kapitel bietet als Epilog eine Aufklärung zum häufig missverstandenen und fehlverwendeten Begriff der intrinsischen Motivation an und beleuchtet – für alle konzept-theoretisch Interessierten – unsere Überlegungen und Verknüpfungen von Motivation zur Eigeninitiative.

Kapitel 1 beleuchtet die Veränderungen in der Arbeitswelt genauer, um zu verdeutlichen, dass eine Investition in die Eigeninitiative des Unternehmens und der Mitarbeiter die notwendige und einzig passende Antwort auf die An- und Herausforderungen ist, die sich heute und in Zukunft aus diesen Veränderungen ergeben. In vielen Bereichen hat sich die gesamte Organisation der Arbeit verändert und damit auch das grundlegende Konzept von Arbeit. Damit geht ein ebenso verändertes Verständnis von Leistung einher. Die größte Herausforderung auf Individual- und Unternehmensebene ist es, mit Unsicherheiten, stetig steigender Komplexität und der zunehmend abstrakten Natur unserer Jobs umzugehen. Das erfordert vor allem das Entwickeln einer neuen Haltung, um Veränderungskompetenz und Agilität herzustellen und Veränderungen und Innovationen erfolgreich umsetzen zu können. Erfreulich ist, dass wir dabei nur lernen müssen, auf ein dem Menschen im Prinzip innewohnendes Repertoire zurückzugreifen, denn viel von dem, was Eigeninitiative ausmacht, gehört zur Natur des Menschen, es gehört zu seinem aktiven Wesen quasi von Geburt an dazu. Beispiele aus der Unternehmenspraxis von Götz Werner und ein Interview mit Alexander Kron von Ernst & Young runden dieses Kapitel mit praktischen Einblicken ab.

Kapitel 2 erläutert die einzelnen Facetten der Eigeninitiative, zeigt auf, durch welche Verhaltensweisen sich Eigeninitiative konkret äußert, und beschreibt eine Vielzahl an Faktoren, die Einfluss darauf haben, wie viel Eigeninitiative ein Mensch bei der Arbeit einbringt. Es gibt eine angeborene Tendenz zu proaktivem Verhalten, zudem prägen aber auch unsere Fertig- und Fähigkeiten, unsere Ansichten und Einstellungen gegenüber unserer Umwelt den Grad an Initiative, den wir zeigen. Besonders wichtig ist der unmittelbare Arbeitskontext: begonnen bei der Art und Weise, wie die Aufgaben gestaltet sind, über die Art, wie die Vorgesetzten agieren, bis hin zu der Ausprägung der Unternehmenskultur, innerhalb derer wir unserer Arbeit nachgehen. So bestimmen Persönlichkeit, erworbenes Wissen und in erheblichem Maße auch die Situation, mit wie viel Engagement wir bei der Arbeit sind und wie viel Eigeninitiative wir einbringen. Schließlich führen wir die zahlreichen positiven Auswirkungen hoher Proaktivität auf – sowohl für den Einzelnen als auch für das Unternehmen.

Eigeninitiative hat eine zentrale und erfolgskritische Funktion sowohl bei Veränderungsprojekten als auch bei Innovationsvorhaben. Diese Funktion und warum eine eigeninitiativeförderliche Kultur so wichtig ist, wenn man als Unternehmen erfolgreich innovieren will, erläutern wir in *Kapitel 3* detaillierter, da die Proaktivität und die Unternehmenskultur häufig noch als nebensächlich oder »nice to have«, aber nicht als notwendig betrachtet wird. Dabei ist eine eigeninitiativeförderliche Kultur erwiesenermaßen eine wichtige Voraussetzung für den Erfolg von Innovationen und Change-Projekten. Als anschauliches Beispiel beleuchten wir die Unternehmenspraxis von Google. Google hat verstanden, dass Unternehmenskultur die Voraussetzung für Innovationen und erfolgreichen Change ist, und bietet gute Anregungen, wie man gewisse Rahmenbedingungen gestalten kann, um die Eigeninitiative, die sich jedes Unternehmen von seinen Mitarbeitern wünscht, hervorzubringen.

In *Kapitel 4* verlassen wir die in Kapitel 2 verfolgte Linearität, die zunächst zur Erläuterung des Modells und Annäherung an die Beschaffenheit von Proaktivität gedient hat. Nun beleuchten wir ergänzend zum Wesen der Eigeninitiative die Eigendynamik und die generellen Mechanismen der Eigeninitiative, denn die Faktoren, die Eigeninitiative bedingen, wirken auch untereinander aufeinander. Erfreulich ist, dass diese Effekte und Einflüsse der Eigeninitiative bestimmten Mustern folgen, sie sind also nicht zufällig oder völlig unvorhersehbar. Diese Dynamiken erklären sehr gut, warum zum Beispiel aus Umbrüchen einerseits Erfolge und andererseits Niederlagen entstehen können. Ein praktischer Fall dieser Dynamik ist der Niedergang des amerikanischen Foto-Giganten Kodak, den wir beispielhaft skizzieren. Das Wissen um die Dynamiken und Effekte der Eigeninitiative ist wertvoll, da es bedeutet, dass man diese Effekte beeinflussen und zu den eigenen Gunsten steuern kann, wenn man sie im Blick hat.

Kapitel 5 umreißt die gesamtgesellschaftliche und wirtschaftliche Relevanz der Eigeninitiative und zeigt auf, warum Eigeninitiative – auch als ein entscheidender Bestandteil in erfolgreichem Unternehmertum – wichtiger Motor von sowohl wirtschaftlichem als auch individuellem Wohlergehen ist. Weiterhin beleuchten wir in diesem Kapitel, welche Verhaltensweisen erfolgreiche Unternehmer, auch über den Kernaspekt der Eigeninitiative hinaus, ausmachen. Zwei erfolgreiche Mehrfachgründer, Dennis von Ferenczy und Felix Haas, bereichern das Kapitel mit praktischen Einblicken: wie schnell aus Gründungen viele Arbeitsplätze und erfolgreiche Unternehmen werden, wie erfolgreiche Unternehmer sich verhalten und wie ihre Perspektive auf Deutschland als Gründerland aussieht.

Kapitel 6 gibt Einblicke in zwei sehr unterschiedliche Unternehmen, die es beide schaffen, eine hohe Proaktivität im Team herzustellen und entsprechend erfolgreich sind. Mit ausgeprägter Eigeninitiative von Unternehmensgründer Ijad Madisch wächst ResearchGate seit einigen Jahren in Berlin als erfolgreiches Start-up heran. Ebenso schafft es ein alteingesessener Konzern wie Procter & Gamble, durch ein lebhaftes und gut reflektiertes Eigeninitiativemanagement eine hervorragende eigeninitiativeförderliche Kultur zu prägen, und profitiert von der hohen Eigeninitiative der Mitarbeiter, der sogenannten entrepreneurial workforce. Wir bekommen spannende Einblicke von Jochen Brenner, Associate-Director Human Resources Germany, Austria, Switzerland, bei Procter & Gamble.

Kapitel 7 gibt abschließend einen strukturierten Überblick über die Stellgrößen, die berücksichtigt werden müssen, wenn man Eigeninitiative im Unternehmen bewusst managen möchte. Was muss auf strategischer Ebene beachtet bzw. getan werden, wie sollten strukturelle Aspekte gestaltet sein und wie muss Führung gelebt werden, um eine Kultur zu prägen, innerhalb derer Innovationen und Veränderungen erfolgreich stattfinden und sich maximale Eigeninitiative im Unternehmen entfalten kann? Ebenso fassen wir die relevanten Punkte im Checklisten-Stil auch noch einmal zusammen und nehmen dabei zwei wichtige Felder im strategischen Personalmanagement in den Fokus: die Personalauswahl und die Personalentwicklung.

Kapitel 8 zeigt unter stark konzeptionell-theoretischen Aspekten die Probleme der »intrinsischen Motivation« auf, mit der selbststartendes Verhalten typischerweise erklärt wird. Das Konzept der intrinsischen Motivation ist ein wichtiges und nützliches. Die ursprüngliche Definition der intrinsischen Motivation schließt genau genommen jedoch eine Anwendung im Arbeitsalltag aus. Und so, wie das Konzept der intrinsischen Motivation auch Einzug in Trainings, Seminare und Vorträge im Unternehmenskontext und in Bezug auf die Arbeit erhalten hat, stellt sie ein nun schon lange andauerndes Missverständnis dar. Wir bieten eine alternative Erklärung von selbststartendem (eigenmotiviertem) Verhalten an und schlagen ein integratives, alternatives Motivationskonzept vor.

Teile, Kapitel und Inhalte des Buches im Überblick:

	10 Fakten über Eigeninitiative	Wir bieten hier einen schlanken Überblick und Schnellflug durch die wichtigsten Themen, mit denen Eigeninitiative in Verbindung steht, warum sie eine zentrale Stellung einnimmt und ein eigenes Buch wert ist.
TEIL I		Notwendigkeit von Eigeninitiative als Schlüsselkompetenz verstehen, das Wesen der Eigeninitiative kennen lernen. Lernen, was Eigeninitiative-Klima mit Innovations- und Veränderungsfähigkeit eines gesamten Unternehmens und mit erhöhter Produktivität und Profitabilität zu tun hat. Verstehen, warum hohe Eigeninitiative Wettbewerbsvorteil von Unternehmen ist und Fortschritt einer ganzen Gesellschaft bewirkt.
Kap. 1	Die Arbeit im 21. Jahrhundert	Kapitel 1 beschreibt umfassend, wie sich die Arbeitswelt verändert, mit ihr auch das Konzept von Leistung und warum Eigeninitiative nicht mehr nur hinreichende, sondern längst notwendige Kompetenz ist. Spotlight: Interview mit dem Deutschland-Chef von *EY*.
Kap. 2	Was genau ist Eigeninitiative?	Kapitel 2 erklärt die Facetten der Eigeninitiative, welche Faktoren bei der Entstehung von Eigeninitiative mitwirken und welche Folgen Eigeninitiative hat.
Kap. 3	Warum ist Eigeninitiative zentraler Faktor bei Veränderungsprozessen und Innovationsvorhaben?	Kapitel 3 beleuchtet die Rolle von Eigeninitiative und einer Unternehmenskultur für erfolgreichen Change und erfolgreiche Umsetzung von Innovationen. Spotlight: Wie *Google* eine Innovationskultur etabliert, eine Kultur, in der Veränderungen gelingen und Innovationskraft freigesetzt wird.
Kap. 4	Welchen Mustern folgen Dynamik und Mechanismen der Eigeninitiative?	Die Faktoren, die Eigeninitiative bedingen, wirken untereinander und aufeinander ein, sodass Interaktionseffekte entstehen, die bestimmten Regelmäßigkeiten folgen: Es entstehen Aufwärts und -abwärtsspiralen, die gemanagt werden müssen.
TEIL II		Beispiele und Umsetzungshilfe zur Gestaltung eines funktionierenden Eigeninitiativemanagements in Unternehmen. Was kann und muss die Geschäftsleitung beitragen, um die Eigeninitiative im Unternehmen bestmöglich zu fördern? Welche Einflussmöglichkeiten hat das Human-Resource-Management und wie können und müssen Führungskräfte die Arbeitsumgebung und ihre Führungsfunktion ausgestalten, um ein eigeninitiativförderliches Umfeld zu schaffen?
Kap. 5	Warum ist Eigeninitiative für eine ganze Gesellschaft hoch relevant?	Eigeninitiative ist mit einer der wichtigsten Faktoren im Unternehmertum. Unternehmensgründungen und deren weiteres Wachstum sind wichtiger Motor der Wirtschaft und bedeuten letztlich Wohlstand für eine Gesellschaft. Spotlight: Interview mit zwei *Seriengründern* und dem Initiator des jährlichen, internationalen Unternehmer-Events »*Bitz & Pretzels*«.
Kap. 6	Wie wird Eigeninitiative in der Praxis erfolgreich gemanagt?	Kapitel 6 bietet zwei umfangreiche Praxisbeispiele an, zum einen in Form der erfolgreichen Gründung des Start-ups *ResearchGate* und zum, anderen die erfolgreiche Gestaltung eines Eigeninitiative-Klimas durch ein Eigeninitiativemanagement im alteingesessenen Konzern *Procter & Gamble*.
Kap. 7	Eigeninitiative als wichtiges Instrument für Unternehmertum und nachhaltige Unternehmensführung	Kapitel 7 fasst nochmal *alle Aspekte eines Eigeninitiativemanagements* zusammen untergliedert in strukturelle, strategische, kulturelle Aspekte und Aspekte des Führungsverhaltens. Auch werden noch einmal die wichtigsten Punkte für das Recruiting und die Personalentwicklung zusammengefasst.
TEIL III		Konzeptueller Deep Dive: Warum der Begriff intrinsische Motivation eigentlich falsch ist und wie Motivation und Eigeninitiative zusammenhängen.
Kap. 8	Eigeninitiative und Motivation	Zeigt auf, in welcher *Verbindung Eigeninitiative* zu (Eigen-)Motivation steht: eine konzeptuelle Sicht auf Motivation und ein Vorschlag für ein integratives, praxistaugliches Motivationskonzept.

10 Fakten über Eigeninitiative – ein Schnelleinstieg: Eigeninitiative, die Schlüsselkompetenz des 21. Jahrhunderts für Menschen und Unternehmen

Eigeninitiative. Ein oberflächliches, inflationäres Modewort? Ja, das auch, zweifelsohne. Vor allem ist Eigeninitiative aber ein seit rund 25 Jahren vielseitig und gut erforschtes, nachweislich erfolgskritisches Verhalten in der Praxis. Wir zeigen zunächst anhand zehn in Kürze skizzierter Fakten, dass sich eine Investition in Eigeninitiative lohnt. Warum das Management von Eigeninitiative dafür verantwortlich ist, dass es erfolgreiche und weniger erfolgreiche Unternehmen gibt, und wie es gelingt, Eigeninitiative gut zu managen, führen wir in den weiteren Kapiteln des Buches Schritt für Schritt aus.

1. Eigeninitiative ist Wettbewerbsvorteil

Hohe Initiative im Unternehmen bedeutet, dass die Mitarbeiter Verantwortung übernehmen, mit starker Eigenmotivation bei der Arbeit sind, Projekte initiieren und umsetzen und somit also das gesamte Potenzial des Unternehmens mobilisiert ist. Hohe Eigeninitiative steigert die Produktivität von Individuum, Team und Business-Unit, ebenso Service-Qualität, Change-Kompetenz und Innovationsstärke, und dementsprechend profitieren die Unternehmen von gesteigerter Kundenzufriedenheit und Profitabilität des gesamten Unternehmens. Hohe Eigeninitiative im Unternehmen bewusst zu managen und freizusetzen, ist ein deutlicher Wettbewerbsvorteil.

2. Eigeninitiative wird durch richtiges Management- und Führungsverständnis gefördert

Und zwar beginnend ganz oben: beim Vorstand bzw. in der Geschäftsleitung. Die Eigeninitiative der Mitarbeiter »nur« punktuell oder lediglich durch die mittlere oder untere Managementebene zu forcieren, mag durch starke Führungskräfte zwar gelingen, wird aber nicht lange vorhalten und dementsprechend keine nachhaltig positiven Effekte bewirken. Denn es braucht einen homogenen Umgang mit Eigeninitiative: Begonnen beim Vorstand, der Proaktivität in den Fokus stellen muss, brauchen auch die weiteren Führungsebenen Aufmerksamkeit für Proaktivität. Sie müssen Initiative und Verantwortung einfordern und fördern und die Wichtigkeit von Eigeninitiative konsequent und explizit durch das eigene Handeln vorleben und, wo immer es geht, zusätzlich auch symbolisch unterstreichen. Am besten wird die Eigeninitiative direkt in der Unternehmensstrategie verankert und es wird ebenfalls die Struktur des Unternehmens entsprechend ausgestaltet, dass sich möglichst viel Eigeninitiative entfalten kann.

3. Eigeninitiativeförderliche Kultur ist zentraler Erfolgsfaktor

Noch wichtiger als das direkte »Führungsverhalten durch Personen« ist eine unternehmensweite Kultur der Eigeninitiative, sozusagen ein Eigeninitiativeklima. Unternehmen mit einer eigeninitiativeförderlichen Kultur sind flexibel und aktionsfähig und bestehen nachhaltig und erfolgreich. Eine solche Kultur wird zum einen darüber geprägt und etabliert, dass ein Großteil aller Führungskräfte hinsichtlich der Forderung nach Eigeninitiative, ihrer Förderung und Incentivierung einheitlich agiert. Zum anderen muss vor allem die Geschäftsleitung dafür sorgen, dass eigeninitiativeförderliche Rahmenbedingungen geschaffen werden. Dazu gehört es, wie schon erwähnt, Proaktivität als wichtigen Wert im Unternehmen strategisch einzubetten, explizit zum Beispiel in der Vision, Mission und/ oder Strategie des Unternehmens zu benennen und ebenso glaubhaft vorzuleben. Zuallererst sollte bereits bei der Mitarbeiterauswahl Eigeninitiative als Kriterium berücksichtigt werden. Des Weiteren muss Eigeninitiative auch im Fokus der Personalentwicklung stehen. Durch offenen Umgang mit Fehlern und konstruktivem Feedback in der Zusammenarbeit wird die Initiative ebenso gefördert. Das darf dann nicht durch eine anders gelagerte Incentivierung korrumpiert werden: Auch die Belohnungssysteme und Bonusstrukturen müssen Eigeninitiative entsprechend belohnen. eigeninitiatives Verhalten darf an keiner Stelle – auch nicht indirekt – bestraft werden oder sich zum Nachteil eines Mitarbeiters auswirken. Auch durch die Struktur in Projekten und dem damit verknüpften Handlungs- und Verantwortungsspielraum kann und muss Eigeninitiative unterstützt und gefordert werden. Es braucht eine gesamtheitlich gestaltete organisationale und soziale Umgebung, die den Einsatz von Führungskräften und die Initiative von Mitarbeitern auf fruchtbaren Boden fallen lässt. Fehlt einer der genannten Faktoren, schlagen Engagement und Initiative des Einzelnen früher oder später in Demotivation und Frust um.

4. Veränderungen managen

Ohne eine ausgeprägte Eigeninitiativekultur gibt es keine erfolgreichen Veränderungen. Veränderungen sind heute Bestandteil des Tagesgeschäftes und können nur mit und durch starke Eigeninitiative und Verantwortungsbereitschaft der Mitarbeiter gewinnbringend umgesetzt werden. Je tiefgreifender und notwendiger ein Veränderungsprozess ist, desto erfolgskritischer ist die Eigeninitiative der Mitarbeiter. Denn die Mitarbeiter sind es, die neu definierte, veränderte Prozesse umsetzen. Setzen die Mitarbeiter nicht aktiv mit eigener Initiative Neuerungen und Veränderungen um, verändert sich nichts. Genau, wie eine angekündigte Demonstration oder ein Flashmob nicht stattfindet, wenn keiner hingeht.

5. Nachhaltige Innovationsstärke aufbauen

Egal ob Prozess- oder Produktinnovation; Innovationen sind *immer* mit Veränderungen verbunden. Eine Prozessinnovation zum Beispiel funktioniert nicht dadurch, dass ein neuer Prozess definiert wird, sondern nur dadurch, dass er anschließend auch gelebt, also vom Einzelnen umgesetzt wird. Die Mitarbeiter sind es, die durch ihre Initiative neue Prozesse nach der Veränderung in eine Routine überführen und/oder auch bei Einführung eines neuen Produktes entstehende Unwegsamkeiten ausmerzen. Eine eigeninitiativeförderliche Umgebung ist somit ebenso Voraussetzung für erfolgreiche Innovationen. Oder andersherum ausgedrückt: Innovationen, die in einer nicht-initiativeförderlichen Umgebung umgesetzt werden, scheitern überzufällig häufig.

6. Eigeninitiative bedeutet Unternehmertum

Noch deutlicher wird die Wichtigkeit von Eigeninitiative, wenn man sich vor Augen hält, was passiert, wenn niemand Eigeninitiative zeigt: Kurz gesagt passiert dann genau *nichts*. Eigeninitiative ist mit einer der wichtigsten Aspekte im Unternehmertum. Denn ohne Eigeninitiative gäbe es kein Unternehmen, da es nie gegründet worden wäre. Keine bestehende Organisation kann sich ohne die Eigeninitiative der Mitarbeiter weiterentwickeln und Wandel gestalten, weil ein einfaches »Yes, Sir« noch nie zu einer Veränderung und Weiterentwicklung beigetragen hat. Ohne Eigeninitiative gibt es keine neuen, kreativen Ideen und folglich auch keine Bemühungen, diese Ideen umzusetzen. Es gäbe ohne Eigeninitiative kein Unternehmertum, keine Innovation und schlichtweg keine Profitabilität.[4]

7. Eigeninitiative und Genetik: Proaktives Verhalten kann man lernen

Ist es dem Menschen angeboren, sich passiv zu verhalten oder proaktiv auf die Umwelt einwirken zu wollen? Wie steht es um die Genetik von eigeninitiativem Verhalten? Es ist bei der Eigeninitiative wie bei allen Eigenschaften und Verhaltensweisen: Eine *Tendenz* ist zwar angeboren, zu einem großen Teil ist Proaktivität aber veränder- also erlernbar. Wichtige Aufgabe der Unternehmensführung ist es, genau diese Auffassung im Unternehmen zu prägen, zu verbreiten und zu leben: Denn proaktives Verhalten kann in erheblichem Maße stimuliert, entwickelt, dadurch ermöglicht und stark erhöht werden. Es ist Aufgabe der Unternehmensspitze und der Führungskräfte als Change-Agents, diese Sichtweise im Unternehmen zu verbreiten, vorzuleben und umzusetzen.

8. Win-Win: Mitarbeiter und Unternehmen profitieren gleichermaßen

Unternehmen, deren Führung und Kultur Proaktivität fordert und fördert, zeigen in einer Bandbreite von Erfolgsindikatoren bessere Ergebnisse. Ebenso profitieren aber auch die einzelnen Mitarbeiter von einer initiativefreundlichen Unternehmenskultur, entsprechender Führung und ihrer entsprechend hohen Eigeninitiative: Sie zeigen bessere individuelle Leistung, höhere Produktivität und Loyalität, sie bringen mehr Ideen und Vorschläge ein, haben zudem ein niedrigeres Burnout-Risiko und sind insgesamt zufriedener mit ihrem Job. Sich einzubringen und mitzugestalten, macht glücklich.

9. Eigeninitiative *und* Motivation

Immer wieder dominiert die Frage danach, was genau Mitarbeiter motiviert. Grundsätzlich *ist* ein Mensch zunächst motiviert, denn es gibt ein dem Menschen eigenes Bestreben, aktiv mit der Umwelt in Interaktion zu treten, die Umgebung zu explorieren und zu verändern. Dabei erlebt der Mensch Selbstwirksamkeit und die macht zufrieden.[5] Unternehmen profitieren von diesem Verhalten und müssen vielmehr dafür Sorge tragen, dass sie diese Motivation nicht unterbrechen. Es muss den Arbeitskontext durch Aufbau- und Ablauforganisation so gestalten, dass den Mitarbeitern diese natürliche Motivation nicht genommen wird. Systeme und Strukturen zu gestalten, die eine für Proaktivität förderliche Umgebung erzeugen, kombiniert mit proaktiven Führungskräften und dem Verhalten der Unternehmensspitze, sind genau die richtigen Zutaten, um auch eine entsprechende (bereits erwähnte) Unternehmenskultur zu etablieren und zu prägen. In einem solchen Umfeld bringen die Mitarbeiter typischerweise ganz von alleine ihre Ideen und Vorschläge ein und tragen immer wieder auch selbststartend zum Unternehmenserfolg bei. Wenn das gelingt, braucht man sich keine weiteren Gedanken über *fehlende Eigenmotivation* zu machen. Es ist also bei weitem nicht genug, zu glauben, Führungskräfte müssten ihre Mitarbeiter motivieren. Hauptsächlich müssen Führungskräfte dafür sorgen, die Mitarbeiter nicht zu demotivieren.

10. Das Zusammenspiel ist die Quelle des Erfolgs

Genauso wie ein Orchester erfolgreich ist, wenn es gute Musiker vereint, die, koordiniert durch einen virtuosen Dirigenten, ihre Stärken auf der Bühne voll ausspielen können, so ist es auch im Unternehmen: Die Zutaten für ein innovationskräftiges, agiles Unternehmen finden sich in der Strategie, in den Strukturen (wie zum Beispiel Systeme, Prozesse, betriebliche Regelungen, Werte und Normen) und in der Führung im Unternehmen. Dabei müssen sowohl die strukturelle als auch die interaktive Führung[6] und ihr gelebtes Vorbild ineinandergreifen. All diese Aspekte müssen orchestriert werden und verzahnt werden, nur so kann auch eine unternehmensweite Eigeninitiativekultur geprägt werden, die als genereller Kontext der wichtigste Faktor für erfolgreiche Innovationen und Change-Projekte ist.

Es braucht Klarheit in der Unternehmensspitze, was die Wichtigkeit von Proaktivität für das Unternehmen angeht, eine entsprechend strategische und strukturelle Verankerung, und Führungskräfte, die die Arbeitsumgebung so förderlich wie möglich gestalten und in Sachen Initiative als Vorbild agieren. Die strukturellen Voraussetzungen umfassen zum Beispiel auch die Belohnungssysteme und eine bestimmte Art und Weise, wie Leistung »ge-monitored« und bewertet wird. Das Führungsverhalten muss eine vertrauensvolle Umgebung schaffen, Wertschätzung vermitteln und insbesondere auf die Verstärkung der Eigeninitiative ausgerichtet sein. Die Führungsspitze und die darunterliegenden Managementebenen müssen es als ihre Führungsaufgabe verstehen, Initiative auf der individuellen Ebene – begonnen bei sich selbst und weiterhin bei den Mitarbeitern – zu managen und zusammen durch das eigene Vorbildverhalten und die Gestaltung der Arbeitsabläufe Freiraum und Ermutigung für die Initiative der Mitarbeiter anzubieten. Es reicht nicht aus, an nur einer Stellschraube zu drehen und zum Beispiel in der Stellenausschreibung nach neuen Mitarbeitern mit viel Eigeninitiative zu schreien und hoch proaktive neue Mitarbeiter einzustellen, denn diese werden ihre Proaktivität in der Arbeit nicht umsetzen können oder wollen, wenn Initiative nicht gesamthaft vom Unternehmen unterstützt und honoriert wird, oder noch viel schlimmer, wenn die Initiative des Einzelnen sogar bestraft wird.

TEIL I

1. Die Arbeit im 21. Jahrhundert: Auflösung eines überholten Job- und Unternehmenskonzeptes

Unternehmen haben sich profund gewandelt in den letzten fünfzig Jahren. In den sechziger Jahren waren die erfolgreichen Unternehmen diejenigen, die sich auf ihre Effektivität und ihre Effizienz fokussierten. Die Unternehmen waren hierarchische Gebilde und bürokratisch organisiert. In den Siebzigerjahren war das dominante Kundenbegehren die Qualität, so strukturierten sich erfolgreiche Unternehmen zu Qualitätsorganisationen. Um die Achtzigerjahre stand die Vielfalt der Produkte im Fokus und die Unternehmen stellten sich entsprechend flexibler auf. In den Neunzigerjahren wünschte der Kunde optimalen Zugriff auf Produkte und Dienstleistungen, sodass die Geschwindigkeit, mit der Unternehmen ihre Produkte liefern konnten, erfolgskritisch wurde. Seit der Jahrhundertwende wächst das Verlangen nach Einzigartigkeit und Besonderheit, sodass Veränderungsfähigkeit und Innovationskraft wichtige Erfolgsfaktoren sind.[7] In der Terminologie gesellschaftlicher Veränderung haben wir uns von einer Agrargesellschaft über eine Industriegesellschaft hin zu einer Dienstleistungs- und Wissensgesellschaft gewandelt.[8]

Dementsprechend erlebt die Arbeit einen gewaltigen Shift, weg von traditionellen Strukturen hin zu modernen Produktions- und neuartigen, sich immer weiter entwickelnden Service- und Dienstleistungsformen.[9] In einer Wissens- und Kreativgesellschaft mit vielen postindustriellen Unternehmen hängt Erfolg immer mehr vom Wissen der Mitarbeiter ab.[10] Auch etablieren sich mehr und mehr neue Erwerbsformen, die derzeit noch als »atypische Beschäftigungsverhältnisse« bezeichnet werden, wie zum Beispiel Honorar- und Zeitverträge oder Projektvereinbarungen. Kaum ein Drittel der Erwerbstätigen in Deutschland ist mehr in klassischen Produktionsbetrieben tätig.[11] Viele kleinere Unternehmen arbeiten in Form von Netzwerken zusammen, in denen die Mitarbeiter selbstständig sind und lediglich Rahmenverträge die Zusammenarbeit regeln, aber keineswegs eine Auftragsgarantie oder eine Festanstellung besteht. Generell wächst die Anzahl flexibler Personaleinsätze in Form von Leiharbeit, befristeten Beschäftigungen, Teilzeitarbeit und Minijobs. Insgesamt nehmen selbstständige Tätigkeiten zu, so formen einzelne Kleinunternehmer einen neuen Typus im Mittelstand. Die Auflösung des Arbeitskonzeptes beinhaltet auch, dass, zumindest phasenweise, immer mehr Menschen mit der Situation der Arbeitslosigkeit konfrontiert werden und eine Arbeitslosigkeitsperiode möglicherweise zum Regelfall in Lebensläufen wird.[12]

Neue Organisation und Arbeitskonzepte

Zudem haben die Globalisierung, die Schnelligkeit der Umsetzung von Innovationen, die Aufhebung des raum-zeitlichen Verbundes – unter anderem bedingt durch das Internet und die zunehmende virtuelle, immer dichter werdende Vernetzung – sowie die erhöhten Konkurrenzanforderungen zur Veränderung des Jobkonzeptes beigetragen.[13] Die moderne Arbeit ist temporeicher hinsichtlich der *notwendigen* Veränderungen, die Abläufe beinhalten weniger klassische Überwachung und Kontrolle »von oben«. Die Arbeit ist stärker verflochten mit neuen Technologien im Alltag, beinhaltet viel mehr vertikale Integration und bedingt oft eine ganz andere Notwendigkeit an Informationsaustausch und Kommunikation zwischen den Mitarbeitern.[14]

Entsprechend dieser Umwelt stellen sich die Unternehmen immer mehr als global agierende Konzerne auf, organisieren sich mehr und mehr dezentral und in weniger stabilen Strukturen und werden so zu flexibleren, veränderungsorientierten Organisationen.[15] Die hochfrequenten Veränderungsraten und der gestiegene Innovationsdruck gehen häufig einher mit ebenso höheren operativen Unsicherheiten.[16] Weltweite Kooperationen, globale Logistik und gute virtuelle Vernetzungsmöglichkeiten sind heute für viele Unternehmen möglich und eine große Chance, erfolgreich zu sein. Diese »worldwideness« bedeutet aber auch, dass sich Mitarbeiter und Führungskräfte entsprechend in Komplexität und im internationalen Umfeld bewegen können müssen.[17] Arbeitsabläufe und Prozesse sind extrem beschleunigt und hoch dynamisch. Das bringt mit sich, dass das bisherige, historisch gewachsene Konstrukt der Arbeit sich zunehmend in Richtung Projektarbeit auflöst. Damit lösen sich auch die Vorstellungen von hoher Stabilität und Gleichförmigkeit der Arbeit auf und ebenso das Sicherheitsgefühl, das mit beidem einhergeht.

Die Erwartungshaltung, ein Leben lang in einem Unternehmen zu arbeiten, in einen Karrierepfad gehoben zu werden und ein ganzes Berufsleben lang in klar geregelten Zuständigkeitsbereichen gut abgrenzbaren Aufgaben nachzugehen, ist schlichtweg unangemessen. Ein solcher Verlauf des Berufslebens wird, mit weiterem Voranschreiten der Zeit, der Ausnahmefall sein. Die Erwartung eines Mitarbeiters an das Unternehmen im Sinne einer Bringschuld, was Beschäftigung und Karriere[18] angeht, ist in den meisten Bereichen zu einer Holschuld geworden. Am deutlichsten wird dies bei den Wissensarbeitern: Jeder Einzelne ist seine eigene Führungskraft. Jeder muss die eigenen Stärken und Ziele kennen, eine effektive Arbeitsmethodik entwickeln und sich stets im Sinne »mehrerer Karrieren« engagieren. Der Einzelne ist in gewissem Sinne auch Unternehmer und Vermarkter des eigenen Wissens und tut gut daran, selber frühzeitig zu erkennen, welche Anforderungen die Zukunft an das Wissen stellt, um sich dementsprechend weiterzuqualifizieren.[19] Es liegt in der Verantwortung des Einzelnen.

Auch in der Festanstellung in einem Unternehmen verschwimmen die Grenzen zwischen Arbeitnehmer und Unternehmer immer mehr. Die Anforderungen der Unternehmen gehen immer mehr hin zum aktiv mitgestaltenden Mitarbeiter und Mitunternehmer. Denn heute geht es vielmehr darum, innerhalb von Projektarbeit eine bestimmte Tätigkeit auszuüben, aber dann ebenso schnell auch wieder Neues zu entwickeln und weitere Funktionen zu erfüllen. Das erfordert schon lange nicht mehr nur Fachwissen. Unternehmen brauchen heute mehr denn je Mitarbeiter mit generellen Fähigkeiten wie zum Beispiel einem guten Selbst- und Wissensmanagement, starker Selbstregulationsfähigkeit und einer hohen Offenheit gegenüber Veränderungen und Neuem. Ebenso braucht es Führungskräfte, die proaktiv »managen« und »führen« können. Menschen, die hochinitiativ agieren, Verantwortung übernehmen und mit einer komplexen Welt, schnellem Wandel, neuen und sich ständig weiter entwickelnden Arbeitsinhalten und -formen und den entsprechend andersartigen Anforderungen umgehen können.

Herausforderung: Veränderungsfähigkeit erlangen

Dementsprechend suchen Unternehmen Mitarbeiter, die in diesem hoch vernetzten, flexiblen, dynamischen und innovationsreichen Arbeitsmarkt zwar hohe fachliche Kompetenzen haben, aber ebenso viel Offenheit für Veränderungen und Potenzial für Engagement und Initiative mitbringen. Mitarbeiter, die eine fortwährende Anpassung an die Umweltveränderungen im Detail dann ausgestalten und somit erfolgreich machen[20], um auf diese Weise die Veränderungsfähigkeit des gesamten Unternehmens herzustellen und/oder zu sichern.

Mitarbeiter, die nur auf offensichtliche Notwendigkeiten reagieren oder lediglich Anweisungen befolgen, können Veränderungen weder initiieren, noch sind sie imstande, Veränderungen aktiv voranzutreiben[21] und zu gestalten.

Genauso, wie der Erfolg des Einzelnen von seiner Flexibilität und »Veränderungsfähigkeit« abhängt, so kann auch ein Unternehmen als Ganzes nur erfolgreich sein, wenn es agil, wandlungsfähig und sozusagen change-kompetent ist. Das kann es nur durch engagierte, proaktive Mitarbeiter erreichen. Aufgeweckte, interessierte, zukunftsorientierte und energetische Mitarbeiter sind die alternativlose Ressource für funktionierende Change-Prozesse, Kreativität und die erfolgreiche Umsetzung von Innovationen.[22]

Neues, erweitertes Verständnis von Leistung

Damit Unternehmen langfristig überleben können und den neuen Anforderungen der Märkte gewachsen bleiben, reicht eine Reaktions- oder Adaptationsfähigkeit nicht aus. Es bedarf einer *Aktionsfähigkeit und Proaktivität*, um zukünftige Anforderungen und Chancen antizipieren zu können. An dieser Stelle kommt man nicht umhin, auch das typische Verständnis von Leistung zu hinterfragen. Das traditionelle Konzept von Leistung ist ein eher passives: Es gibt vorgegebene, definierte und ausformulierte Aufgaben und Anforderungen, die durch die Mitarbeiter erfüllt werden. Dementsprechend wird Leistung am Grad der Erfüllung der beschriebenen Aufgabe gemessen.[23] Je besser die Mitarbeiter die beschriebene Aufgabe erledigen, umso besser fällt eine Leistungsbewertung aus.[24] Das hat in einer Zeit, in der Leistung noch die Erfüllung einer im Detail beschriebenen Aufgabe war, funktioniert und mag heute in Bereichen, in denen es eindeutig messbare quantitative, standardisierte Arbeitsergebnisse gibt, vielleicht auch noch angemessen sein. Immer wichtiger werden jedoch Leistungsbestandteile, die nicht direkt über einen Arbeitsvertrag oder eine Aufgabenbeschreibung abbildbar und erst recht nicht direkt einforderbar sind. Diese Leistung, die nicht direkt aufgabenbezogen ist, besteht zum Beispiel darin, dass Mitarbeitende im Sinne des Unternehmens mitdenken, sich einbringen, hilfsbereit, kollegial und loyal sind und dadurch ein soziales Umfeld formen, das zu einer verbesserten Gesamtleistung des Unternehmens beiträgt. Das folgende Beispiel veranschaulicht, wie verlustreich es ist, wenn das Gegenteil eintritt: Wenn Mitarbeiter einfach nur ihren, durch Stellenprofil und Aufgabenbeschreibung definierten, Job machen, sich darüber hinaus aber nicht einbringen. Das Beispiel zeigt ebenso auf, wie leicht es passieren kann, dass sich ein zunächst sehr engagierter Mitarbeiter auf die Erledigung des Nötigsten zurückzieht.

Herr Meier arbeitet schon sein halbes Leben als Fachkraft im Gabelstaplerbau. Eigentlich ist er ausgebildeter Mechatroniker und hat seine Talente in anderen Bereichen, aber mittlerweile verdient er gar nicht schlecht in seinem Job, seine Arbeit ist ihm ans Herz gewachsen und er ist ein durchaus engagierter Mitarbeiter. Nun hat sich seit einigen Monaten der Leistungsdruck aufgrund gestiegener Anforderungen und dünnerer Personaldecke jedoch um einiges erhöht und Herr Meier leidet vermehrt unter der körperlichen Arbeit, die er nun schon seit Jahren verrichtet. Er hat seinen Wunsch nach einem weniger anstrengenden Job bereits geäußert, jedoch ohne Reaktion seitens seines Abteilungsleiters. Nach einem weiteren Versuch und wiederholter Nichtreaktion des Chefs fühlt sich Herr Meier zunehmend eingeengt: Er kann sich beruflich hier nicht verändern und sieht auch keine Chance, in seinem Alter und mit seinem Lebenslauf auf dem externen Jobmarkt in einem anderen Bereich Fuß zu fassen. Seine Strategie ist es, sich fortan, soweit es geht, zurückzuziehen, sich zu schonen, seine Anstrengungen auf Sparflamme zu stellen und sich auf diese Weise bis zur Rente durchzuschlagen. Sein Hauptziel ist es, seine Gesundheit nicht für das Unternehmen aufzuopfern. Man kann es einfach benennen, was bei Herrn Meier passiert ist: Er hat innerlich gekündigt. Er identifiziert sich nicht mehr mit den Zielen des Unternehmens und hat sich entschieden, sich nicht mehr wie früher zu engagieren. Er ist weiterhin physisch anwesend, tut, was von ihm verlangt wird, und versucht darüber hinaus jeder zusätzlichen Anstrengung und Arbeit auszuweichen.

Die hier beschriebene innere Verweigerungshaltung von Herrn Meier kann durch viele unterschiedliche Umstände zustande kommen, zum Beispiel durch eine generelle »Nichtbeachtung« durch Vorgesetzte, durch unterschiedliche Vorstellungen von Mitarbeiter und Vorgesetzten hinsichtlich der beruflichen Weiterentwicklung, durch jahrelange Enttäuschungen zum Beispiel in Bezug auf gehaltliche, inhaltliche oder Karriereentwicklung, geringe Wertschätzung oder fehlende Perspektiven, die, wie im Falle von Herrn Meier, ungünstigerweise noch gekoppelt sein können mit entweder gefühlter oder tatsächlicher Alternativlosigkeit. Das Phänomen der innerlichen Kündigung ist verbreiteter, als man meinen mag: Jährlich werden Daten erhoben, die die Zufriedenheit und das Engagement der Mitarbeiter und Mitarbeiterinnen erfassen und auswerten. So habe beispielsweise 2012 ein Viertel der Beschäftigten keinerlei emotionale Bindung zum Arbeitgeber und sechs von zehn Beschäftigten geben an, gering emotional gebunden zu sein, was bedeutet, dass sie Dienst nach Vorschrift machen.[25] 2016 berichten 15 Prozent der Befragten von innerlicher Kündigung und 70 Prozent von Dienst nach Vorschrift. Das ist fatal, da durch diese Art von (Nicht-)Mitarbeit deutschlandweit ein gesamtwirtschaftlicher Schaden zwischen 80,3 und 105,1 Milliarden Euro pro Jahr entsteht.[26]

Unternehmen mit vielen dieser soeben skizzierten »Meiers« leiden in unterschiedlichsten Bereichen: Sie verlieren kreatives Potenzial, Produkte und Dienstleistungen werden deutlich seltener weiterempfohlen bis hin zu Einbußen in der Außenwirkung bzw. handfesten Imageschäden und einem entsprechend schwierigen Stand im Personalmarketing und Employer-Branding. Personalkosten steigen, da ineffektiv arbeitende Angestellte durch zusätzliche Arbeitskräfte ausgeglichen werden. Zudem fallen innerlich gekündigte Mitarbeiter doppelt so häufig krankheitsbedingt aus.[27] Das innerliche Verweigerungsverhalten von Herrn Meier kann ebenso schnell auch Auswirkungen auf das Leistungsniveau der motivierten Kollegen entfalten. Warum sollten sich die Kollegen anstrengen, wenn sie bemerken, dass man mit weniger Arbeitsaufwand – wie von Herrn Meier vorgelebt – auch durchkommt? Zu guter Letzt spricht es sich natürlich auch am Markt herum, welche Unternehmen zu den kreativen Aufsteigern mit hohem Leistungsniveau gehören und welche nicht, sodass es zunehmend schwierig wird, als Arbeitgeber für Leistungsträger attraktiv zu sein, diese für das Unternehmen begeistern und als Mitarbeiter gewinnen zu können.

Agilität versus Fragilität

Organisationen, in denen ausschließlich nach bestimmten Vorgaben gehandelt wird und in denen lediglich die in der Stellenbeschreibung aufgeführten Aufgaben abgearbeitet werden, sind hoch fragile soziale Systeme.[28] Versuchen Sie sich das für einen Augenblick vorzustellen:

Ihre Mitarbeiter erledigen genau das, was in der Stellen- und Aufgabenbeschreibung festgehalten ist, nicht mehr, aber auch nicht weniger. Bei dieser Überlegung dürfte schnell deutlich werden, wie viel von dem, was für den Erfolg, die Unternehmensleistung, die Innovationskraft nötig ist, fehlt. In welcher Stellenbeschreibung ist zum Beispiel festgehalten, dass eine gute Idee, die ein Mitarbeiter zu Hause unter der Dusche hatte, bitte am nächsten Tag mit in die Arbeit eingebracht wird? In welcher Stellenbeschreibung steht, dass mitgeholfen wird, neue Kollegen einzuarbeiten, sie von dem Unternehmen und Ideen zu begeistern, wo steht der Prozess beschrieben, der dazu führt, dass sich zwei Menschen aus unterschiedlichen Bereichen in der Kantine beim Mittag austauschen, daraufhin gemeinsam eine Idee entwickeln, die gegebenenfalls eine halbe Million Euro Einkaufsgelder oder Produktionskosten sparen könnte?

Unternehmen, die heute und auch morgen noch erfolgreich am Markt bestehen wollen, brauchen einen hohen Grad an Eigeninitiative. Denn Eigeninitiative bedeutet, dass Mitarbeiter über Vorgaben hinausdenken und handeln, zukünftige Entwicklungen und/oder Chancen antizipieren, bemerken, wenn etwas verbessert werden kann, und ihre Ideen entsprechend einbringen. Hohe Eigeninitiative bewirkt, dass das Unternehmen agil und anpassungsfähig ist; so trägt Eigeninitiative zu einer Stabilität durch Flexibilität bei.

Um Leistung zu fördern, die über die Aufgabenbeschreibung und/oder die direkte Zielvereinbarung der Mitarbeiter hinausgeht, muss der Fokus auf die entsprechenden Leistungsindikatoren gelenkt werden; das Verhalten, das es braucht, um Veränderungen zu initiieren und die Innovationskraft des Unternehmens zu stärken.[29]

Das heißt nicht, dass andere, bisher wichtige Skills, Kompetenzen und entsprechende Messgrößen von Leistung ungültig sind. Es bedeutet lediglich, dass die bisherige Idee von Leistung überprüft und um bestimmte Verhaltensweisen, die früher vielleicht auch schon vorhanden, aber noch nicht erfolgsentscheidend waren, ergänzt werden und darüber nachgedacht werden muss, was man tun kann, um genau diese Leistung zu fördern. Heute sind vor allem Veränderungs- und Innovationsfähigkeit von Individuum und Unternehmen erfolgskritisch, deshalb kann es längst nicht mehr genügen, wenn lediglich die explizit genannten Aufgaben in einem Job erfüllt werden. Unternehmen brauchen proaktiv denkende und handelnde Menschen. Man kann sie auch Intrapreneure[30] nennen; das sind Mitarbeiter, die mitdenken, als sei das Geschäft ihr eigenes. Mitarbeiter, die Chancen und Gelegenheiten sehen, die andere Unternehmen noch nicht erkennen. Um mit den rasanten Veränderungen Schritt halten zu können, reicht es nicht mehr, nur effizienter zu sein und unmittelbare Probleme schnell zu lösen. In Unternehmen, ob Konzern, Start-up oder Mittelstand und egal in welcher Branche, braucht es Konzentration auf die Ausbildung einer neuen geistigen Grundhaltung und entsprechend neuer Fähigkeiten.

Um ein System agil zu halten, muss Raum für Initiative bestehen. Die Rahmenbedingungen eines Unternehmens müssen diesen Raum zulassen bzw. herstellen. Des Weiteren müssen die Führungskräfte jeder Ebene dafür sorgen, dass dieser Raum genutzt wird, bestehen bleibt und im besten Falle ausgebaut wird. Ist das gegeben, können die Mitarbeiter ihre Energie einbringen und tragen mit einer zusätzlichen Leistung, die niemals formal eingefordert werden könnte, zum Funktionieren des Unternehmens bei.[31] Unternehmen, deren Kultur durch zufriedene, engagierte Mitarbeiter sozial und psychologisch positiv geprägt ist, funktionieren sehr viel effizienter, agiler und sind entsprechend erfolgreicher.

Zusammengefasst heißt das, dass Unternehmen immer mehr auf Leistungsdimensionen angewiesen sind, die sich weder direkt in Zeugnissen und anderen Bildungsnachweisen widerspiegeln noch per Vertrag trennscharf vereinbar, geschweige denn direkt einforderbar sind. Es sind heute mit die wichtigsten Aufgaben für Unternehmen, im Bewerbungsprozess herauszufinden, ob die Bewerber gute Voraussetzungen mitbringen hinsichtlich ihrer Offenheit für und Freude an Veränderungen, die eigenen Rahmenbedingungen so zu gestalten, dass die Mitarbeiter diese nicht einforderbare Leistung von sich aus gerne einbringen, und die eigenen Führungskräfte so zu schulen und mit Wissen auszustatten, dass sie die Proaktivität im Unternehmen fördern. Kurz gesagt, es ist eine der größten Herausforderungen für die Unternehmen, die Eigeninitiative der Mitarbeiter zu managen[32] und ein gutes Eigeninitiativemanagement zu betreiben.

Leistungsindikatoren für Veränderungsfähigkeit und Innovationskraft

Fortschrittliche Leistungskonzepte umfassen neben den typischen Anforderungen an Fachwissen, Fertigkeiten und aufgabenbezogenen Fähigkeiten auch jene Komponenten von Leistung, die über die reine Aufgabenerfüllung hinausgehen: zum Beispiel die Kollegialität und Hilfsbereitschaft gegenüber Kollegen und dem Team, Anpassungsfähigkeit, Veränderungsbereitschaft, Kreativität, wirkliche Verantwortungsbereitschaft und -Übernahme, ein Interesse am gesamten Ablauf verbunden mit entsprechender Motivation, Dinge verbessern zu wollen, wenn sie einem auffallen, ein lernorientierter Umgang mit Fehlern und ein Blick in die Zukunft.[33]

All diese Aspekte sind Ausdruck von Eigeninitiative. Eigeninitiative ist also ein fundamentaler Teil von Leistung, der noch immer stark unterschätzt und entsprechend vernachlässigt wird. Gerade wenn es um die Betrachtung individueller und vor allem auch der Unternehmensleistung geht, werden die Proaktivität und weiche Faktoren noch überwiegend ausgeblendet.

Erfolgreiche Unternehmen haben einige dieser Kompetenzen mit als Schlüsselindikatoren formuliert, sie definiert und operationalisiert und in ihr Kompetenzmodell – und somit auch in ihren Leistungsbeurteilungsprozess – integriert. Auch fließen diese Kriterien bei der Mitarbeiterauswahl ein, sind in Zielvereinbarungs- und Feedbackgesprächen verankert und ebenso explizit im Leitbild inbegriffen. Auf diese Weise sind Engagement, unternehmerisches Denken, Zukunftsorientierung und Initiative im Führungsverständnis, im gesamten Talentmanagement und auch im Recruiting-Prozess integriert und dienen als konkrete Kriterien für Auswahl- und Bewertungs- bzw. Feedbackprozesse. Diese Kriterien und das dazu beschriebene, definierte Verhalten, das an so vielen Stellen umgesetzt wird, wirken über die Zeit hinweg kulturprägend.

Auf jeder Ebene Verantwortung tragen

Eine gute Anregung und ein anschauliches Beispiel, was wir damit meinen, dass zunächst einmal der Raum und die richtigen Rahmenbedingungen geschaffen werden müssen, gibt Götz Werner:

Götz Werner, Gründungs- und später noch Aufsichtsratsmitglied von dm-drogerie markt, besuchte in der Zeit, in der er selbst noch Geschäftsführer war, eine seiner Filialen. Er sprach mit der Filialleiterin und lehnte sich dabei gegen die Kosmetiktheke. Die Theke gab nach und verrutschte so, dass man mit der Hand leicht an die teuren Kosmetika kam, die geschützt unter einer Glasscheibe lagen. »Das ist schon eine Weile so«, sagte die Filialleiterin. »Da kann man ja recht einfach die Sachen hier klauen«, antwortete Werner. »Ja«, erwiderte die Filialleiterin, »das ist auch schon vorgekommen.« – »Und was haben Sie dagegen gemacht?« – »Ich habe das schon vor drei Wochen dem Bezirksleiter gemeldet, aber der ist noch nicht dazu gekommen.« Was tat Werner daraufhin? Er strich die komplette Hierarchieebene der Bezirksleiter. Sie waren für je sechs bis neun Filialen zuständig. Auch die darüberstehende Ebene der Gebiets*leiter* löste er auf. Neu bildete er die Ebene der Gebiets*verantwortlichen*. Ausgangsgedanke war, den Filialleitern mehr Eigenverantwortung zu geben. Die Idee war, die Kontroll- bzw. die Verantwortungsspanne so groß zu machen, dass sie 20 oder 25 Filialen umfasst, sodass ein Gebietsverantwortlicher sich im Detail gar nicht mehr um alles kümmern kann. Es blieb dann dem (alten) Gebietsleiter per Struktur nichts anderes übrig, als den Filialleiter stärker zu befähigen, ihm mehr Handlungsspielraum und Verantwortung zu geben und ihn Aufgaben übernehmen und viele Dinge selbst entscheiden zu lassen. Ohne die Abgabe von Aufgaben und die Einführung von mehr Gestaltungsfreiraum und Eigenverantwortung in die Ebene unter ihm, würde der (neue) Gebietsverantwortliche seine Aufgaben nicht bewältigen können.

Die Filialleiter von dm kamen am Anfang nur sehr schwer mit dieser Umstellung zurecht. Zudem wurde eine Matrix erstellt, die die Begriffe der Anweisung, der Empfehlung und der Beratung klärte. Die Anweisungen wollte Werner auf das gesetzlich Notwendigste reduzieren, z. B. dass das eingenommene Geld abends in die Bank eingezahlt wird. Das ist natürlich keine Empfehlung, sondern blieb eine Anweisung. Aber für viele andere Prozesse gilt eine Empfehlung. Eine Empfehlung lässt offen, es im Sinne der örtlichen Verhältnisse besser zu machen. Die Drogeriemärkte sollten auch in der Lage sein, sich individueller und maßgeschneiderter in die örtliche Situation einzufügen.[34]

Götz Werner hat mit dieser Reorganisation eine Struktur geschaffen, die es nicht nur erlaubt, sondern eher erzwingt, dass Filialleiter und Mitarbeiter mehr Verantwortung übernehmen. Verantwortung, die es direkt vor Ort braucht, um schnellere Entscheidungswege zu schaffen und besser auf Kundenwünsche reagieren zu können. Eine wesentliche Konsequenz des schnellen Wandels und der steigenden Komplexität ist eine *erhöhte Verantwortlichkeit* auf *den untersten Ebenen*.[35] Dies zieht zunächst oft neue und unstrukturierte Situationen nach sich. Um diesen unstrukturierten Situationen wieder Struktur zu geben, müssen die Mitarbeiter aktiv und flexibel agieren, selbstständig Barrieren und Hindernisse überwinden[36] und sich weitestgehend selbst organisieren. Eigeninitiative ist heute längst eine notwendige Voraussetzung. Die Verlagerung der Verantwortung findet im Vertrieb genauso statt wie in der Produktion oder im Dienstleistungsbereich. Führungskräfte müssen schon lange mit komplexen Sachverhalten arbeiten, in Zukunftsszenarien denken und in von Unsicherheit geprägten Situationen Entscheidungen treffen. Heute finden sich diese Anforderungen aber nicht mehr nur auf der Führungs-, sondern auch auf Mitarbeiterebene. Die erhöhte Verantwortlichkeit kann und soll dazu beitragen, Kundenwünsche schneller zu erfüllen, Qualitätsprobleme sofort zu beheben, auf Fehler dort reagieren zu können, wo sie entstehen und sich in kontinuierlicher Verbesserung zu engagieren.

»Wenn man möchte, dass die Mitarbeiter unternehmerisch handeln, dann muss man ihnen auch die Möglichkeiten an die Hand geben, die man als Unternehmer hat. Der immer größer werdende Filialbetrieb bei dm war kaum noch anders zu führen, als dass jede Filiale, jeder Mitarbeiter sich selbst führt. Einen Wasserkopf an Verwaltung, ein ›oben wird gedacht, unten wird gemacht‹ lähmte die Unternehmung. In den dm-Filialen entscheiden also die Mitarbeiter selbst, ob sie jemanden einstellen wollen oder nicht. Und wen. Ebenso bestimmen sie beim Sortiment mit«.[37]

Dafür ist ein höherer Grad an Eigeninitiative notwendig und muss vom Unternehmen gefördert werden. Man denke an ein Szenario aus der Produktion: Wenn zum Beispiel eine gerade gelieferte Serie fehlerhaft ist, dann wäre es in der klassischen Produktion die Aufgabe des Qualitätsmanagements, das Problem zu erkennen und zu melden, und die Aufgabe des Einkaufsleiters, anschließend für Klärung und die Behebung des Problems zu sorgen. In modernen Just-in-time-Produktionsformen kann ein Produktionsmitarbeiter am Fließband (eventuell nach kurzer, aber immerhin sofortiger Rücksprache mit dem Chef) selbst entscheiden, diese Serie abzulehnen und eine neue anzufordern. Bemerkt ein Produktionsmitarbeiter, dass dieses spezifische Qualitätsproblem in innerbetrieblichen Routinemessungen noch nicht erkannt wird, könnte er einen Vorschlag machen, wie solche Fehler in Zukunft schneller entdeckt werden können. Hat man hier einen proaktiven Mitarbeiter, könnte er sogar auch Ideen entwickeln, wie diese Mängel bereits in der Herkunftsfirma erkannt werden könnten.

Ähnliche Notwendigkeiten für Eigeninitiative bestehen auch, wenn die Kundenorientierung optimiert werden soll. Die Hotelkette Marriott warb mit einem Beispiel für kundenorientierte Eigeninitiative: Ein Hotelgast hatte ein wichtiges Dokument im Hotel vergessen, woraufhin ein Hotelangestellter nicht zögerte, den Gast mit seinem Privatauto schnell zu fahren, damit dieser sein Dokument abholen konnte. Diese Eigeninitiative verlangt von dem Hotelangestellten nicht nur die Bereitschaft, sich des Problems des Gastes anzunehmen und damit auch die Verantwortung für den Gast zu übernehmen, sondern auch die Motivation, entsprechende Ideen zu entwickeln, wie man ein Problem lösen kann.[38]

Unternehmen brauchen Führungskräfte und Mitarbeiter, denen der Erfolg des Unternehmens wichtig ist, die entsprechend unternehmerisch denken und handeln und mit mehr Selbstorganisation und Verantwortung die Unternehmensziele anstreben. Damit eine solche Selbstorganisation stattfinden kann, muss das Unternehmen für die richtigen Rahmenbedingungen sorgen. Die Verantwortlichen müssen Prozesse und Strukturen gestalten, die Eigeninitiative beim Mitarbeiter fordern und fördern und vor allem die bereits vorhandene Eigeninitiative der Mitarbeiter nicht schon im Keim ersticken.[39]

Lernen, mit Komplexität, Abstraktion und Unsicherheit umzugehen

Unternehmen erleben erhöhte operative Unsicherheiten. Für den einzelnen Mitarbeiter bedeutet eine solche neue Arbeitsumwelt ebenso einen enormen Verlust an Sicherheit. Der Gegenstand unserer Arbeit wird häufig abstrakter, die Firma ist immer öfter ein nicht mehr ortsfestes Gebilde, wichtiger Austausch findet via Glasfaser und nicht mehr nur in einem greifbaren Gespräch im Büro statt.

Dass uns der Umgang mit dieser Abstraktion schwerfällt, liegt unter anderem in unserer Biologie begründet: Menschen sind Wesen der Unmittelbarkeit. Die Sinnesorgane sind darauf ausgerichtet, unmittelbar zu riechen, zu sehen, zu tasten, zu hören – die direkte Umwelt wahrnehmen zu können. Die Weiterverarbeitungssysteme sind entsprechend auf die Verarbeitung dieser – in der direkten Umwelt gelegenen – Sinnesreize ausgerichtet. Das gibt Orientierung und die Möglichkeit zu Aktion und Reaktion. Das menschliche Gehirn kann lineare Entwicklungen gut einschätzen und verstehen. Rezeptoren und Verarbeitungssysteme sind nicht darauf ausgelegt, abstrakte Komplexität erfassen und einschätzen zu können, Szenarien von unüberschaubar vielen Möglichkeiten blitzschnell zu durchdenken oder ohne Informationen über Körper, Mimik und Gestik eines Gesprächsgegenübers kritische Verhandlungen zu führen. Die Sinnensysteme sind an die heutigen Lebensumstände schlichtweg nicht gut angepasst.

Die Konsequenz bzw. Schlussfolgerung daraus ist natürlich nicht, dass der Mensch sich den Herausforderungen gar nicht erst stellen sollte. Aber es ist wichtig zu wissen, dass es dem Menschen nicht angeboren ist, mit der heutigen Komplexität umzugehen. Da das Gehirn des Menschen nicht auf den Umgang mit schnellem Wandel und Komplexität ausgelegt ist, kranken folglich auch die vom Menschen geschaffenen Systeme, zum Beispiel Organisationen und Wirtschaftsunternehmen, an der nur bescheiden ausgeprägten Kompetenz, sich inmitten hoher Komplexität und ständigem Wandel zu behaupten. So ist es eher eine natürliche Gegebenheit, dass eine Anpassung an diese Umwelt schwierig ist, dass Angst entstehen kann und diese Angst typischerweise innere Widerstände, Resignation und folglich auch schlechtere Arbeitsergebnisse hervorruft. Ausschlaggebend ist zudem, dass wir in der Schule und während des weiteren Ausbildungsweges alles Mögliche lernen, nicht aber, wie man sich proaktiv und erfolgreich durch die heute allgegenwärtige Dynamik und Komplexität bewegt. Ebenso wenig lernt man in der Schule, wie man sich selbst gut organisiert und sich in einer Welt von unendlich vielen Möglichkeiten auf die eigenen Ziele und Stärken konzentrieren kann. Um eine solche Unsicherheit oder entsprechende Ängste abzufangen, hilft es, wenn im Unternehmen eine vertrauensvolle, wertschätzende Atmosphäre herrscht. Auf diesen Kulturaspekt gehen wir später noch genauer ein.

Neue Einstellung, neue Haltung entwickeln

Für den Mitarbeiter bedeutet das, dass er eine proaktive Haltung entwickeln muss, um den erforderlichen, höheren Grad an Selbstorganisation erreichen und leisten zu können. Jeder muss selbst Verantwortung übernehmen für die eigene Weiterentwicklung und das

Arbeitsumfeld.[40] Es gibt keine Alternative dazu. Man mag denken, dass man ebenso gut einfach den Kopf in den Sand stecken kann und damit auch irgendwie durchkommt. Es zeigt sich aber, dass Passivität noch schlechter ist als ein ab und zu fehlgeleitetes proaktives Verhalten.[41]

Der Einzelne kann und muss sich immer wieder neue Aufgaben und Projekte suchen, auch in einem Unternehmen, nicht nur als Selbstständiger. Man muss sich in verschiedene Arbeitsgruppen einbringen, mit verschiedenen Partnern zusammenarbeiten. Man kümmert sich selbst darum, neue Qualifikationen zu erwerben und sich neue Tätigkeitsbereiche zu erschließen. Eigeninitiative bedeutet hier, Projektarbeit zu finden, die eigene Beschäftigungsfähigkeit[42] zu erhalten und stets weiter zu verbessern.[43] Man ist selbst verantwortlich dafür, Karrierevorstellungen zu entwickeln, durch aktives Selbstmanagement eigens gesetzte Ziele zu erreichen und sich Zufriedenheit zu verschaffen mit den Aufgaben und der gesamten Arbeitssituation.[44]

Spotlight: Herausforderungen in der Arbeitswelt – Interview mit Alexander Kron von EY[45]

Alexander Kron ist Managing Partner Transaction Advisory Services Germany, Switzerland, Austria, bei der Ernst & Young GmbH Wirtschaftsprüfungsgesellschaft (EY), eine der größten Prüfungs- und Beratungsgesellschaften weltweit. Darüber hinaus ist er Mitglied der Geschäftsführung von EY Deutschland.

Herr Kron, die Arbeitsumwelt verändert sich rasant. Vor welchen großen Herausforderungen steht EY?

Als Beratungsunternehmen entwickeln wir Innovationen und arbeiten fortwährend an neuen Lösungen für unsere Mandanten. Und das in einer Geschwindigkeit, die den allgemeinen Entwicklungen am Markt nicht hinterherrennt, sondern ganz vorne mitspielt. Die Digitalisierung und Automatisierung beschleunigen das Tempo: die Geschwindigkeit, mit der wir auf die Kunden zugehen, die Schnelligkeit, mit der wir Mitarbeiter rekrutieren und qualifizieren, sowie die Frequenz, in der wir Projekte bewerkstelligen. Uns steht immer weniger Vorlaufzeit zur Verfügung. Dieser rasante Veränderungsdruck prägt seit Jahren unser Unternehmen und verlangt von uns einen kontinuierlichen Change-Prozess.

Gleichzeitig haben unsere Mandanten berechtigterweise hohe Erwartungen an uns als Professional-Service-Firma. Wer sich für ein Unternehmen der Big Four entscheidet, darf davon ausgehen, dass wir sämtliche Prozesse entsprechend effizient mit allen technisch zur Verfügung stehenden Mitteln organisieren. Es gibt bereits definierte Automatisierungsmodelle, die Auskunft darüber geben, wie lange etwas dauert bzw. wie schnell etwas gehen kann und welche Qualität das Arbeitsergebnis hat, wenn es vernünftig standardisiert, automatisiert und digitalisiert umgesetzt wird. Wir müssen uns an den höchsten Ergebnissen messen lassen. Auch die Erwartungen der jüngeren Neueinsteiger an das berufliche Umfeld haben sich verändert. Das spornt uns als Arbeitgeber enorm an, attraktive Angebote und Innovationen zu liefern, vor allem in Abgrenzung zu unseren Wettbewerbern.

Was tun Sie, um für die Zukunft gut aufgestellt zu sein?

Wir arbeiten mit vielen unterschiedlichen Maßnahmen, die jeweils ineinandergreifen. Abgeleitet aus unserer Strategie stellen wir derzeit die gesamte Belegschaft anders auf. Wir müssen neue Mitarbeiter schneller fit machen, um eine zusätzliche Wertschöpfung zu erzielen. Unsere Standardisierung ist bereits auf gutem Niveau, die Automatisierung und Digitalisierung unserer Prozesse und bestimmter Bestandteile unserer Leistungen gehen ebenfalls in Riesenschritten voran. Wir lagern beispielsweise repetierende Aufgaben aus und nutzen Shared Service Center. Allein dadurch verschiebt sich die Pyramide der Belegschaft. Wir stellen uns so auf, dass wir ein sogenanntes Up-Scaling realisieren können. Das heißt, dass wir die administrativen Tätigkeiten insbesondere für unsere Junioren reduzieren. Dadurch können diese schon früher und direkter mit unseren Kunden den Kontakt etablieren und mehr Verantwortung übernehmen. Es ist für uns wichtig, in Kooperationen zu denken. Nicht jede Kompetenz, die wir brauchen, um für den Kunden die beste Lösung zu bieten, muss bei uns fest an Bord sein. Hier gilt es, gute und sinnvolle Partnerschaften aufzubauen. Auch stellen Akquisitionen für uns eine sinnvolle Möglichkeit dar, in gewissen Kompetenzbereichen die Kapazität zu erreichen, die wir benötigen.

Sie haben auch Innovationen als wichtige Herausforderungen genannt. Wie gehen Sie an diese Aufgabe heran?

Innovationen entstehen heute nicht in einer abgegrenzten Abteilung, sondern praktisch überall – auch in der IT-Abteilung, im Marketing oder in den Ländergesellschaften. Für ein so dynamisches Unternehmen wie EY ist es essenziell, diese Dezentralisierung von Innovation zu institutionalisieren. Eigeninitiative, unternehmerisches Denken und Freiraum für Kreativität sind für uns Grundvoraussetzungen. Dazu gehören ein agiles Verständnis von Leadership und kulturelle Aspekte, wie den allgemeinen, vertrauensvollen Umgang in der Zusammenarbeit oder die Gestaltung von Teamarbeit. Unser Ziel ist es, jedem Einzelnen so viel Handlungsspielraum wie möglich zu geben, denn das motiviert. Natürlich gibt es in unserer Profession auch berufsrechtliche Grenzen, aber innerhalb dieser haben wir immer noch eine Menge Bewegungsspielraum, den wir nutzen können.

*Können Sie etwas genauer beschreiben, welche kulturellen
Aspekte das beispielsweise sind?*

Wie gut das Innovationsumfeld einer Organisation ist, lässt sich
an ihrer Kultur ablesen: Verfolgen Mitarbeiter und Management ein gemeinsames Ziel, gemeinsame Werte und gemeinsame Regeln? Unser Augenmerk liegt darauf, unsere Strategie
und damit die Richtung des großen Ganzen zu kommunizieren. Jeder Mitarbeiter muss verstehen, warum wir etwas tun.
Das geht über die Kommunikation per E-Mail weit hinaus. Am
wichtigsten ist für uns das persönliche Gespräch. Wir nutzen
Team-Meetings, Gesamtveranstaltungen für Mitarbeiter und
unsere Halbjahres- und Jahresendgespräche für eine ausführ-
liche Kommunikation. Ein wichtiger kultureller Eckpfeiler ist
der Umgang mit Fehlern. Bei uns gilt der Grundsatz: Fehler
muss man machen, um zu lernen. Klar sollten wir vermeiden,
einen Fehler zweimal zu begehen. Aber Fehler machen zu dürfen und aus ihnen etwas mitzunehmen, ist immens wichtig für
die berufliche Reife.

Wie gestaltet sich der Dialog mit dem einzelnen Mitarbeiter?

Zu Beginn des Jahres besprechen wir Wünsche und Ziele,
sowohl inhaltliche als auch monetäre. Wir erörtern die individuelle Karriereplanung und Weiterentwicklung unserer
Mitarbeiter. Dann können die Mitarbeiter losfahren wie auf
einer dreispurigen Autobahn: Sie können sich ganz links halten oder ganz rechts, mal schneller, mal langsamer. Können
mal hier mal dort abzweigen und wieder auffahren. Das kom-
munizierte Big Picture und die Strategie bilden die Leitplanken. Für die Reise auf der Autobahn bekommt jeder Mitarbeiter Zeit und Budget. Jeder entscheidet als »Unternehmer im
Unternehmen« selbst, wie er diese Mittel einsetzt, kann Kun-
dentermine, Meetings und Geschäftsessen selber aufsetzen.

Wir geben die nötige Unterstützung und die Freiheit, persönliche Erfolge zu erzielen, zum Beispiel neue Kunden zu gewinnen oder Projektaufträge zu übernehmen. Selbstbewirkter Erfolg ist ein hervorragender Motivationstreiber und erhöht die Energie für weitere Proaktivität. Ich denke, in einem solchen Rahmen können wir Mitarbeiter anregen, Mitunternehmer zu werden, sich entsprechend einzubringen und innerhalb einer vertrauensvollen Zusammenarbeit einen Beitrag zu guten Ergebnissen zu leisten, sowohl auf der persönlichen als auch auf der ökonomischen Seite.

»Mitarbeiter anregen, zu Mitunternehmern zu werden« ist ein spannender Aspekt. Sie haben vorhin die Attraktivität als Arbeitgeber erwähnt – gerade auch im Hinblick auf die jüngeren Generationen wie die Generation Y oder die Millenials. Was bedeutet das für das Rekrutieren neuer Mitarbeiter?

Die Karrierevorstellungen haben sich gewandelt. Es geht heute weniger um eine Work-Life-, sondern vielmehr um eine Life-Work-Balance. Als ich anfing zu arbeiten, haben wir auf einer Zeitschiene zwei Punkte gesetzt und die beiden Punkte mit einer Geraden verbunden. Heute will nicht mehr jeder aufstrebende Mitarbeiter Partner werden. Es gibt einige, die sich ganz bewusst und schon relativ früh dagegen entscheiden. Sie bevorzugen eher eine Expertenrolle oder eine Teamleiterfunktion. EY hat seine Karrieremodelle entsprechend angepasst und bietet jedem Einzelnen die Möglichkeit, sich nach seinen Vorstellungen individuell zu entfalten. Wir entwickeln fortwährend neue Angebote bezogen auf die Flexibilität, die sich diese Generation wünscht und die Vereinbarkeit von Beruf und Privatleben. Sinnfindung und Selbstentfaltung sind inzwischen wichtige Aspekte in der Entscheidung für einen bestimmten Arbeitgeber oder eine Branche.

Geht es also darum, Sinn zu stiften, statt Ziele zu definieren?

Lassen Sie mich das mit einem Vorbild erklären. EY kürt jährlich herausragende Entrepreneure wie etwa Stefan Hell, Götz Werner, Klaus Hipp und etliche weitere erfolgreiche Unternehmer.[46] So unterschiedlich diese Persönlichkeiten auch sein mögen, so sehr sind sie in einem Punkt gleich: Ausnahmslos *jeder* von ihnen weiß ganz genau, *warum* er etwas tut. *Wie* es dann umgesetzt wird, spielt erst in zweiter Linie eine Rolle. Stärker kann ein Antrieb nicht sein, als der unbedingte Wille, die eigene Idee umzusetzen und genau zu wissen, warum. Für die Umsetzung ihrer Ideen setzen diese Entrepreneure auf die Freiheit ihrer Mitarbeiter durch hohe Verantwortung und Mitbestimmung, auf starke Selbstorganisation und darauf, dass die Arbeit sinnbringend ist. Sich in einem gemeinsamen Ziel, einer höheren Verpflichtung der Arbeit zu widmen, stiftet ein Zugehörigkeitsgefühl. Durch größeren Handlungsspielraum können die Mitarbeiter viel stärker die Wirkung ihres Tuns erleben. Sie können Einfluss nehmen, sich einbringen, sich in der Arbeit persönlich entwickeln.

Diese Aspekte durch die Organisationsgestaltung und das richtige Verständnis von Führung zu fördern, setzen wir intern bei EY um. Das gilt auch für unsere zukünftigen Mitarbeiter. Wir brauchen Menschen, die mit uns zusammen die Herausforderungen angehen und mitgestalten wollen. Das sind Menschen mit viel Drive und Initiative, mit Gestaltungswillen und der Bereitschaft, Verantwortung zu übernehmen: eben Mitunternehmer, sogenannte Intrapreneure. Das kommunizieren wir sowohl nach innen als auch nach außen. Unser Leitbild »Building a better working world« bedeutet sinngemäß, dass es unser übergeordnetes Ziel ist, einen Beitrag dazu zu leisten, dass es anderen auf der Welt besser geht. Unsere Mitarbeiter sind motiviert, durch ihr Mitwirken an diesem übergeordneten Ziel selber Sinn zu stiften. Wir wollen, dass die Welt besser funktioniert. Unsere Mitarbeiter sind davon überzeugt, zusammen mit dem ganzen Unternehmen dafür einen Beitrag leisten zu können.

Wie stellen Sie diesen »Drive« bei der Auswahl zukünftiger Mitarbeiter sicher?

Bei der Auswahl neuer Mitarbeiter achten wir – neben der fachlichen Qualifikation, die in der Regel gut überprüfbar ist – darauf, wie aktiv bzw. proaktiv jemand bisher war. Das lässt sich im ersten Schritt gut aus den Unterlagen herauslesen und zusätzlich im Interview anhand realistischer Problemstellungen abfragen. Wichtig ist, wie der Bewerber mit Hindernissen und Frustrationen umgeht, wie kompromissbereit er ist – bei komplexen Fragestellungen, wie wir sie typischerweise bearbeiten, gibt es selten die perfekte Hochglanzlösung. Vor allem die Teamfähigkeit bedeutet uns viel. Die Auswahl unserer Mitarbeiter heute gelingt fokussierter und spezialisierter als jemals zuvor. Das ist auch gut so, denn es sind die Menschen, die die Kultur und damit die Innovationskraft von EY entscheidend mitprägen.

Glauben Sie, dass es in Deutschland im Vergleich zu anderen Ländern ein Defizit an Eigeninitiative gibt?

Ich habe in London gelebt und gearbeitet und sehr unterschiedliche Unternehmenskulturen beobachtet. Ich habe gute Modelle erlebt, in denen viel Verantwortung auf die Mitarbeiter übertragen wird. Auch die Fehlermanagementkultur und das Feedback waren sehr offen. Generell sind englische Unternehmen anders geführt. Im Allgemeinen profitieren sie von einem starken Teamgedanken. Als solche übernehmen sie nicht nur gemeinsam Verantwortung, sondern gewinnen auch zusammen den Ertrag für ihren Erfolg – mit extrem positiven Auswirkungen.

Spannend für mich zu sehen war, welchen Unterschied Leadership in der Arbeitsweise macht. Wer sich die Unternehmensspitze anschaut, erkennt relativ schnell, wie sich die Strukturen darunter gestalten. Fehlt die Bereitschaft der Führungskräfte, Neues zuzulassen, lässt sich das auch nicht nach unten hin kaskadieren bzw. fortsetzen. Im schlimmsten Fall stinkt der Fisch vom Kopf her, die Redewendung trifft insofern tatsächlich zu. Zeigt das oberste Management hingegen Bereitschaft, Ideen voranzutreiben und die damit einhergehenden Veränderungen wirklich zu wollen, stellt sich das Gefüge der Organisation ganz anders dar.

Was ist in Deutschland anders?

Deutschland empfinde ich noch als zu stark hierarchisch organisiert, das Gleiche gilt für die Schweiz und Österreich. Wir haben absoluten Aufholbedarf, was die Rahmenbedingungen für Eigeninitiative und damit für Innovationen betrifft. Das reicht vom DAX-Unternehmen bis zum Mittelständler. Ich habe manchmal den Eindruck, dass vor allem in größeren Unternehmen bei Mitarbeitern die Haltung bzw. die Blockade besteht, »die da oben« seien in der Verantwortung und sagen mir schon, was ich zu tun habe. Auch, dass es nicht notwendigerweise ein Erfordernis sei, Ideen und Vorschläge von unten nach oben zu spülen.

Was ist Ihre Empfehlung an die deutschen Unternehmen in Bezug auf Verantwortung und Eigeninitiative?

Mut haben. Mut haben, mit unternehmerischer Weitsicht Veränderungen umzusetzen. Mut haben, Strukturen so zu gestalten, dass sie wirklich zukunftsfähig sind und die Herausforderungen der veränderten Arbeitswelt, der Geschwindigkeit und der veränderten Gesellschaft beantworten können. Dafür braucht ein Unternehmen die Ideen und den Input all seiner Mitarbeiter.

Wir müssen es schaffen, über die Gestaltung der Strukturen, die Organisation der Arbeit und über die Prägung einer offenen und agilen Kultur zu vermitteln, dass jeder Mensch wichtig und jedes Feedback, jede Information und jeder Verbesserungsvorschlag von Bedeutung ist. Mitarbeiter sind schließlich unser wichtigstes Gut und nur sie können einem Unternehmen die Zukunft sichern.

Zusammenfassung Kapitel 1

In diesem Kapitel haben wir die Gesamtsituation beschrieben, in der ein Unternehmen agiert. Die profunden Veränderungen, die sich sowohl in der Gesellschaft als auch in der Wirtschaft vollziehen, verändern in tiefgreifender Art und Weise die An- und Herausforderungen, denen die Unternehmen heute gegenüberstehen. Die Erfolgsfaktoren der Unternehmen, mit denen sie die neuen Herausforderungen meistern können, sind vor allem Agilität und Innovationsstärke. Um Agilität und Innovationsgeist als Eigenschaft eines Unternehmens herzustellen, stehen die Unternehmen vor der immensen Herausforderung, ein relativ gesamthaftes Umdenken zu bewirken, andere Handlungsweisen als bisher zu fokussieren, zu explizieren, zu fördern und zu fordern, um Veränderungsfähigkeit, Innovationsfähigkeit und noch ausgeprägtere Verantwortung zu realisieren. Das hört sich plausibel an und ist nett dahergesagt, aber wie kann es gelingen, dies unternehmensweit auch umzusetzen?

Um ein Unternehmen auf Proaktivität auszurichten, kann und muss an vielen Stellschrauben gedreht werden, die wir im Verlauf des Buches weiterführend beleuchten. Begonnen bei der Strategie des Unternehmens, über Strukturen und Rahmenbedingungen, Prozesse bis hin zu gestaltbaren Aspekten der Unternehmenskultur, sprich einem bestimmten Führungsverständnis und Verhalten der Führungskräfte, einem Recruiting und einer Personalentwicklung, die am gleichen Strang ziehen. Langfristiger Erfolg ist abhängig davon, wie gut ein Unternehmen es schafft, die Eigeninitiative der Mitarbeiter ganzheitlich zu managen und dadurch einen hohen Grad an Selbstorganisation in das Unternehmen zu bringen und somit die volle Kraft des Unternehmens freizusetzen. Es sind natürlich die Mitarbeiter, die Verantwortung leben und Wandel und Innovationen erfolgreich umsetzen oder eben zum Scheitern bringen.

Das Beispiel, wie Götz Werner das Verhalten seiner Mitarbeiter beeinflusst hat, zeigt anschaulich und verständlich, dass die Umgestaltung der Rahmenbedingungen, also der Systeme innerhalb derer die Menschen arbeiten, ein viel wirkungsvollerer Hebel ist, als etwa zu versuchen, Geschehnisse oder das Verhalten der Einzelnen 1:1 zu kontrollieren.[47]

Abschließend hat Alexander Kron beispielhafte, greifbare Einblicke gegeben, was die Veränderung in der Arbeitswelt für ein Unternehmen wie Ernst & Young bedeutet und wie es den Herausforderungen begegnet.

Nun, da die Gesamtsituation beschrieben ist, innerhalb derer Organisationen sich heute bewegen, führen wir in den weiteren Kapiteln aus, wie es gelingt, die Initiative der Mitarbeiter zu managen. Im direkt folgenden Kapitel klären wir zuerst einmal, was genau wir unter Eigeninitiative verstehen, wie eigeninitiatives Verhalten sich konkret äußert, wie es entsteht und welche Auswirkungen es im Unternehmen hat, wenn viele der Mitarbeiter sehr initiativ sind.

2. Was ist Eigeninitiative?
»Love it, leave it or change it«

Das Motto der Eigeninitiativeforschung »Love it, leave it or change it« fasst treffend zusammen, welche *Funktionen* Eigeninitiative hat: Jeder kann die Verantwortung für das, was in der eigenen Arbeit geschieht, übernehmen und sich das Positive der eigenen Arbeit aktiv bewusstmachen (*love it*). Ist das nicht möglich, kann die eigene Situation auch genauso aktiv verlassen werden (*leave it*). Letztlich steht Eigeninitiative für eine aktive Haltung und dementsprechend aktives Verhalten, mit dem sich jeder als »Change-Agent« einbringen kann, um seine Umgebung zu verändern (*change it*).

Wir zeigen im Folgenden modellhaft die Gesamtzusammenhänge der Aspekte auf, die entweder direkt oder indirekt (proximale und distale Treiber) bewirken, dass jemand eigeninitiativ handelt (Abbildung 1 und 2). Danach beschreiben wir genauer, welches Verhalten überhaupt gemeint ist, wenn wir von Eigeninitiative sprechen, da Eigeninitiative als Begriff auch umgangssprachlich verwendet wird. Anschließend fassen wir die zahlreichen Auswirkungen der Eigeninitiative zusammen, die sich sowohl auf der individuellen als auch auf der Gesamtunternehmensebene einstellen, wenn ein hoher Grad an Eigeninitiative herrscht.

Zunächst beantworten wir die Frage, wie dieses Verhalten zustande kommt, also welche Faktoren überhaupt beeinflussen, dass wir letztlich ein bestimmtes Verhalten an den Tag legen. Stark vereinfacht und zusammengefasst kann man sagen, dass unsere Persönlichkeit, unser erworbenes Wissen, erworbene Fähigkeiten, die unmittelbare Arbeitssituation und die Unternehmenskultur, in der wir uns tagtäglich befinden, Einfluss darauf haben, welche Einstellungen wir entwi-

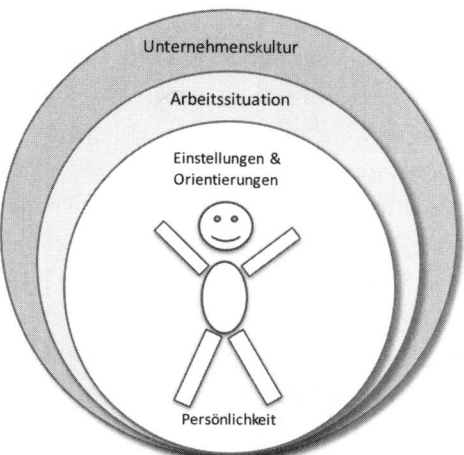

Abbildung 1: Faktoren, die proaktives Verhalten bei der Arbeit beeinflussen.

ckeln und ob und wofür wir uns mit vollem Herzen einsetzen und engagieren wollen und uns dementsprechend verhalten (Abbildung 1). So kann das Verhalten zum Beispiel hoch eigeninitiativ oder aber auch extrem passiv sein. Je nachdem, wie wir uns verhalten, fallen

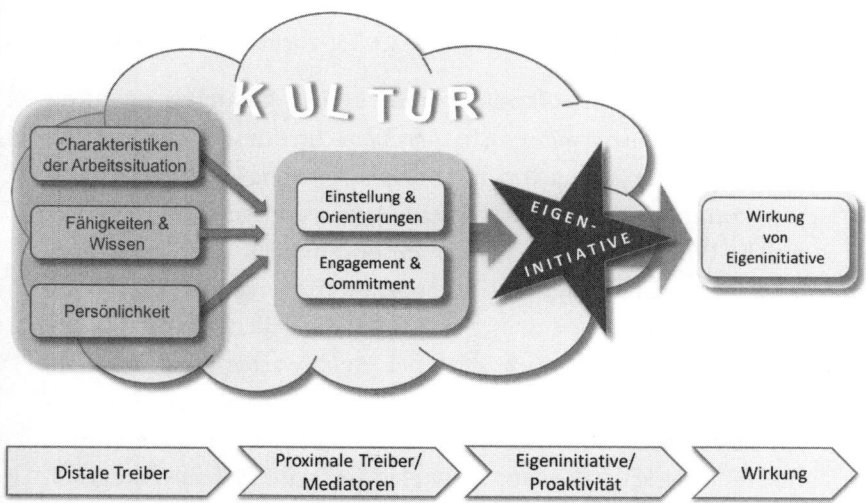

Abbildung 2: Vereinfachte Übersicht der Faktoren, die eigeninitiatives Verhalten beeinflussen. Dabei sind distale Treiber diejenigen Einflussfaktoren, die indirekt wirken. Proximale Treiber bzw. Mediatoren haben direkten Einfluss auf die Eigeninitiative.

individuelle Leistung und Erfolg aus. Und je nachdem, wie sich die gesamten Mitarbeiter in einem Unternehmen in Summe verhalten, hat das logischerweise starke Auswirkungen auf die Leistungskraft bzw. den Gesamterfolg des Unternehmens (Abbildung 2). Um die Zusammenhänge besser zu verstehen, erläutern wir nun, was wir überhaupt genau meinen, wenn wir von Eigeninitiative sprechen. Denn, wie eingangs bereits erwähnt, werden die Begriffe Initiative, Eigeninitiative und Proaktivität häufig auch umgangssprachlich verwendet. Wir benennen und beschreiben konkret die einzelnen Aspekte, die wir Eigeninitiative nennen, um sie entsprechend vom allgemeinen Sprachgebrauch abzugrenzen.

Was ist Eigeninitiative?

Eigeninitiative ist ein Verhaltenssyndrom, das aus drei sich gegenseitig unterstützenden Verhaltensweisen besteht (Abbildung 3).

1. Aus eigenem Antrieb handeln Eigeninitiative ist *selbststartend*, d. h. man tut etwas, ohne dass es von außen aufgetragen wurde oder klarer Bestandteil einer Aufgaben- oder Tätigkeitsbeschreibung ist.[48]

2. Früh Chancen aufspüren oder selber Chancen schaffen Eigeninitiative ist *proaktiv*, d. h. man betrachtet die Arbeit aktiv und langfristig. Man schaut voraus, antizipiert, welche Chancen sich auftun könnten, welche zukünftigen Anforderungen sich ergeben, welche Probleme auftreten könnten und handelt dann auch dementsprechend. Eigeninitiative Menschen warten nicht so lange ab, bis Chancen für jeden erkennbar sind, sondern stellen Chancen bis zu einem gewissen Grad auch selbst her. Auch warten proaktive Menschen nicht, bis Probleme so überwältigend werden, dass nur noch auf sie reagiert werden kann und es möglicherweise schon zu spät ist. Sie entwickeln frühzeitig Strategien, um mit Problemen umgehen zu können. Dieses Verhalten entspricht weitgehend dem, was auch Menschen mit hoher Expertise auszeichnet. Das unterscheidet zum Beispiel auch die besten Mitarbeiter von den guten.[49] Zudem lösen proaktive Personen Probleme auf eine gewisse Art und Weise, sodass

Probleme nicht immer wieder auftreten oder sie zumindest weniger störend sind. Sie lösen Probleme also typischerweise nachhaltiger.

3. Persistenz beweisen Eigeninitiative bedeutet auch *Beharrlichkeit* und *Ausdauer*. Meistens treten, gerade wenn jemand Eigeninitiative zeigt, zunächst einmal Probleme oder Rückschläge auf. Will man zum Beispiel einen Arbeitsprozess verbessern und führt entsprechende Veränderungen in einem Prozess oder eine neue Aufgabe ein, können so gut wie nie von Beginn an alle Details berücksichtigt werden. Bis alles wieder rund läuft, braucht es typischerweise etwas Zeit und den Willen zur kontinuierlichen Verbesserung. Oftmals müssen zunächst Kollegen oder Vorgesetzte zuvor von der neuen Idee überzeugt werden. Neuerungen bedeuten Veränderung, Veränderungen bedeuten extra Aufwand für alle Beteiligten, sie sind anstrengend und wenn die Kollegen und möglicherweise der Vorgesetzte selbst gerade so oder so schon bis zum Hals in Arbeit steckt, dann werden Vorschläge und neue Ideen gerne lieber abgelehnt oder abgewimmelt als mit Freude angenommen. Eigeninitiative bedeutet daher auch, sich von Rückschlägen, Problemen oder Widerständen nicht entmutigen zu lassen, sondern Barrieren zu überwinden. Eigeninitiative Menschen haben eine konstruktive, effektive Art, mit Problemen umzugehen.

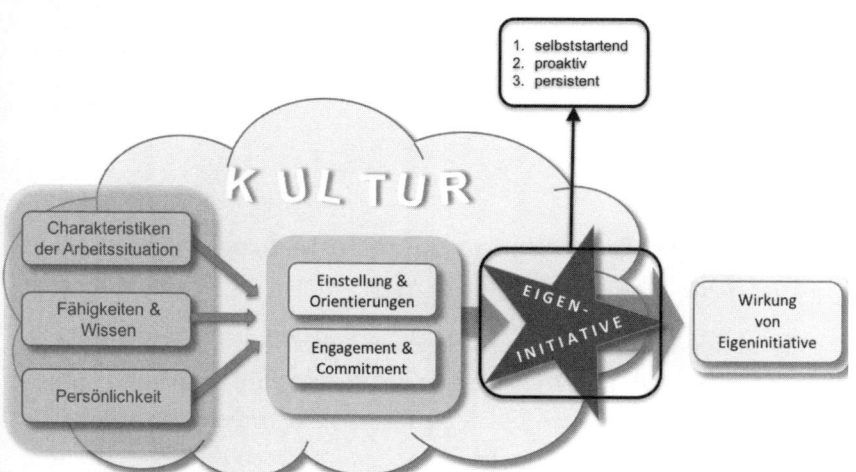

Abbildung 3: Die drei charakteristischen, sich gegenseitig ergänzenden Verhaltensweisen von Eigeninitiative.

Eigeninitiative kann sich auf ganz unterschiedlich große oder kleine Tätigkeiten beziehen. Eine Sekretärin beispielsweise, die unaufgefordert für einen Gastredner Wasser bereitstellt und dafür sorgt, dass in Zukunft immer für die Redner Wasser bereitgestellt wird, zeigt ebenso Eigeninitiative wie ein Mitarbeiter, dessen Verbesserungsvorschlag zu einer Produktverbesserung im Wert von einer halben Million Euro führt.[50] Ein weiteres Beispiel ist ein im internationalen Verkauf tätiger Call-Center-Agent, der viele russischsprachige Kunden hat. Sein schlechtes Englisch führt wiederholt zu Missverständnissen, fehlerhaften Bestellungen und damit zu Zusatzarbeit. Der Agent zeigt Eigeninitiative, indem er beginnt, eine Übersetzungsliste mit den wichtigsten Geschäftsbegriffen zusammenzustellen und die häufigsten und typischsten Fehler aufzulisten. Er trägt die gefundenen Begriffe zusammen, fragt andere Kollegen nach deren Wissen, gibt die Liste weiter und bittet die Kollegen um Rückmeldung und Ergänzungen. Es handelt sich um eine *selbstgestartete* Handlung, da niemand ihm aufgetragen hat, die vorhandenen Arbeitsmittel – zu denen eine Begriffsliste zählt – zu verbessern. Er handelt *proaktiv*, weil mit der Liste ein wiederkehrendes Problem behoben werden soll und kann. Und der Agent ist persistent, weil er die Kollegen und Kolleginnen in ihren spärlichen Pausen wieder und wieder anspricht und auffordert, ihr Wissen für diese Liste bereitzustellen[51], obwohl nicht jeder Kollege und Kollegin diese Liste toll findet.

Eigeninitiative geht also über die eigentliche Arbeitsaufgabe und -rolle hinaus.

Zusätzliche Anstrengung durch Unterbrechung von Routinen

Eigeninitiative bedeutet, dass sich jemand über bestehende Bedingungen hinwegsetzt. Eine Aufgabe oder ein Prozess wird nicht blind übernommen, sondern man überlegt, was man optimieren kann. Man widersetzt sich dem »das wird hier schon immer so gemacht«. Eigeninitiative bedeutet somit immer einen Eingriff in Bestehendes und hat immer einen verändernden, oft auch einen innovativen Charakter.

Die kurzfristigen Schwierigkeiten von solchem Handeln sind vorprogrammiert: Wann immer man etwas Neues startet, entstehen Situationen, die man nicht vollständig vorhersehen kann. Neues bringt unweigerlich Veränderungen, die eine bisher da gewesene Routine unterbrechen. Häufig entstehen dabei mindestens anfänglich Probleme, zum Beispiel, weil bestimmte Details in den Vorüberlegungen nicht berücksichtigt wurden oder Strukturen oder bestehende Prozesse auf diese Veränderung anders reagieren als vermutet.

Neben solchen »technischen« Problemen produziert Eigeninitiative auch soziale Barrieren. Kollegen wehren sich gegen Veränderungen, weil das Aufgeben von Routinen immer mit zusätzlicher Mühe verbunden ist. Vorgesetzte fürchten sich oft vor allzu selbstständigem Handeln der Mitarbeiter. Ängste, dass »sich hier jemand breitmachen möchte« und Vorwürfe der »Kompetenzüberschreitung« entstehen oft im Zusammenhang mit Eigeninitiative.[52] Wenn Routinen infrage gestellt und dadurch Diskussionen angeregt werden, in einer Phase, in der zum Beispiel gerade ohnehin schon hoher Produktionsdruck oder hoher Workload anderer Art herrscht, werden Initiative und die damit verbundenen Ideen oft als störend, unnötig und unpassend empfunden. Die Auseinandersetzung mit neuen Ideen und Vorschlägen bedeutet meistens extra Arbeit und Zeitaufwand. Menschen, die viel Eigeninitiative zeigen, werden deshalb manchmal auch als anstrengend, aufmüpfig, nervig oder sogar als rebellisch empfunden.[53] Eigeninitiative verlangt also einerseits, ohne Scheu Einfluss auf die Umgebung, die Arbeitsgruppe oder auf den Vorgesetzten zu nehmen und andererseits, sich durch etwaige Auseinandersetzungen und Rückschläge nicht entmutigen zu lassen.[54] Für Führungskräfte ist es wichtig, dass sie sich daraufhin überprüfen, ob es Mitarbeiter in ihrem Umfeld gibt, die sie als anstrengend/oder sogar nervenaufreibend empfinden. Falls ja, sollten sie bewusst überlegen, wie sie sich verhalten, bevor sie auf diese Menschen reagieren. Denn genau an diesem Punkt ist eine menschliche Reaktion oft die falsche. Die typisch menschliche Reaktion auf anstrengende Mitarbeiter ist oft, sich demjenigen zu entziehen, sodass einem dieser Jemand nicht auf die Nerven geht. Vorgesetzte haben die Aufgabe, die Produktion ohne Probleme aufrechtzuerhalten; sie haben selber viel um die Ohren, schnell nehmen sie einen hoch initiativen Mitarbeiter als zu anstrengend, zeitraubend und möglicherweise sogar negativ wahr und versuchen, die sprudelnde Energie irgendwie weg zu kanalisieren. Und machen genau in diesem – eigentlich menschlichen – Moment einen großen Fehler, wenn sie nicht professionell auf solche hoch initiativen Menschen eingehen.

Der langfristige Blick ist unerlässlich

Es ist wichtig zu wissen, dass Eigeninitiative essenziell ist für das Überleben eines jeden Unternehmens. Wenn Unternehmensspitzen und Führungskräfte das nicht verinnerlichen, haben sie keinerlei Anreiz, die kurzfristigen Unannehmlichkeiten zu ertragen und zu gestalten. Und sie werden ggf. auch im Unternehmen nicht dafür sorgen, dass entsprechende Anreize für die Mitarbeiter geschaffen werden. Langfristig betrachtet, verbessert die Initiative der Mitarbeiter Abläufe und Situationen und damit das Überleben und den nachhaltigen Erfolg des Unternehmens.[55] Nehmen wir als Beispiel einen Produktionsmitarbeiter, der jeden Tag die gleiche Maschine bedient und an einem bestimmten Punkt immer wieder die Einstellung der Maschine manuell korrigieren muss, weil der Regler dieser Maschine fehlerhaft arbeitet. Der Arbeiter unterbricht dann fast jeden zweiten Tag den Produktionsprozess, zieht teilweise noch einen Einrichter mit hinzu und korrigiert die Einstellung. Danach kann die Produktion dann wieder weiterlaufen. So macht der Arbeiter das tagein, tagaus, denn das ist schließlich sein Job. Ein proaktiver Mitarbeiter wirft einen Blick in die Zukunft und kommt auf die Idee, dass es einen grundlegenden Reparatur- bzw. Überholungsprozess geben muss, der das Problem an der Ursache behebt, um der ständigen Korrekturbedürftigkeit ein Ende zu setzen. Das ist für den jetzigen Zeitpunkt betrachtet sicher aufwändiger und unbequemer und bedeutet zudem eine zusätzliche Investition, löst das Problem aber nachhaltig und verhindert zukünftig immer wiederkehrende Zeitaufwände und – über die Zeit hinweg kumuliert betrachtet – kostenintensivere Unterbrechungen der Produktion.[56]

Die vielen Gesichter der Eigeninitiative

Allein die Fülle der Literatur zeigt, dass eigeninitiatives Verhalten und unterschiedliche Formen der Proaktivität im Arbeitskontext auf breites Interesse stoßen. Eigeninitiative wurde und wird aus vielen unterschiedlichen Perspektiven und Disziplinen heraus untersucht. Eigeninitiative kann sich im konkreten Fall in vielen Spielarten äußern. Einige greifbare Beispiele sind im Folgenden aufgeführt (Abbildung 4).

Allen Facetten der Eigeninitiative ist dabei gemein, dass das Handeln immer fokussiert und zukunftsgerichtet ist und auf Veränderungen abzielt, entweder bei sich selbst oder in der Umwelt.[57]

Mitarbeiter zeigen Eigeninitiative wenn sie …

- aktiv nach Herausforderungen suchen
- sich durch Möglichkeiten motiviert fühlen
- ihnen wichtige Themen beim Management platzieren und mit Nachdruck »nach oben« kommunizieren
- beharrlich ihre Ziele durchsetzen trotz Hindernissen und Widerständen
- eigene Ideen und Meinung einbringen
- Prozessverbesserungen und deren Umsetzung anstreben
- generell Veränderungen anstreben um Bestehendes zu optimieren oder noch nicht Bestehendes zu kreieren
- durch frühzeitiges Agieren auf Gruppen und einzelne Personen Einfluss nehmen
- aktiv soziale Netzwerke aufbauen
- erweitertes Rollenverständnis zeigen
- ihre Aufgaben breiter und tiefer re-definieren
- die Arbeit auch an die eigenen Bedürfnisse anpassen
- ihren eigenen Job mitformen
- eigenständig Probleme lösen
- immer auch die Zukunftsperspektive im Blick haben
- auch mal Regeln überschreiten bzw. sich durch Situation oder Kontext nicht einschränken lassen
- den Status quo kritisch betrachten und herausfordern
- mehr anbieten, als die Aufgabe es verlangt
- sich selbstständig Feedback einholen

Abbildung 4: Unterschiedliche Facetten eigeninitiativen Verhaltens.[58]

Um das Verständnis von hochaktivem Verhalten abzurunden, kann man sich auch vergegenwärtigen, wie das Gegenteil von Eigeninitiative – also ein stark reaktives, passives Verhalten – sich äußert: Man tut, was man gesagt bekommt, man konzentriert sich ausschließlich auf die Gegenwart und nicht auf die Zukunft, man hört auf, etwas zu verfolgen, sobald Schwierigkeiten auftreten oder man reagiert lediglich auf die Umwelt, ohne sie auch nur im Geringsten zu gestalten.[59]

Unternehmensschädliche Eigeninitiative

Der Vollständigkeit halber sei hier erwähnt, dass Mitarbeiter natürlich auch in negativer Art und Weise proaktiv sein können, sodass sie Kollegen, dem Team und/oder dem gesamten Unternehmen aktiv Schaden zufügen.[60] Für die weitere Diskussion der Eigeninitiative legen wir jedoch die folgende *wichtige Abgrenzung* zugrunde: Wenn das proaktive Verhalten von vornherein Schaden für das Unternehmen einkalkuliert, liegt es außerhalb des hier diskutierten Verständnisses von Proaktivität bzw. Eigeninitiative. Das kann zum Beispiel sein, wenn Mitarbeiter gezielt ausschließlich zu ihrem Vorteil handeln, Spesenregelungen ausnutzen, um ihr Gehalt indirekt aufzubessern, Druckerpapier für den privaten Gebrauch mitnehmen, andere denkbare Vertrauensbrüche begehen und sich unfair oder gegenüber Kunden zum Beispiel sogar rufschädigend verhalten. Es braucht noch zukünftige Forschung und Erfahrungen, welche Vorläufer eine solche kontrafunktionale Eigeninitiative anzeigen könnten (aber es sind wahrscheinlich andere als für Eigeninitiative in dem hier definierten Sinne).

Eigeninitiative ist natürliches Repertoire des Menschen

Unsere Begeisterung für proaktives Verhalten und der Grund, warum dieses Thema im Mittelpunkt dieses Buches steht, ist jedoch der Fakt, dass es im Grunde unserer Natur entspricht, proaktiv zu sein, Dinge zu gestalten und trotz Gewohnheitsliebe unsere Umwelt immer auch erkunden und verändern zu wollen.[61] Menschen ziehen in der Regel große Zufriedenheit daraus, Verursacher von Veränderungen in der Umgebung zu sein, und erleben hier ein hohes Maß an Eigenmotivation und Zufriedenheit. Der Mensch ist typischerweise *ohne* äußeres *Hinzutun* motiviert, mitzuwirken, aktiv teilzuhaben und Verantwortung zu übernehmen. Eigeninitiative ist also ontologisch gegeben.[62] Menschen sind »von Natur aus« neugierig, sie haben ein natürliches Bestreben nach Kontrolle und danach, Probleme zu lösen,[63] und handeln dementsprechend zielgerichtet.[64] Eigeninitiative ist eine essenzielle Verhaltensweise, mit der der Mensch seiner Umwelt begegnet und die Herausforderung der ständigen Veränderungen wieder und wieder meistern kann.[65] Warum aber wird – gerade in Unternehmen – so stark und oft auch ganz explizit, nach mehr Eigeninitiative verlangt?

Es gibt viele (Umgebungs-)Faktoren, die dieses Verhalten beeinflussen und im schlechtesten Falle stark einschränken. Auf diese Umgebungsfaktoren hin muss man das eigene Unternehmen durchleuchten und schauen, ob die Arbeitsumgebung, die man für die Mitarbeiter anbietet, vielleicht auch unbemerkt dazu beiträgt, dass die Mitarbeiter sich nicht so proaktiv verhalten, wie man es sich als Führungskraft oder Unternehmensspitze wünscht.

Die Genetik der Eigeninitiative

Sowohl Forschungsergebnisse als auch die Praxis bestätigen immer wieder, dass eigeninitiatives Verhalten zum großen Teil *erlernt* und *weiterentwickelt* werden kann[66] und ebenso maßgeblich durch Umgebungsfaktoren mitbestimmt wird.[67] Eigeninitiative ist also weniger eine reine Persönlichkeitseigenschaft, sondern ein situativ verwendbares Mindset (im Sinne eines Handlungskonzeptes).[68]

Untersucht wurde die Eigeninitiative in der Forschung bisher jedoch über zwei unterschiedliche Konzepte, eines davon zielt auf veränderbares Verhalten ab, das andere mehr auf die Persönlichkeit, also eine angeborene Tendenz. Das Konzept »Eigeninitiativeverhalten« betrachtet proaktives Verhalten als Verhaltenssyndrom. Dabei wird proaktives Verhalten als Resultat einer Interaktion zwischen der Person und der Umwelt, der jeweiligen Situation, gesehen. So ist eigeninitiatives Verhalten entsprechend beeinflussbar, also veränder- und erlernbar.

Das Konzept »Eigeninitiativepersönlichkeit« geht von einer proaktiven Persönlichkeit aus. Die Grundannahme dieses Konzeptes ist, dass es eine über die Zeit relativ stabile Tendenz in der Person gibt, sich proaktiv zu verhalten und Veränderung in der Umgebung zu bewirken.[69] Die These, dass Eigeninitiative in der Persönlichkeit verankert ist, bedeutet auch, dass proaktives Verhalten von der Umgebung also auch von der Situation, in der sich jemand befindet, teilweise unabhängig ist.[70]

Unbestritten und von hoher praktischer Relevanz ist das *proaktive Verhalten*, da es sich als zuverlässiger Prädiktor für gute Leistung im Job erwiesen hat und die Vorhersagekraft für Leistung und Erfolg die der Persönlichkeitsmerkmale übersteigt.[71]

Neuere Forschung untersucht die Wechselwirkungen zwischen der proaktiven Persönlichkeit und den Bedingungen bei der Arbeit und geht somit von einer relativen Veränderlichkeit der Persönlichkeit aus. Weiter unten werden wir diejenigen Persönlichkeitsaspekte benennen, die im Entstehen proaktiven Vehaltens eine Rolle spielen. Des Weiteren wollen wir in diesem Buch die vor allem forschungsbezogenen und konzeptionellen Feinheiten der Persönlichkeits- versus Verhaltensforschung aber nicht tiefer beleuchten und konzentrieren uns auf die Aspekte, die wichtig und nützlich sind in der und für die Praxis, und beziehen uns dementsprechend weiterhin auf das Verhaltenskonzept der Eigeninitiative.

Unter welchen Voraussetzungen entsteht Eigeninitiative?

Eigeninitiative wird durch viele Größen beeinflusst. Wir gehen nun näher auf eine Auswahl an Faktoren ein, die wichtig sind für die Entstehung bzw. Entwicklung von Eigeninitiative. Die wichtigsten Einflussgrößen können jeweils einer von fünf Kategorien zugeordnet werden. Einstellungen bzw. Orientierungen die jemand hat, emotionale Faktoren, Persönlichkeitstendenzen, erworbene Fähigkeiten und Wissen, Umgebungsfaktoren wie das direkte Arbeitsumfeld und die Unternehmenskultur, in der man sich bewegt. Im Folgenden beleuchten wir diese fünf Kategorien genauer.

1. Einstellungen und Orientierungen: Wie man über etwas denkt

Diese erste Kategorie (Abbildung 5, Kasten 1) umfasst bestimmte *Orientierungen, Überzeugungen bzw. Einstellungen* von Menschen, die direkten Einfluss darauf haben, wie eigeninitiativ sich jemand verhält. So geht man zum Beispiel mit viel Initiative an etwas heran, wenn man glaubt, Einfluss auf einen Arbeitsprozess oder ein Arbeitsergebnis nehmen zu können. Bewertet man die eigene Situation hingegen so, dass man keinerlei Kontrolle und wenig bis gar keine Einflussmöglichkeiten sieht, dann ist man weniger motiviert, etwas verändern zu wollen, sprich, proaktiv zu sein und etwas anzupacken (Abbildung 5 »Kontrollbestreben/Kontrollüberzeugung«). Ein wei-

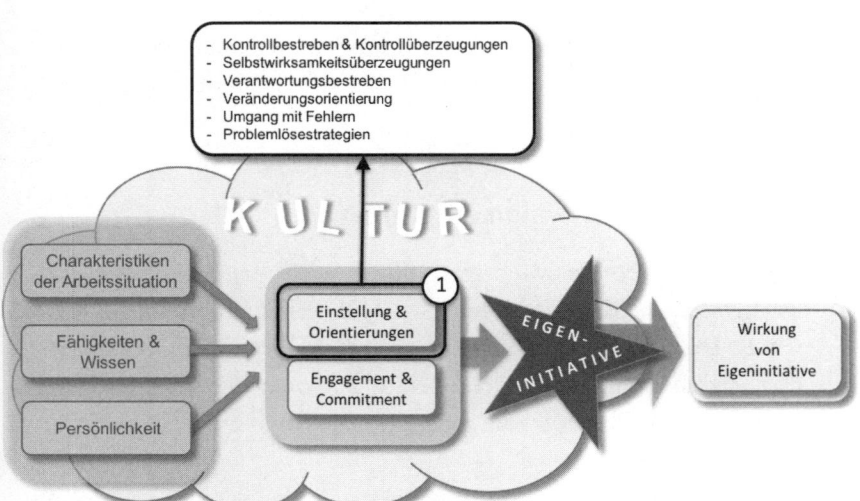

Abbildung 5: Einstellungen und Orientierungen, die die Eigeninitiative beeinflussen.

terer wichtiger Aspekt ist die Selbstwirksamkeitsüberzeugung. Also die Frage danach, ob man es sich selbst zutraut, entsprechenden Einfluss zu nehmen, Veränderungen zu bewirken und zu verantworten (Abbildung 5 »Selbstwirksamkeitsüberzeugungen«). Beantwortet man diese Frage mit Ja, dann ist es sehr wahrscheinlich, dass man sich proaktiver verhält als jemand, der sich bestimmte Dinge nicht zutraut. Wenn man zudem gerne Handlungsspielraum hat und gerne Verantwortung für Veränderungen übernimmt (Abbildung 5 »Verantwortungsbestreben«) und man sich wohlfühlt bei dem Gedanken, dass es immer wieder neue Arbeitsprozesse, Arbeitsaufgaben und weitere Veränderungen geben wird (Abbildung 5 »Veränderungsorientierung«), zeigt man typischerweise auch mehr Initiative. Man bringt sich stärker ein, wenn man gut mit Fehlern umzugehen weiß (Abbildung 5 »Umgang mit Fehlern«), also keine Angst hat vor Fehlern, sie nicht als Schmach und Peinlichkeit, sondern als Lernmöglichkeit wahrnimmt. Man ist proaktiv, wenn man Fehler als Feedback konstruktiv aufnimmt und in der Lage ist, mit potenziell negativen Konsequenzen der Eigeninitiative umzugehen und sich auch unter Stress auf das eigentliche Problem konzentrieren kann (Abbildung 5 »Problemlösestrategien«).

Die bis hier beschriebenen Einflussgrößen dieser ersten Kategorie haben gemeinsam, dass sie durch unseren Verstand und Intellekt zustande kommen. Man nennt sie daher *kognitive* oder auch *»kalte« Faktoren*.

2. Emotionen: Wie man empfindet

Da, wo es »kalte« Faktoren gibt, gibt es auch »*heiße*« *Faktoren*: das *Engagement* und das *Commitment* der Mitarbeiter (Abbildung 6, Kasten 2). Diese Faktoren sind stark an unsere Emotionen gekoppelt. Deshalb nennt man sie auch »heiße« Faktoren. Sie sind wichtige *emotionale* und damit starke motivationale Treiber bzw. Vermittler proaktiven Verhaltens.[72]

Finden sich die Mitarbeiter nicht in den Zielen des Unternehmens wieder (Abbildung 6 »Bindung an das Unternehmen«) und sind mit entsprechend wenig mentaler Energie, Hingabe und Stolz bei der

Arbeit (Abbildung 6 »mentale Energie, Stolz, Bedeutung, Absorption, Hingabe«), ist es unwahrscheinlich, dass sie ihre Arbeit mit viel Eigeninitiative bestreiten. Identifizieren sich Mitarbeiter aber alles in allem mit ihrer Arbeit, fühlen sie sich gut involviert und sind ihnen ihre Aufgaben wichtig, dann sind sie bereit, Initiative zu zeigen und setzten sich mit Verbindlichkeit und Engagement für die Ziele des Teams und des Unternehmens ein.[73] Haben Mitarbeiter eine gewisse unternehmerische Passion, also zum Beispiel Spaß an Ideen zu neuen Produkten oder Serviceleistungen, bringen sie sich von sich aus stärker in Aufgaben und Fragestellungen ein, die außerhalb der eigentlichen Aufgabenstellung liegen und die das Unternehmen voranbringen (Abbildung 6 »Unternehmerische Passion«).[74]

Liest man in den gängigen Business-, Personalmanagement- und Führungszeitschriften, erhält man oft sehr vereinfachte Hinweise über die wichtige Aufgabe im Unternehmen, das Engagement und Commitment der Mitarbeiter zu stärken. Sicher ist das ein guter und richtiger Hinweis und Engagement und Commitment können, zum Beispiel über eine Mitarbeiterbefragung, gut erhoben bzw. gemessen werden – und zweifelsohne will und sollte jedes Unternehmen hier hohe Werte erzielen. Denn Unternehmen profitieren von engagierten Mitarbeitern, die Commitment zum Team, dem Vorgesetzten und

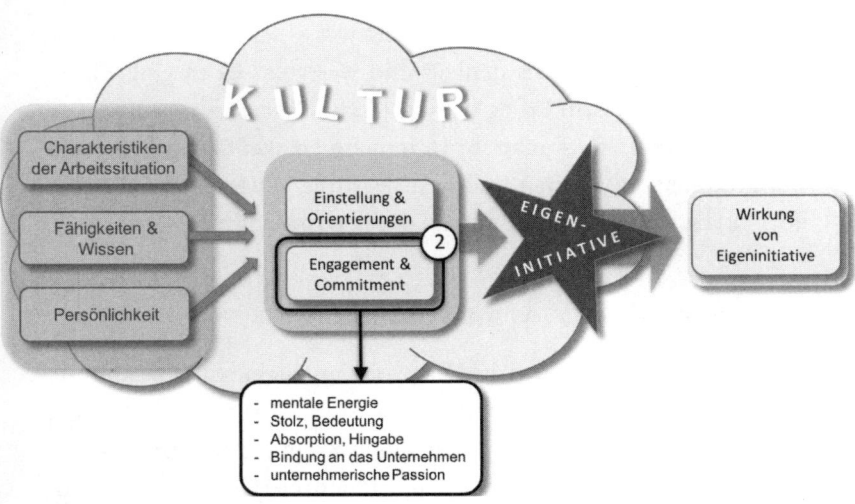

Abbildung 6: Emotionale Faktoren, die Eigeninitiative beeinflussen.

zum Unternehmen zeigen und insgesamt eine gute Bindung zum Unternehmen haben. Der Fehler ist nur, dass das Vorhandensein von Engagement und Commitment oft direkt mit verbessertem Unternehmenserfolg in Zusammenhang gebracht wird. Man muss hier aber genau hinschauen, wie Engagement und Commitment verstanden bzw. erhoben werden, denn sowohl in der Praxis als auch in der Wissenschaft gibt es unterschiedliche Definitionen. Typischerweise wird Engagement als hoher Elan und Hingabe zur Arbeit[75] bezeichnet und Commitment als affektive Bindung an das Unternehmen und dessen Ziele, an Vorgesetzte, das Team und an die eigene Karriere.[76] Hoher Elan, Hingabe zur Arbeit und affektive Bindung sind arbeitsbezogene *Gefühlslagen*. Eine Gefühlslage bzw. emotionale Bindung ist jedoch noch kein Verhalten[77], das zu tatsächlichem Unternehmenserfolg führt. Sind positive Gefühlslage und affektive Bindung vorhanden, hängt es nun von weiteren Rahmenbedingungen wie zum Beispiel der kulturellen Umgebung, dem Führungsklima und der konkreten Situation am Arbeitsplatz ab, ob die Mitarbeiter ihren vollen Elan auch tatsächlich handelnd einbringen und mit Eigeninitiative zur Tat schreiten, sprich, ob sie ihre positive Gefühlslage auch in ihr Tun umsetzen. Der Erfolg hängt davon ab, wie viel Verantwortung die Mitarbeiter zu übernehmen bereit sind, wie sehr sie eigenständig wichtige Inhalte vorantreiben, wie beharrlich sie an der Umsetzung wichtiger Ziele arbeiten, wie sehr sie an das Morgen des Gesamtgeschäftes denken und wertvolle Ideen einbringen. Das, was letztlich zum Erfolg beiträgt, ist das *Eigeninitiative Verhalten* der Mitarbeiter.[78] Misst man im Unternehmen also Engagement und Commitment, erhält man in der Auswertung lediglich eine Aussage über eine wichtige Vorstufe dessen, was letztlich zum Erfolg führt.

3. Persönlichkeit: Was man mitbringt

Schauen wir uns nun die dritte Kategorie an: Sie umfasst bestimmte *persönliche Eigenschaften* (Abbildung 7, Kasten 3), die mit beeinflussen, welche Überzeugungen und Einstellungen jemand hat und somit – überwiegend indirekt – beeinflussen, wie engagiert und proaktiv man sich letztlich verhält.

Menschen mit stark ausgeprägtem Leistungsbestreben ist es besonders wichtig, die eigene Arbeit gut und erfolgreich auszuführen. Entsprechend proaktiv ist die Herangehensweise an Herausforderungen und ihre Arbeit. Sie streben danach, möglichst viel Handlungsspielraum zu erlangen und viel Verantwortung zu übernehmen, um so ihre Vorstellungen und ihr Können erfolgreich umzusetzen (Abbildung 7 »Leistungsmotivation«[79]).

Menschen mit starker »Hands-on«- Mentalität (Abbildung 7 »Handlungsorientierung«) setzen ein Vorhaben typischerweise schnell um, anstatt Entscheidungen aufzuschieben und sich von anderen unwichtigeren Dingen ablenken zu lassen. Ihre hohe Handlungsorientierung lässt sie mit hoher Initiative tatkräftig an ihre Aufgaben gehen.

Weiterhin ist die Tendenz bzw. Fähigkeit zur Selbstreflexion mitentscheidend dafür, wie proaktiv sich jemand verhält. Tendiert man dazu, Dinge zu reflektieren, wird man eher auch über die Arbeit nachdenken und sich langfristig über den Arbeitsgegenstand Gedanken machen (Abbildung 7 »Reflexion«). So werden wiederkehrende Schwachstellen, Probleme und zukünftige Anforderungen bewusst. Weiß man von vornherein, dass man eine bestimmte Arbeit nur

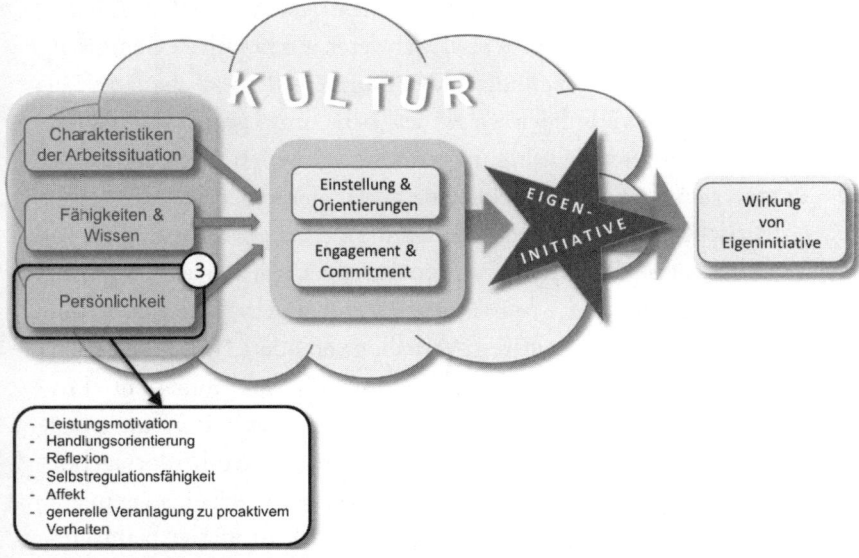

Abbildung 7: Persönlichkeitseigenschaften, die Eigeninitiative beeinflussen.

wenige Male erledigen muss, wird man typischerweise weniger motiviert sein, die Arbeit optimal zu gestalten und langfristig über die Arbeit nachzudenken. So liegt es nah, dass eine Langzeitperspektive (vonseiten der Arbeit als auch vonseiten der Person) auch ein förderlicher Faktor ist für die Entstehung von Eigeninitiative.[80]

Die Ausprägung des Eigeninitiativen Verhaltens ist auch noch dadurch mitbestimmt, wie jemand mit negativen Emotionen umgeht. Das hängt natürlich auch davon ab, welche Methoden und Strategien man im Laufe des Lebens erlernt hat, um mit Emotionen umzugehen, aber es gibt auch hier so etwas wie eine angeborene Tendenz. Aus der Affektforschung ist bekannt, dass es unterschiedliche Regulationsmuster für den Umgang mit negativen Emotionen gibt. Diese Muster sind abhängig davon, wie stark wir ausgestattet sind mit einer generellen positiven Grundhaltung. Man hat per Veranlagung entweder eine höhere Ausprägung in positiver Grundstimmung oder eben eine niedrigere. Mitarbeiter mit einem grundlegend höheren positiven Affekt bringen meist eine ausgeprägtere Selbstregulationsfähigkeit mit, also eine stärkere Fähigkeit, nach unangenehmen Erfahrungen und Gefühlen eigenständig und schneller wieder Konzentration zu finden und nach vorne gerichtet weiter zu arbeiten (Abbildung 7 »Selbstregulationsfähigkeit«). Diejenigen mit einer niedrigeren Grundausstattung an positivem Affekt haben es etwas schwerer, aus negativen Gefühlszuständen wieder herauszufinden (Abbildung 7 »Affekt«). Schaffen sie es aber, so ist ihre Verbundenheit zu der Sache umso gestärkter.[81] Glücklicherweise können Bewältigungsstrategien gut erlernt werden und so ist man auch in diesem Aspekt keinesfalls Opfer seiner Gene.

Menschen unterscheiden sich zudem in einer generellen Tendenz, Veränderungen einführen zu wollen – unabhängig von der jeweiligen Situation (Abbildung 7 »proaktive Persönlichkeit«). Menschen mit starker Neigung zu proaktivem Verhalten verändern, was ihnen nicht gefällt. Sie mögen den Austausch mit anderen, sind insgesamt aktiv und nehmen mit ebenso viel Energie am gesellschaftlichen Leben teil (extravertierter Mensch[82]) und sind meistens auch hervorragende Netzwerker.[83] Sie gliedern sich zum Beispiel beim Neueinstieg in ein Unternehmen sehr aktiv ein[84] und zeigen starke Initiative beim Vorankommen in der eigenen Karriere.[85]

4. Fähigkeiten und Wissen: Was man gelernt hat und gut kann ...

Die vierte Kategorie beinhaltet unterschiedliche *Kompetenzen* (Abbildung 8, Kasten 4), *Fähigkeiten* und *Qualifikationen* die jemand mitbringt. Dabei ist nicht nur eine abstrakte Schulqualifikation gemeint. So kann hohe Eigeninitiative bei Arbeitern, die nur eine geringe Ausbildung aufweisen, genauso vorkommen, wie fehlende Initiative bei Managern mit hervorragender Hochschulausbildung. Der Dreh- und Angelpunkt ist das spezifische Wissen von und über die Arbeit, die man ausübt. Es fällt leichter, viel Initiative zu zeigen, sinnvolle Verbesserungen vorzuschlagen und umzusetzen, wenn man jobspezifisches und -relevantes Wissen[86] hat. In diesem Rahmen spielt natürlich der Bildungshintergrund und dessen Passung zum ausgeübten Job eine Rolle[87] (Abbildung 8 »Jobspezifische Qualifikation«). Ebenso kann umfassendes, spezifisches Wissen und Kompetenz durch einen reichen Erfahrungsschatz und schnelle Auffassungsgabe (Abbildung 8 »mentale, kognitive Fähigkeiten«) begründet sein und aufgebaut werden.

Freiraum für Neues schaffen Entscheidend ist nicht der Weg, auf dem man zu hoher Kompetenz gelangt. Sondern die Tatsache, dass

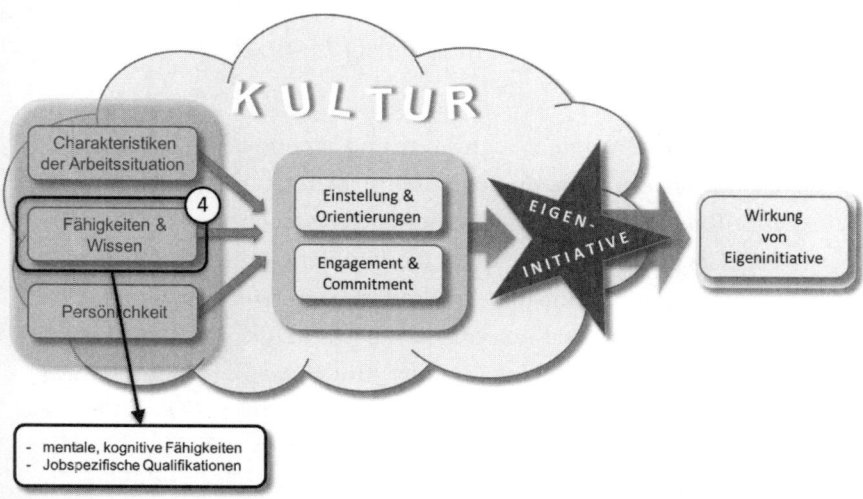

Abbildung 8: Fähigkeiten und Wissen, die die Eigeninitiative beeinflussen.

man eine tiefgreifende Routine in seinem Tun erlangt. Denn die Routine ist der zentrale Faktor: Sie sorgt dafür, dass freie Ressourcen vorhanden sind für die Bewerkstelligung zusätzlicher Anforderungen neben den alltäglicher Aufgaben, sodass man die Kapazität hat, über Verbesserungen nachzudenken.[88] Ideen, wie man zum Beispiel die Qualität eines Produktes verbessern kann oder zu einem ganz neuen Produkt, kann man nur dann entwickeln, wenn man ein Produkt, den Produktionsprozess und alle angegliederten Abläufe gut durchdrungen hat[89] und nicht die gesamte Aufmerksamkeit auf die Ausführung der gerade anstehenden Arbeit aufbringen muss. Routine spiegelt ein tiefes Verständnis vom Inhalt der Arbeit, also einen gewissen Grad von Expertise, wider.[90]

Sie können es mit dem Fahren eines Autos vergleichen: Zu Beginn muss man sich auf alles konzentrieren, erst Kupplung treten, dann schalten, abbiegen, Schulterblick nicht vergessen ... Nach einiger Zeit macht man all diese Dinge automatisch, ohne nachzudenken, praktisch wie von selbst. Man hat einen hohen Grad an Routine erlangt und kann nun die Zeit, in der man sich auf der Straße befindet, auch dafür nutzen, zum Beispiel über den nächsten Vortrag nachzudenken oder sich mit einem Beifahrer zu unterhalten, ohne dass man das Autofahren vernachlässigt.

5. Die Arbeitssituation: In welcher Umwelt man sich bewegt ...

Die bis hier benannten kognitiven und emotionalen Aspekte, die Persönlichkeit und die Kompetenzen stehen natürlich nicht im luftleeren Raum, sondern sind immer eingebettet in einen nächstgrößeren Gesamtkontext. So spielt die konkrete Arbeitssituation eine Rolle, die organisationalen Strukturen und Rahmenbedingungen und als allumfassende Komponente die Kultur, die im Unternehmen herrscht. Damit kommen wir zu der fünften und wichtigsten Kategorie der Einflussfaktoren: den Rahmenbedingungen.[91] Die Rahmenbedingungen beinhalten sowohl die konkrete Arbeitssituation, die organisationalen, strukturellen Rahmenbedingungen (Abbildung 9, Kasten 5) als auch die Unternehmenskultur (Abbildung 10, Kasten 6).

Die Wichtigkeit der Arbeitsgestaltung Von den Mitarbeitern wird aktives Engagement, Innovationsfreude und ganzer Einsatz erwartet. Verbesserungsvorschläge für das Unternehmen sind ebenso erwünscht. Damit die Mitarbeiter sich dementsprechend einbringen können, muss es dem Unternehmen zu allererst gelingen, Rahmenbedingungen zu schaffen, die genügend motivierende und aktivierende Elemente enthalten[92], sodass es nicht zu einer Demotivation kommt. Eine Arbeitssituation, die viele Freiheitsgrade bietet und inhaltlich abwechslungsreich ist (Abbildung 9), wirkt auf die meisten Mitarbeiter stark motivierend.[93] Autonomie und Freiheitsgrade bedeuten konkret, dass die Arbeit vielfältige Entscheidungsoptionen, also inhaltlichen Gestaltungsspielraum, Freiheit zur Mitgestaltung von Zielen, Abläufen und zeitlicher Einteilung bietet und Möglichkeit zur Übernahme von Verantwortung beinhaltet (Abbildung 9). Auch sollte die Möglichkeit für die Mitarbeiter bestehen, konstruktives Feedback zu erhalten. Zusammenfassend kann man sagen, dass die Arbeit eine gewisse Komplexität bieten sollte. Eine solche Arbeit bietet die beste Voraussetzung für die Mitarbeiter, ihre Eigeninitiative voll einzubringen und aufrechterhalten zu können.[94] Warum ist das so? For-

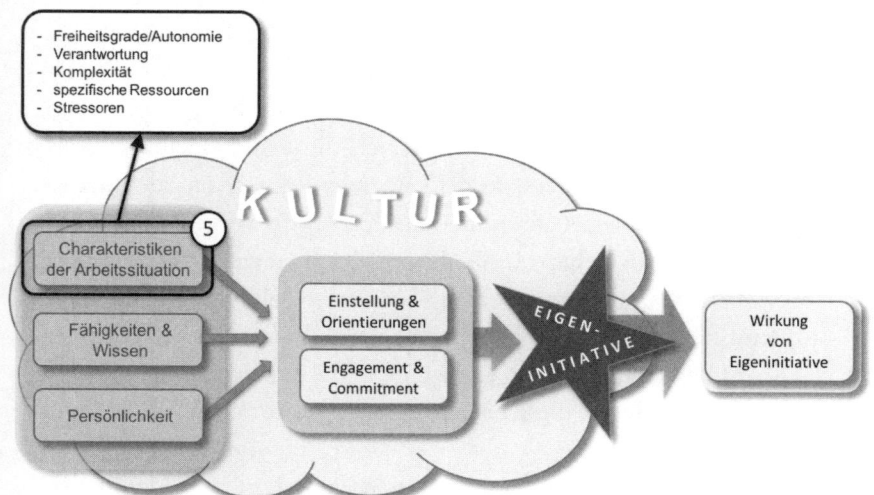

Abbildung 9: Charakteristiken der unmittelbaren Arbeitssituation, die Eigeninitiative beeinflussen.

schungsergebnisse zeigen sehr deutlich, dass Menschen, die starke Freiheitsgrade, Komplexität und Feedback im Job erleben, besonders hohes Engagement entwickeln.[95] Hohes Engagement bedeutet, dass die Mitarbeiter mit hoher Konzentration bei der Arbeit sind, keine Mühen scheuen bei der Bewerkstelligung ihrer Aufgaben, dass sie sich durch ihre Arbeit inspiriert fühlen und stolz sind auf das, was sie leisten.[96] Hohes Engagement ist wiederum (wie zuvor schon erwähnt) die Grundlage dafür, dass die Mitarbeiter sich motiviert einbringen, entsprechend viel Initiative zeigen und Freude an ihrer Leistung und Arbeit haben. Hoch engagierte Mitarbeiter zeigen, egal in welchem Arbeits- oder Anforderungsbereich, die stärkste Eigeninitiative.[97] Gerade, wenn die Anforderungen im Job sehr hoch sind.

Aufspüren individueller Job-Ressourcen Neben Freiheitsgraden und Komplexität, die generell bedeutsam sind, können weitere, ganz unterschiedliche und spezifische Bedingungen als Ressourcen fungieren, die zu Engagement und Initiative führen. Die Kunst liegt darin, sie bei den Mitarbeitern jeweils zu identifizieren. Bei einer Umfrage in einer großen Gruppe von Zahnärzten zeigte sich zum Beispiel, dass ihre spezifischen Job-Ressourcen handwerkliches Können, Stolz auf den Beruf und das Erleben von Langzeiterfolgen in der Behandlung ihrer Patienten sind.[98] In einer Gruppe von Lehrern, deren alltäglicher Kampf schlechtes Benehmen und Fehlverhalten ihrer Schüler ist, konnten Unterstützung durch ihre Vorgesetzten, Wertschätzung ihrer Arbeit, das Arbeitsklima und eigener Einfallsreichtum als besondere, kraftspendende Ressourcen identifiziert werden. Diejenigen Lehrer, die sich durch ihre Vorgesetzten unterstützt und wertgeschätzt fühlten, von allgemein gutem Arbeitsklima berichteten und eigenen Einfallsreichtum einbringen konnten, demotivierte schwieriges Verhalten der Schüler deutlich weniger. Diese Lehrer konnten ihr Engagement viel besser aufrechterhalten als Kollegen, denen diese entsprechenden spezifischen Job-Ressourcen fehlten.[99]

So kann es passieren, dass ein Mitarbeiter, der in der Eignungsdiagnostik im Rahmen eines Auswahl- und Einstellungsprozesses vielversprechende Werte in unternehmerischem Denken, Proaktivität und Eigeninitiative aufweist, im Job dann weder Engagement noch Commitment entwickelt und folglich auch keine Eigeninitiative zeigt, wenn (und weil) bestimmte Ressourcen bzw. Bedingungen in der konkreten Arbeitssituation fehlen.[100]

Stresssituationen als eine weitere Ressource? Eine weitere, zunächst überraschende Erkenntnis ist, dass Stress als ein Aspekt in der Arbeit zu mehr Eigeninitiative führt. Dies mag zunächst unlogisch klingen. Durch unterschiedliche Auslöser (zum Beispiel Zeitdruck oder Probleme mit dem Arbeitsmaterial) bedingte Stresssituationen sind ein Hinweis dafür, dass etwas nicht optimal läuft, und fungiert somit als Feedback – und zwar als negatives. Negatives Feedback kann dazu führen, dass die Mitarbeiter beginnen, sich mit der problematischen Situation auseinanderzusetzen, Verbesserungsvorschläge zu machen und sie umsetzen wollen.[101] Stresssituationen können also einen unangenehmen Zustand bewirken, der wiederum die Schwelle senkt, selbst aktiv zu werden. Die eigene Aktivität und der Versuch, die Situation zu verändern, kann sodann den empfundenen Stress reduzieren. Wobei wir dabei nicht die Stresssituation meinen, die wahrgenommen wird, wenn die Arbeit quantitativ einfach nicht mehr zu bewältigen ist.[102] Wir meinen den Ansporn, der entsteht, wenn man einem ambitionierten Ziel gegenübersteht, für das man sich schon ordentlich strecken muss, oder sportliche Meilensteine in einem Projekt eine Herausforderung darstellen.

Eine initiativeförderliche Wirkung, die Aktion und Veränderungsdrang bewirken, kann auch dadurch entstehen, Mitarbeitern zum Beispiel die Wichtigkeit und Dringlichkeit von Veränderungen deutlich zu machen. Man kann ihnen klarmachen, dass der Status quo keine Alternative darstellt, und den Benefit aufzeigen, der mit der Veränderung umgesetzt und erreicht werden kann. Das setzt hohe Energie frei, die Mitarbeiter bringen umso eher ihre Vorschläge ein und versuchen ganz aktiv neue, bessere Lösungen umzusetzen.[103] Ohne Druck oder Dringlichkeit gibt es wenig Motivation, sich in Aktion zu begeben. Allerdings sollte Druck weder künstlich erzeugt werden, noch dazu führen dürfen, dass die Mitarbeiter Angst empfinden, denn unter Angst ist die Handlungsfähigkeit eingeschränkt.

Die bis hier beschriebenen Charakteristiken der Arbeit haben einen besonders starken Einfluss auf die Initiative, da sie nicht nur indirekten Effekt auf die bereits beschriebenen Orientierungen, sondern auch ganz direkten Einfluss auf die Eigeninitiative haben. Sie sind für den Mitarbeiter täglich und allgegenwärtig und machen einen guten Teil des alltäglichen Arbeitsklimas aus. Eine besondere Stellung unter den Charakteristiken der Arbeitsumgebung hat die Unternehmenskultur. Sie ist ein allumfassendes Merkmal der Arbeitssituation und kann somit als übergeordnete Rahmenbedingung betrachtet werden (Abbildung 10, Kasten 6). Sie mag die wichtigste Voraussetzung für hohe Initiative sein und ist zugleich die am schlechtesten greifbare Größe. Die Kultur zu prägen und zu beeinflussen, ist die schwierigste Disziplin: denn das erfordert konsequentes und professionelles Verhalten in der Unternehmensspitze und ein ebenso diszipliniertes, starkes, homogenes Führungsteam. Besonders anstrengend ist der Fakt, dass die Kulturprägung ein langwieriger Prozess ist. Die Kultur ist träge und hat eine gewisse Latenz, sodass sie neben allen anderen KPIs gerne zurückgestellt wird, weil kulturelle Ziele schlecht messbar scheinen und eine Investition in die Kultur möglicherweise erst Jahre später in Zahlen oder in Form merklicher Veränderungen spürbar wird. Investieren Sie trotzdem in die Kultur, denn Fakt ist, dass sie in erheblichem Maße bestimmt, wie proaktiv Ihre Mitarbeiter sind.[104] Sie bestimmt folglich auch, ob und wie nachhaltig erfolgreich ein Unternehmen ist. Aufgrund ihres hohen Stellenwertes, räumen wir der Beschreibung der Kultur im Folgenden entsprechenden Platz ein.

6. Die Organisationskultur: der Nährboden jeglicher Initiative

Unternehmen können als kulturproduzierende Systeme betrachtet werden. Die Unternehmenskultur be- und entsteht dabei aus dem Konglomerat der Handlungsnormen und Verhaltensweisen der Organisationsmitglieder. Sie äußert sich (und wird wiederum geprägt) zum Beispiel durch eine spezifische Sprache, einen bestimmten Umgang untereinander, durch die Art und Weise, wie formale Strukturen ausgestaltet und gelebt werden und ebenso durch den Umgang mit Zulieferern und Kunden. Kultur ist also zwar emergent, aber ebenso menschengeschaffen. Vor allem prägen Unternehmensleitung und Führungskräfte die Kultur maßgeblich mit. Dadurch, wie sie formale Steuerungs- und Kontrollsysteme gestalten, durch Rahmenbedingungen und Richtlinien, durch die Art und Weise, wie sie die Arbeit und Aufgaben der Mitarbeiter strukturieren und organisieren, und darüber, wie und vor allem wofür Wertschätzung zum Ausdruck gebracht wird. Dabei ist ebenso maßgeblich, wie der tägliche Umgang mit den Mitarbeitern gestaltet wird.

Funktion von Kultur Stimmen die Mitarbeiter in ihren Werten und Normen überein, bilden diese geteilten Werte und Normen so etwas wie einen gemeinsamen Nenner. Verankert das Unternehmen diese kulturellen Aspekte und Werte in der Strategie und lebt sie in der Unternehmensspitze entsprechend vor, dann bildet dieser Wertekanon relativ klare Leitplanken für das Verhalten der Mitarbeiter, für Entscheidungen, die es zu treffen gilt, und gibt auch für Diskussionen bezüglich Märkte, Kunden und Produkten eine Richtung bzw. eine gute Orientierung vor. Eine ausgeprägte, starke Kultur und definierte, ausformulierte handlungsleitende Werte entlasten somit ein Unternehmen davon, jeden Einzelfall separat diskutieren und regeln zu müssen. Die Kultur wirkt – ohne dass es einen weiteren Vermittler, wie etwa eine Führungskraft oder andere Person benötigt – als soziale Kontrollfunktion. Eine starke Kultur vermindert auf diese Weise die Komplexität. Zudem stabilisiert sie die Organisation, weil sie den Bedarf an Koordination reduziert und darauf verzichtet werden kann, immer wieder einzelne Handlungsanleitungen zu geben oder zu verfassen.[105] Eine ausgeprägte Unternehmenskultur fungiert also als strukturelles Führungselement oder einfacher ausgedrückt: als indirekte Führung, die unabhängig von Führungskräften stattfindet.

Eigeninitiativekultur Nun reicht es nicht, eine *irgendwie stark* ausgeprägte Kultur im Unternehmen zu haben. Es braucht natürlich eine bestimmte Ausprägung der Kultur, eine bestimmte Art und Weise, wie das Unternehmen tickt, damit es Innovationskraft, Veränderungsfähigkeit und entsprechende Produktivität und Profitabilität aufbauen kann. Das Unternehmen braucht ein bestimmtes, sogenanntes *Pro-Initiative-Klima.* Herrscht im Unternehmen diese Eigeninitiativekultur (die wir in den folgenden Abschnitten genauer erläutern), entfalten die Mitarbeiter besonders viel Eigeninitiative. Hoch eigeninitiative Unternehmen weisen höhere Produktivität und bessere Profitabilität auf und stehen im Vergleich zu ihrem Wettbewerb mit vielen weiteren Vorteilen da, die wir im Abschnitt über die Konsequenzen von Eigeninitiative detaillierter beleuchten.

Das Wesen einer solchen Kultur ist schnell zusammengefasst: Das gesamte Unternehmen, also die gesamte soziale Einheit, muss auf Proaktivität ausgerichtet sein. Ob in einem Unternehmen ein solches *Eigeninitiative-,* auch sogenanntes *Pro-Initiative-Klima,* vorhanden ist, kann zuverlässig gemessen werden. Dabei wird unter anderem erhoben, wie ambitioniert die Mitglieder einer sozialen Einheit sind, Eigeninitiative zu zeigen, ob sie mit möglichen Herausforderungen und Unannehmlichkeiten lösungsorientiert umgehen können und wie sehr Proaktivität wertgeschätzt wird.[106]

Bevor wir genauer auf die Zusammenhänge eingehen, warum eine solche Kultur der Schlüsselfaktor für nachhaltigen unternehmerischen Erfolg ist, beschreiben wir zunächst die einzelnen kulturellen Aspekte, bzw. die Zutaten Vertrauen, Umgang mit Fehlern und

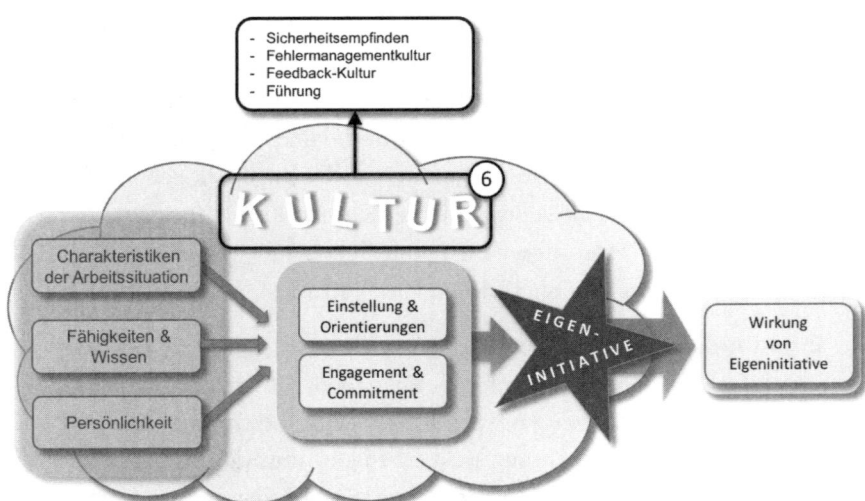

Abbildung 10: Mittelbare kulturelle Aspekte, die Eigeninitiative beeinflussen.

Feedback und Führung, aus denen die Eigeninitiativekultur besteht (Abbildung 10, Kasten 6).

Kerncharakteristiken der »Eigeninitiativekultur« Die maßgeblichen kulturellen Aspekte sind das *Sicherheitsempfinden* der Mitarbeiter, das *Ausüben von Feedback* im Unternehmen, der *Umgang mit Fehlern* und, hinsichtlich all der zuvor genannten Aspekte, das *Verhalten der Führungskräfte*.

Kultur psychologischer Sicherheit: Sicherheitsempfinden Es braucht eine Arbeitsumgebung, in der sich die Mitarbeiter einbringen können, ohne ein Blatt vor den Mund nehmen zu müssen, und in der ihre Initiative weder zurückgewiesen noch in irgendeiner Weise bestraft wird. Dieser Kulturaspekt des Sicherheitsempfindens (Abbildung 10, Sicherheitsempfinden) wird im Fachjargon auch *Klima psychologischer Sicherheit*[107] genannt und meint eine gute Vertrauensbasis, die sich sowohl durch formale als auch informelle Prozeduren, Arbeitsweisen und die tägliche Zusammenarbeit ausdrückt. Formal kann das ein guter Ideenmanagementprozess sein, der mit Wertschätzung, Aufmerksamkeit und Dank vom Vorstand honoriert wird. Informell kann es Lob sein vom Vorgesetzten für Mitarbeiter, die nicht müde werden, Verbesserungen anzuregen, Feedback zu geben und einzufordern, auch, wenn es um Sachverhalte geht, die im ersten Moment Nerven und Zeit kosten.

Mitarbeiter fühlen sich sicher, wenn sie nicht diskriminiert werden, weil sie anders sind, ein wenig anders denken oder Dinge auf bestimmte Weise tun, sondern im Gegenteil dafür wertgeschätzt werden. In Sicherheit trauen sich die Mitarbeiter ohne weiteres, Kollegen um Hilfe zu bitten, sind mutig genug, Probleme anzusprechen und auch schwierige Situationen zu adressieren.[108] Empfinden die Mitarbeiter ihre unmittelbare Umgebung und die Arbeitsatmosphäre als wohlwollend und unterstützend, äußern sie viel eher auch eigene, neue Ideen, teilen ihre Gedanken und entwickeln sie möglicherweise gemeinsam mit Kollegen weiter. Dadurch wird zum einen das kreative Potenzial der Mitarbeiter für das Unternehmen nutzbar. Zum anderen ermöglicht eine solche Offenheit und ein entsprechender Austausch auch einen organisationalen Lernprozess. Es findet besseres Lernen im Team statt, Engagement, Initiative und Problemlösefähigkeiten werden gestärkt.[109] All diese Aspekte tragen bei zu einem verbesserten Umgang mit Veränderungsprojekten und einer verbesserten Gesamtunternehmensleistung. Sicherheit ist nicht nur innerhalb eines Unternehmens wichtig: Angst vorm Scheitern ist mit eine der hauptsächlichen Ursachen, die insbesondere den deutschen Unternehmen das Wachstum erschweren. Eine risikoaverse Haltung und Kultur im Unternehmen wird häufig als Grund genannt, warum es schlecht gelingt, überhaupt Innovationen hervorzubringen[110], geschweige denn erfolgreiche Innovationen. Dabei sind es gerade Innovationen, die Deutschland in die Spitzengruppe der Volkswirtschaften bringen und halten.[111] Am spannendsten daran ist der Fakt, dass die Unternehmenskultur erfreulicherweise mittlerweile zwar diskutiert wird, wenn es um Innovationsschwierigkeiten geht, dies aber meistens unter »ferner liefen« als Randaspekt geschieht und/oder sich die Diskussion überwiegend auf greifbare strukturelle und organisatorische Aspekte beschränkt[112], nicht aber auf die kulturell tatsächlich ausschlaggebenden Elemente, wie zum Beispiel die psychologische Sicherheit, wie in diesem Abschnitt bereits beschrieben, und die beiden weiteren Aspekte der Fehlermanagementkultur[113] und der Art der Führung, die wir im Folgenden beschreiben.

Fehlermanagementkultur: Umgang mit Fehlern, Feedback und organisationales Lernen

Ein weiterer, wichtiger eigeninitiativefördernder Kulturaspekt ist der richtige Umgang mit Fehlern und damit auch der Umgang mit Feedback (Abbildung 10, Fehlermanagement-Kultur und Feedback-Kultur). Es ist äußerst schädlich für die Motivation und den Willen der Mitarbeiter, proaktiv zu sein, wenn auf Probleme, die durch Eigeninitiative hervorgerufen werden, oder auf »schiefgegangene« Initiativen negativ reagiert wird. Wenn man Initiative zeigt, bringt das in der Regel Veränderung mit sich und es gibt kaum Veränderungen, bei denen währenddessen oder im Nachgang alles sofort reibungslos funktioniert. Fehler sind unvermeidlich und die Wahrscheinlichkeit gelegentlichen Scheiterns ist umso größer, je mehr Eigeninitiative gezeigt wird. So muss der *Fehlermanagement-Gedanke* mit dem Wunsch nach hoher Initiative Hand in Hand gehen: Fehlermanagement ist eine Herangehensweise im Umgang mit Fehlern, die der Idee der Fehlerprävention entgegensteht. Die Fehlerprävention versucht zu verhindern, dass Fehler passieren. Das ist ein wichtiger Ansatz und wird in vielen Bereichen durch Kontrollsysteme gut umgesetzt, funktioniert aber nur bis zu einem gewissen Grad, denn Fehler werden niemals absolut vermeidbar sein, insbesondere nicht dort, wo Menschen in den Prozess eingebunden sind. Fehlermanagement beinhaltet also zuallererst die Einsicht und Akzeptanz, dass Fehler unvermeidbar sind. Oder um es mit Henry Ford zu sagen: »Der einzige wahre Fehler ist der, aus dem wir nichts lernen.« Fehlermanagement ist daher auch das Verständnis von Fehlern als wertvolle Lernquelle: Passiert ein Fehler, wird er konstruktiv als Lernmöglichkeit verwendet, ohne dass er sanktioniert wird und mit der Suche nach einem Schuldigen unnötig Ressourcen verschwendet werden. Einige Firmen feiern zum Beispiel immer dann, wenn ein Projekt schiefgegangen ist, eine Party. So kann die Motivation der Mitarbeiter, ihre Eigeninitiative einzubringen, aufrechterhalten werden und gleichzeitig findet organisationales Lernen statt, da die Gründe des Scheiterns offen kommuniziert werden und es kein Tabu ist, diese zu besprechen. Natürlich geht es nicht darum, Fehler zu glorifizieren oder Anreize zu setzen, Fehler zu machen. Gutes Fehlermanagement zielt darauf ab, negative Konsequenzen von Fehlern zu vermeiden und möglichen Schaden schnell zu begrenzen. Das geschieht dadurch, dass Fehler schnell entdeckt und ebenso schnell korrigiert werden können. Auch wird versucht, das Auftreten des Fehlers in Zukunft zu vermeiden. Dabei hilft es, wenn Fehler schnell eingeräumt werden, darüber offen gesprochen wird und so in einem internen Lernprozess dafür gesorgt wird, dass andere daraus lernen und nicht nochmal den gleichen Fehler machen. Viel zu häufig wird aber in Unternehmen enorm viel Zeit für Schuldzuweisungen aufgebracht. Gerne gipfeln gravierende Fehler in Unternehmen auch darin, dass Köpfe ausgetauscht werden. Das ist besonders schädlich, da im schlimmsten Fall der Fehler nicht gut analysiert wird und derjenige, der als Beschuldigter aus dem Unternehmen befördert wird, möglicherweise auch der Einzige ist, der durch diesen Fehler nun ein besseres Erfahrungswissen hat und weiß, wie ein solcher Fehler in

Zukunft zu vermeiden wäre.[114] Mit seinem Abgang nimmt er dieses wertvolle Wissen mit und das Unternehmen erlebt möglicherweise erneut diesen Fehler – nur ausgeführt durch eine andere Person.

Gerade in Deutschland können Menschen mit Fehlern eher schlecht umgehen, da Fehler immer noch als etwas Schlechtes, als Manko bewertet werden.[115] Es ist also nicht verwunderlich, dass Fehler tabuisiert und dementsprechend eher verheimlicht als aufgedeckt werden. Das kann in einigen Bereichen negative finanzielle Folgen haben, ebenso bleiben wichtige Lerneffekte aus. Fehlermanagement beinhaltet, dass man die Vorteile von Fehlern nutzt: Fehler sind klares Feedback, vielleicht – je nach Person und Empfindlichkeit – zunächst an sich negativ empfundenes Feedback. Aber auch das ist eine Lernquelle, gerade wenn negatives Feedback sehr spezifisch ist, kann besonders gut daraus gelernt werden.[116] Fehler können zur Selbstreflexion anregen, zu kreativen Lösungen führen, sie bieten die Chance, über Routinen nachzudenken. Man lernt an Fehlern auch, mit negativen Emotionen umzugehen. Ärger, Frustration und Angespanntheit sind häufig die Folge von Fehlern[117] – das raubt Ressourcen bei der Arbeit. Je besser man mit Fehlern umzugehen weiß und je kürzer die Dauer zwischen Fehler und Fehlerbehebung ist, desto weniger Stress erlebt man.[118] Fehlermanagement zu betreiben meint, wie schon gesagt, nicht, Fehler zu bagatellisieren oder gar zum Fehlermachen aufzurufen. Es meint, dass man einen Fehler »managed«, also mit einem Fehler und auch den emotionalen Konsequenzen gut umzugehen weiß und sich schnell wieder auf die Arbeit und eine Lösung ohne Fehler konzentrieren kann.

Unternehmen mit gesunder Einstellung zu Fehlern und entsprechender Kultur berichten von einer guten Balance: Sie schaffen es, eine Offenheit gegenüber Fehlern zu pflegen und sie trotzdem nicht zu verharmlosen. Führungskräfte achten darauf, dass es Freiräume gibt, innerhalb derer Fehler »akzeptabel« sind. Hier kann man dann zum Beispiel Führungskräftenachwuchs agieren lassen oder auch bestimmte neue Prozessschritte in einigermaßen geschütztem Raum ausprobieren. Fehler und »Beinahefehler« werden genutzt, sodass Kollegen und das ganze Unternehmen daraus lernen können. Besonders gut kann man den Umgang mit Fehlern von Branchen lernen, in denen Fehler schnell zum Tod einzelner oder vieler Menschen führen können. Beispielsweise muss in der personenbefördernden Luftfahrt jeder Fehler, jeder Beinahefehler (near-miss) und jede kritische Situation anonymisiert gemeldet werden, sodass diese Vorkommnisse analysiert werden können und für alle anderen Crews und Piloten als Lernmaterial dienen. Je stärker auch eine auf Fehler bezogene Feedback-Kultur ausgeprägt und etabliert wird, die einer Tabuisierung von Fehlern und nicht optimal verlaufenen Projekten entgegenwirkt, umso größer fällt der Lerneffekt einer gesamten Organisation aus. Es hat sich gezeigt, dass sowohl der konstruktive Umgang mit Fehlern an sich als auch eine gesamtheitlich eigeninitiativeförderliche Kultur direkt mit der Profitabilität eines Unternehmens zusammenhängt.[119] Wer Fehlertoleranz im Unternehmen pflegt, also sensibel dafür ist, wie Fehler entstehen, was sie bedeuten und dass man Vertrauen in das Unternehmen bzw. die Mitarbeiter hat, dass die Fehler gelöst werden können, weist langfristig höhere Gewinne auf. Das Unternehmen profitiert also davon, wenn eine Kultur herrscht, in der Fehler schnell zugegeben werden und sich durch die Analyse und das Besprechen der Fehler interne Lernprozesse anschließen, die dazu führen, dass ein solcher Fehler zukünftig vermieden werden kann. Gerade im Gesundheitswesen ist es wünschenswert, wenn auch die Krankenhäuser und Ärzte sich diese Maximen zu Herzen nehmen würden. Es gibt hier bereits ermutigende erste Ideen. Von einem Initiator aus dem Land Hessen wurde mit der Unterstützung des Innovationsausschusses ein Critical Incident Reporting System realisiert: Das ist eine Website bzw. eine Datenbank, die mit Berichten von Hausärzten gespeist wird. Die genaue Situation wird beschrieben, fehlerhafte Behandlungen oder nicht erkannte Leiden werden beleuchtet und durch die Veröffentlichung auf der Website geteilt und zum Lernen für andere Hausärzte zur Verfügung gestellt. Dies ist ein richtungsweisender Ansatz, um Wissen und Erfahrungen austauschen zu können und ohne regionale Grenzen aus den Fehlern anderer lernen zu können.[120]

Ein besonderes Vorbild für einen offenen, konstruktiven Umgang mit Fehlern und Scheitern ist die Start-up-Szene, die sich zunehmend so organisiert, dass über die eigens gemachten Fehler Lernansätze für andere Unternehmer angeboten werden. Die Gründerszene veranstaltet zu diesem Zweck ganze Kongresse und bespeist Internetseiten, auf denen zum Beispiel alle gescheiterten Start-ups gelistet und kurze Zusammenfassungen zu finden sind, die Auskunft über die Idee und die möglichen Gründe für das Scheitern geben, damit weniger Unternehmer Niederlagen erleben.

Auch innerhalb der jeweiligen Start-up-Unternehmen findet man viele gute Ansätze und Methoden in unterschiedlichsten Unternehmen, um die Fehlermanagementkultur zu prägen, zu leben und von ihr zu profitieren.

Die NASA vergibt die Auszeichnung »Lean Forward, Fail Smart«, da sie der Auffassung ist, dass Fehler ein Schritt auf dem Weg zum Erfolg sind. Solange man den Erfolg, also das Ziel im Blick hat, machten Hürden einen nur innovativer. Die Pixar Animation Studios haben schon vor Jahren begonnen, Daten über gescheiterte Projekte zusammenzutragen. Hintergrund ist, dass Pixar Fehler als unvermeidliches Ereignis betrachtet, gerade, wenn etwas Neues versucht werde. Sie seien nichts Schlechtes, sondern wertvoll. Denn aus den gesammelten Daten könne viel Erkenntnis gewonnen werden, die im Unternehmen thematisiert wird. Der seit weit über 150 Jahren erfolgreich agierende Konsumgüterkonzern Procter & Gamble hat unter anderem mit Formaten wie der »Fuck-up Night« ein lebhaftes Fehlermanagement implementiert und eine entsprechende Kultur geprägt. Den Erfolg von Procter & Gamble beleuchten wir tiefergehend im Kapitel zur erfolgreichen Praxis eines Eigeninitiativemanagements. Der Schweizer Pharmakonzern Roche lässt alle fehlgeschlagenen Projekte analysieren. Zu diesem Zwecke wurden spezialisierte Teams aufgebaut. Die Teams berichten von gescheiterten Projekten. Zu Beginn zeigten sich diese Teams noch eher zurückhaltend. Mit der Zeit baute sich jedoch das Vertrauen auf, dass durch die Berichte und den offenen Umgang mit ihren Fehlern keine Nachteile oder negative Stigmatisierung der Mitarbeiter, die von ihnen berichten, einhergehen, und so wurden die Gesprächsrunden nach und nach vertrauensvoller und entsprechend lebhafter. In einem eigenen Projekt wurde ein Fehlermanagementsystem implementiert. In einem Vorher/Nachher-Bericht, der durch die Beobachtungen der

Führungskräfte befüllt wurde, zeigte sich, dass sich vor allem auch das eigeninitiative Verhalten der Mitarbeiter deutlich verstärkt hat. Dies ist nur eines von vielen praktischen Beispielen, dass ein gutes Fehlermanagement die Proaktivität merklich anfachen kann. Hier passiert etwas, was wir aus der Stressforschung kennen. Stressbedingungen sind anstrengend, größere Fehler zu begehen, ist auch eine Stresssituation. Wenn man dann aber einen Weg findet, offen damit umzugehen, entwickelt sich eine konstruktive Haltung und es können neue Initiativen entstehen.

Ein ganzes Land ruft sogar zum Lernen aus Fehlern auf und hat den Tag des Scheiterns ins Leben gerufen. Finnland animiert, an diesem Tag über Fehleinschätzungen, Dummheiten und fehlgeschlagene Projekte mit dem Ziel zu sprechen, dass möglichst viele andere daraus lernen können.[121]

Das Verhalten der Führungskräfte und warum wir nicht von Führungskultur sprechen

Der Erfolg eines Unternehmens liegt in seiner Veränderungsfähigkeit und Innovationskraft. Diese setzt sich zu einem großen Teil zusammen aus der Summe des Engagements, der Veränderungsfreude und Tatkraft der Mitarbeitenden. Wie schon erwähnt, haben vor allem das Topmanagement und die Führungskräfte einen starken Einfluss auf das Verhalten der Mitarbeiter. In Summe prägt das Verhalten der Managementebene, also der Führungskräfte, entsprechend schwerwiegend die Unternehmenskultur.[122]

Häufig findet man in der Praxis, dass Unternehmen, die an ihrer Führungsqualität und Kultur arbeiten wollen, oder Beratungen, die in diesem Bereich Unterstützung anbieten, das Wort *Führungskultur* dafür verwenden. Diesen Aspekt Führungskultur zu nennen, ist allerdings ein Widerspruch in sich, denn eine Kultur bezieht sich auf eine soziale Kontrolle, die unabhängig von einer Person, der Führungskraft, stattfindet. Kultur fungiert als indirekte Führungsstruktur. Sie ist also eine strukturelle Kontroll- bzw. Führungsfunktion, die nicht direkt durch eine Führungskraft ausgeübt wird.[123] Sicher wird eine Kultur durch das Verhalten der Führungskräfte maßgeblich mitgeprägt, aber es ist ein Widerspruch in sich, von »Führungskultur« zu sprechen, wenn man das Verhalten der Führungskräfte meint. Wir unterscheiden daher zwischen dem Begriff der Kultur und dem Verhalten der Führungskräfte.

Zurück zum Topmanagement, das es sich zur Aufgabe machen muss, grundsätzlich diese Auffassung von Führung (Abbildung 10, Führung) zu einer Voraussetzung zu machen, für all diejenigen, die Führungskraft im Unternehmen sind, es werden wollen oder sollen. Es muss an erster Stelle ein Umdenken im Topmanagement und den weiteren Führungsebenen dahingehend stattfinden, dass Führung an sich nicht personengebunden, sondern eine Funktion des Systems ist. Wer Führungskraft werden möchte, um ausschließlich die individuelle Karriere zu befördern, sollte in der Führungsetage fehl am Platz sein. Die Führungskraft hat vor allem die Aufgabe, Prozesse klug zu steuern und das Intelligenzpotenzial der Mitarbeiter und somit der Organisation zu realisieren. Das bedeutet auch, den Mut zu haben, kompetente Menschen um sich zu vereinen, einen Kommunikationsprozess zu steuern, der letztlich in einer intelligenten Entscheidung mündet, und man diese Entscheidung als Führungskraft dann vertritt, durchsetzt und verantwortet.[124] Dieses neue Verständnis von Führung sollte in eine Haltung der Führungskräfte übergehen, die bewirkt, dass Führungskräfte ihre eigene Arbeit und die der Mitarbeiter so organisieren, dass das Funktionieren des Unternehmens im Mittelpunkt steht. Und nicht, wie so oft, das Ego, Konkurrenzgedanken und/oder Ängste um die eigene Karriere im Mittelpunkt des Handelns stehen. Das gelingt umso besser, wenn man die Führungskräfte dafür gewinnt und davon überzeugt, dass jeder von ihnen die Aufgabe hat, Rahmenbedingungen für Ideen und Innovationen zu schaffen, Impulse zu geben, Weiterentwicklung voranzutreiben, um so die Eigeninitiative der Mitarbeiter zu fordern und zu fördern. Der Beitrag, den eine einzelne Führungskraft zum Unternehmenserfolg leisten kann, ist genau nur so groß, wie sie gut darin ist, die Geschicke des Unternehmens als proaktiver Change-Agent mit zu lenken. Das heißt, einen Blick in die Zukunft zu werfen, um zu sehen, was das Morgen vom Unternehmen verlangt, noch unentdeckte Marktchancen früh zu antizipieren und zu nutzen, die Mitarbeiter zu maximaler Eigeninitiative zu befähigen und deren Proaktivität durch konsequentes Handeln und die eigene proaktive Haltung zu unterstützen.

Ein solches Mindset guter Eigeninitiative bringt es dann fast automatisch mit sich, nicht nur die eigene Eigeninitiative zu verbessern, sondern auch die der Mitarbeiter. Es zeigt sich, dass Vorgesetzte, die eigens eine hohe Eigeninitiative entfalten, auch sehr gut ihre Mitarbeiter für Eigeninitiative begeistern können, besonders wenn sie ihren Mitarbeitern Handlungsspielräume eröffnen und deren Selbstwirksamkeit stärken.[125]

Gerade die richtig guten Mitarbeiter, die Leistungsträger, brauchen und genießen ein solches Umfeld und entsprechende Inspiration im Job. Bei der Wahl eines Arbeitgebers suchen sie gezielt nach einer solchen Umgebung. Unternehmen, die den Ruf haben, solche Rahmenbedingungen und Handlungsspielräume zu bieten, ziehen entsprechende Leistungsträger an. Bemerkt ein solcher Mitarbeiter dann aber, dass sein unmittelbares Führungsumfeld ihn entgegen der Erwartungen ausbremst und seiner Eigeninitiative keinen Raum bietet – selbst wenn die Unternehmensspitze Raum für Initiative propagiert –, dann findet der Spruch »Menschen kommen zu Unternehmen, aber sie verlassen Vorgesetzte«[126] Anwendung, und schnell sind diese besonders guten Mitarbeiter wieder verloren. Gerade in Zeiten von Fachkräftemangel und demografischem Wandel ist es besonders heikel und kostspielig, wenn es dem Unternehmen nicht gelingt, die richtigen Menschen anzuziehen und leistungsstarke Mitarbeiter zu halten.

Veränderungen bewirken Die Aufgabe an die Führung lautet also, dafür zu sorgen, dass in der Zusammenarbeit Vertrauen herrscht und ein offener Umgang mit Fehlern und entsprechend konstruktivem Feedback gelebt wird. So wird ein Klima geprägt, das Raum bietet für die individuelle Initiative der Mitarbeiter.

Das kann nicht durch einen Arbeitsvertrag herbeigeführt werden. Auch nicht durch eine Aufforderung in einem direkten Gespräch und erst recht nicht durch einen Befehl. Sicher können Führungskräfte in einem Gespräch mehr Initiative fordern und argumentieren, dass das zum Job dazu gehört. Das ist dann jedoch eine recht naive Idee davon, wie man jemanden tatsächlich dazu bringen könnte, proaktiv zu sein und sich zum Beispiel leidenschaftlich in die Arbeit einzubringen.

Das kontinuierliche, direkte Verhalten der Führungskraft gegenüber den Mitarbeitern ist dabei essenziell. Nur, wenn die Mitarbeiter die Erfahrung machen, dass sich die Führungskraft im Sinne der Proaktivität verhält, sie fördert und nicht bestraft, kann das bewirken, dass eine Eigeninitiativekultur entsteht bzw. geprägt wird. Die Mitarbeiter können neue Veränderungen und Prozesse schnell in verbesserte, reibungslose Abläufe bringen. Besonders, wenn es um tiefgreifende Veränderungen, sogenannte transformationale Veränderungen geht, die das Verhalten und das Bewusstsein der Mitarbeiter betreffen, spielen die Führungskräfte eine wichtige Rolle.[127]

Veränderungen zu bewirken, ist grundsätzlich schwierig, denn es bestehen immer bestimmte aktivierende und ebenso hemmende Kräfte in Unternehmen, die ein sogenanntes dynamisches Equilibrium, also einen bestimmten Status quo, aufrechterhalten.[128] Das ist vergleichbar mit dem homöostatischen Prinzip zum Beispiel im menschlichen Körper, der unsere Körpertemperatur oder einen bestimmten pH-Wert auch dann konstant hält wenn die äußeren Umstände (zum Beispiel durch Kälte im Winter) oder innere Zustände (zum Beispiel durch die Aufnahme stark übersäuernder Nahrungsmittel) sich verändern. Jedenfalls muss man Energie aufwenden, um das »Natürliche«, den Status quo, aufzubrechen und Veränderungen anzustoßen und umzusetzen. Welche Funktion muss also eine Führungskraft erfüllen, um Veränderung anzustoßen? Es braucht neben dem Fokus auf Resultate und deren effiziente Erbringung im operativen Alltag eine Führung, die auch darauf konzentriert ist, möglichst viel Handlungsspielraum für sich selbst und die Mitarbeiter zu schaffen, um viel Eigeninitiative zu ermöglichen und fordern zu können.[129] Eine Form der Führung, die Proaktivität, Antizipation und Veränderungsfähigkeit der Mitarbeiter fördert, ist die transformationale Führung.[130] Und das nicht, weil es seit einiger Zeit in Mode ist, von transformationaler Führung zu sprechen, sondern weil sie bestimmte Verhaltensweisen enthält, die tatsächlich grundlegende Mechanismen aktiviert, die zu proaktivem Verhalten führen.

Transformationale Führung Eine transformationale Führungskraft *inspiriert*. Durch die eigene Überzeugung von zum Beispiel der

Wandlungsfähigkeit des Unternehmens inspiriert sie die Mitarbeiter, ebenso daran zu glauben. Der Vermittler der Inspiration und des Glaubens an den Erfolg ist typischerweise ein konkretes Zukunftsbild, das die Unternehmensspitze und die Führungskräfte entwickeln bzw. mit dem sie im Zuge zum Beispiel einer organisationalen Umbruchssituation arbeitet. Häufig komprimiert und visualisiert in Form einer Vision, die deutlich aufzeigt, wo die Reise hingehen soll. Mit der eigenen Überzeugung und entsprechenden Begeisterung für diesen erstrebenswerten und erreichbaren zukünftigen Zustand gewinnt eine transformationale Führungskraft die Mitarbeiter für die gemeinsame Reise in die Zukunft. Ein klares Zukunftsbild zeigt im Abgleich mit der heutigen Situation typischerweise eine deutliche Diskrepanz auf. Diese Diskrepanz macht die Mitarbeiter offener gegenüber Veränderungen, sie haben eine höhere Bereitschaft, den Wandel mit zu gestalten[131], weil sie eine klare Vorstellung davon haben, auf welche Zukunft sie sich zubewegen und welches Stück Weg vor ihnen liegt. Man darf dabei allerdings nicht vergessen, auch die Dringlichkeit und Notwendigkeit des Wandels deutlich zu machen[132] und klar aufzuzeigen, warum die Veränderung zwingend notwendig ist für das erfolgreiche Fortbestehen des Unternehmens und warum der Status quo keine Alternative darstellt. Wird die Diskrepanz von den Mitarbeitern verstanden und sind Dringlich- und Notwendigkeit erklärt, hat eine gut visualisierte, klare Vision direkten Aufforderungscharakter für die Mitarbeiter: mit dem konkreten Zukunftsbild als Ziel im Vergleich zur derzeitigen Situation wird deutlich, dass mit »mehr vom Gleichen tun« das Ziel nicht erreicht werden kann. Es braucht ganz eindeutig andere Verhaltensweisen als die bisherigen, um die avisierte Zukunft zu erreichen.[133] Es ist das Verständnis dieser Diskrepanz und der Notwendigkeit, das das weiter oben beschriebene Equilibrium aufbrechen kann und die Mitarbeiter zu proaktivem Verhalten motiviert, um sich dem angestrebten Zielzustand anzunähern.[134] Weiterhin lässt sich eine generelle Offenheit gegenüber Veränderungen auch durch eine unternehmensweite transparente Informationspolitik und durch einen hohen Grad an Partizipation unterstützen.

Eine weitere Facette der transformationalen Führung ist die *intellektuelle Stimulation*. Ein Vorgesetzter, der mit den Mitarbeitern ambitionierte Ziele entwickelt, sie zur Verantwortungsübernahme auffordert, sie anhält, ihre Ideen einzubringen, sie ermutigt, ungewöhnliche Methoden und außergewöhnliche Herangehensweisen zur Zielerreichung zu verwenden oder zu entwickeln, spricht die Mitarbeiter auf eine Weise an, die quasi auffordert, über den Tellerrand zu schauen. Mitarbeiter fühlen sich gefordert, gehen proaktiv an Problemstellungen heran und entwickeln neue Denk- und Lösungswege.

Ein weiterer Aspekt der transformationalen Führung, der sich auf die Proaktivität der Mitarbeiter auswirkt, ist die *individuelle Beachtung*[135] des Mitarbeiters. Transformationale Führungskräfte gehen auf die individuellen Bedürfnisse ihrer Mitarbeiter ein. Sie hören gut zu und fördern gezielt die Entwicklung bereits vorhandener Fähigkeiten, um die jeweiligen Stärken noch stärker werden zu lassen. Ein Dreh- und Angelpunkt für proaktives Verhalten ist die Selbstwirksamkeitsüberzeugung der Mitarbeiter: Schenkt der Vorgesetzte dem Mitarbeiter ganz individuell Aufmerksamkeit zum Beispiel nach einem erfolgreich bewältigten Projekt, steigt das Selbstbewusstsein des Mitarbeiters. Er macht sich sein Können bewusst und weiß, dass er seine Aufgabe erfolgreich gemeistert hat. Selbstbewusstsein und Selbstwirksamkeitsüberzeugung des Mitarbeiters steigen. Unterstützt der Vorgesetzte die Mitarbeiter auf diese Weise, erleichtert dies den Mitarbeitern in Zukunft selbststartend zu agieren. Eine Atmosphäre, in der der Vorgesetzte hohen Handlungsspielraum lässt, gezielt Feedback gibt und ein eigenes Interesse an der Weiterentwicklung des Mitarbeiters zeigt, schafft jene vertrauensvolle Umgebung, die dem Mitarbeiter die Sicherheit gibt, selbstständig agieren zu dürfen, Dinge ausprobieren zu können und zu sollen. Gleichzeitig signalisiert der Vorgesetzte damit Vertrauen in die Fähigkeit der Mitarbeiter, dass Probleme, die unweigerlich mit eigeninitiativem Verhalten einhergehen, von ihnen überwunden werden können.

Ein letzter wichtiger Aspekt ist die Vorbildfunktion bzw. die Authentizität der Führungskraft. Begeisterungsfähigkeit und Leidenschaft für das, was man tut, kann nur schwerlich glaubhaft vorgespielt werden. Menschen, die transformational führen, besitzen in der Regel eine hohe Identifikation mit dem, was sie tun. Sie haben klare Wertvorstellungen und zeigen dementsprechend authentisches, konsistentes Verhalten. Sie stehen zu ihrem Wort und ihren Überzeugungen, erfüllen ihre Vorbildfunktion und genießen aufgrund dessen typischerweise hohen Respekt und ein ebensolches Vertrauen seitens der Mitarbeiter.

Es muss der Führungsauftrag heutiger Manager sein, selber ein proaktives Mindset zu haben, die Mitarbeiter damit anzuregen und ihnen zu verdeutlichen, dass Proaktivität ein grundlegendes Element bei der individuellen Weiterentwicklung und der Weiterentwicklung des Unternehmens darstellt und es Antizipation, Initiative und die Ideen jedes Einzelnen braucht. Es ist Aufgabe der Führungskräfte, den Mitarbeitern die dafür nötige Autonomie und dazugehörige Verantwortung mit auf den Weg zu geben.[136]

Führung ist Handwerk, keine außerordentliche Begabung Bei allen angeführten Aspekten, die eine proaktive Führungskraft vereinen und beherrschen soll, verstehen wir Führung dennoch als soziale Praktik. Es gibt sicher Menschen, denen einige Verhaltensweisen aufgrund ihrer Persönlichkeit mehr liegen als anderen, aber gute, proaktive Führungskräfte sind nicht nur diejenigen wenigen, die auf diesem Gebiet außerordentliche Begabung mitbringen. Bei allen genannten Aspekten handelt es sich um entwickelbare, erlernbare Mindsets und/oder erlernbares Handeln, welches im Praxisalltag diszipliniert umgesetzt werden sollte. Proaktive Führungskräfte sind vor allem Personen, die, in welcher Situation oder aus welcher Erfahrung heraus auch immer, für sich den Wert der Eigeninitiative kennengelernt und erkannt haben und diesen Wert für andere ebenso erfahrbar und nutzbar machen wollen und können. Zudem will auch ernsthafte Kooperation, gerade auf Führungsebene, gekonnt sein. Denn Engagement und Initiative können nur dadurch vervielfacht werden, dass die gesamte Unternehmensspitze auf Proaktivität ausgerichtet ist, in Form einer proaktiven Strategie, die durch eine Gruppe homogen agierender Führungskräfte die Verankerung von Initiative in den Grundwerten des Unternehmens[137] lebendig umsetzt.

Kontingenzen: wenn ... dann ... Zu transformationaler Führung wurde bisher schon viel veröffentlicht und all das, was wir bis hierher wiedergegeben haben, mag wohl bekannt sein. Weniger beachtet wird aber die Tatsache, dass der positive Effekt der transformationalen Führung auf die Initiative der Mitarbeiter nicht ohne Einschränkungen zutrifft: Es muss differenziert betrachtet werden, um welche Person es sich beim Mitarbeiter handelt und auch die spezifische Situation darf nicht außer Acht gelassen werden. Nicht bei jedem Menschen und nicht in jeder Situation bewirkt transformationale Führung deutlich mehr Eigeninitiative. Wie viel Initiative eingebracht wird, hängt davon ab, wie viel Autonomie im gesamten Arbeitsumfeld gegeben ist und wie sehr ein Mitarbeiter es sich zutraut, eine hohe Handlungsfreiheit mit dem eigenen Know-how auch ausfüllen und nutzen zu können.

Unter dem Stichwort »Selbstwirksamkeitsüberzeugungen« haben wir generell beschrieben, dass Mitarbeiter, denen die eigenen Kompetenzen bewusst sind, die es für die Bewerkstelligung einer Herausforderung oder Aufgabe braucht, proaktiver und eigenständiger sind. Betrachtet man nun gleichzeitig die Ausprägung der Selbstwirksamkeitsüberzeugung, den vorhandenen Handlungsspielraum im Job in Kombination mit einer transformationalen Führungskraft, zeigen sich die folgenden Effekte: Ist wenig Handlungsspielraum gegeben, werden vor allem diejenigen Mitarbeiter mit weniger Selbstvertrauen viel proaktiver, wenn der Vorgesetzte sie transformational führt. Ist hoher Handlungsspielraum im Job gegeben, zeigen Mitarbeiter mit hoher Selbstwirksamkeitsüberzeugung und transformationaler Fürhrungskraft deutlich mehr Initiative. Daraus ergibt sich als wichtiger Ansatz für Human-Resources-Maßnahmen die Verbesserung der Selbstwirksamkeitsüberzeugung, sodass diejenigen, die weniger von ihren Fähigkeiten überzeugt sind, lernen, was und dass sie etwas können. Das lässt sich durch individuelle Trainings, fachliche Trainings und Coachings umsetzen. Hinsichtlich der Gestaltung von Arbeitsaufgaben kann man sagen, dass ein erhöhter Handlungsspielraum generell wichtig ist, um Proaktivität und Initiative zu ermöglichen.

Hat man nun Mitarbeiter mit gutem Selbstbewusstsein und dem Vertrauen in die eigenen Fähigkeiten und eine Arbeitsumgebung, die viel Handlungsspielraum beinhaltet, kann durch eine stark ausgeprägte Eigeninitiativekultur Führungsschwäche kompensiert werden.[138] In dieser Umgebung kommt so viel Initiative und Verantwortungsübernahme bei den Mitarbeitern heraus, dass es einer Substitution der Führungskraft gleichkommen kann.[139] Diese Erkenntnis ist wertvoll und kritisch zugleich. Einerseits regt sie an, über alternative Führungsmodelle nachzudenken, Hierarchien abzubauen und spiegelt auch wider, was in Start-ups bereits schon gut funktioniert. Wenn man sich vor Augen hält, dass es unrealistisch ist, dass 100 Prozent der Führungskräfte ihre Führungsfunktion zu 100 Prozent hervorragend ausfüllen, dann macht es Hoffnung, dass die Mitarbeiter eine mögliche Schwäche kompensieren können, eine Führungskraft mit Schwäche also keinen allzu großen Schaden bedeutet. Ein hohes Eigeninitiativeklima bringt das volle Potenzial der Mitarbeiter zum Vorschein. Das zeigt sich vor allem auch in der hohen Kompetenz der Mitarbeiter, sich sehr gut selbst organisieren zu können. So schließt sich hier die Frage an, ob die Führungskraft dann nicht überflüssig ist für die Wertschöpfung im Unternehmen.

Das ist ein kritischer und sensibler Punkt, denn so vorteilhaft sich das hier lesen mag, so kritisch kann sich das in der Praxis gestalten. Im Unternehmensgefüge gibt es immer wieder Menschen in Führungsfunktionen, die fortwährend darauf bedacht sind, dass sich möglichst wenig verändert – vor allem in Bezug auf die eigene Machtposition. Die Angst, dass ein Mitarbeiter zu einer gefährlichen Konkurrenz wird, ist leider menschlich und daher auch entsprechend verbreitet. Nur muss es im Unternehmen primär um das Funktionieren der Organisation gehen und nicht darum, dass Führungskräfte einen Großteil ihrer Energie auf mikropolitischer Ebene für ihren Machterhalt aufbringen. Wenn es von dieser Sorte Führungskraft ein paar mehr im Unternehmen gibt, geht das schnell damit einher, dass gute Initiativen von Mitarbeitern unterdrückt oder sogar bestraft werden und vor allem die leistungsstarken und proaktivsten Mitarbeiter sich vom Unternehmen entfernen. Am wenigsten Gefahr, die Initiative von Mitarbeitern zu unterdrücken, geht von denjenigen Führungskräften aus, die selbst ein entsprechend gesundes Selbstvertrauen haben, die ihre eigenen Stärken kennen und die es als Erfolg betrachten, andere Menschen auch erfolgreich zu machen.

Wir haben nun die Facetten der Eigeninitiative ausgeführt und zuvor Kultur als emergentes Phänomen beschrieben. Kultur ist demnach zwar nicht direkt und unmittelbar beeinflussbar, aber dennoch menschengeschaffen und entsprechend prägbar. Wie gelingt es, die Kultur so zu prägen, dass das gesamte Eigeninitiativepotenzial zum Tragen kommt und das Unternehmen deutlich höhere Produktivität, Effizienz und Profitabilität genießen kann? Zu Beginn muss die bewusste Entscheidung stehen, im Unternehmen ein *Pro-Initiative-Klima* als kulturellen Bestandteil fördern und prägen zu wollen. Das muss natürlich auf oberster Unternehmensebene beschlossen, bewusst und vor allem konsequent und sichtbar vorgelebt und entsprechend vom gesamten Managementteam eingefordert werden. Hat das Topmanagement die Wichtigkeit von Eigeninitiative im Blick[140], schafft eine vertrauensvolle Umgebung, lebt gutes Fehlermanagement vor und kommuniziert entsprechend transparent und sorgt dafür, dass die weiteren Führungsebenen ebenso darauf ausgerichtet sind, so entfalten sich Engagement und entsprechende Initiative.

Besonders gut zu beobachten sind die Effekte der Eigeninitiative in eigentümergeführten Unternehmen: Es hat eine starke Modellwirkung, wenn der Eigner einer Firma viel Eigeninitiative zeigt. Er prägt damit maßgeblich die Kultur und typischerweise zeigen infolgedessen auch die Mitarbeiter stärkere Initiative. Von der Geschäftsleitung vorgelebte Eigeninitiative schafft Vertrauen dafür, dass die Forderung nach der Initiative des Einzelnen ernst gemeint ist und man keinen Nachteil erfährt. Ausschlaggebend ist, dass sich die Mitarbeiter in dem Moment, in dem sie ihre Initiative einbringen, durch das Gesamtunternehmen bzw. den Vorstandsvorsitzenden bzw. die Unternehmensspitze unterstützt fühlen.[141]

Überraschenderweise ist das allgemeine Eigeninitiativeklima und die entsprechend wahrgenommene Unterstützung der eigenen Initiative durch die Geschäftsleitung wichtiger für die Motivation der Mitarbeiter als der direkte Vorgesetzte.[142] Die Ermutigung der Mitarbeiter durch die Unternehmensspitze, Proaktivität zu zeigen, und eine Offenheit gegenüber Veränderungsvorschlägen bewirkt überhaupt erst, dass die Mitarbeiter ihre Ideen tatsächlich einbringen, sich also auch trauen, ein Stück weit unbequem zu sein und möglicherweise zusätzlichen Zeitaufwand für den Chef zu produzieren. Sind die Mitarbeiter unsicher, ob das Unternehmen ihnen den Rücken stärkt und Verbesserungen letztlich wirklich als wünschenswert erachtet, ist es höchst unwahrscheinlich, dass sich die Mitarbeiter in die lokale Auseinandersetzung mit dem direkten Vorgesetzten begeben. Das proaktive Verhalten würde deutlich gehemmt.

Konsequenzen von Eigeninitiative

Wir beschreiben zunächst alle Konsequenzen, die mit stark ausgeprägter Eigeninitiative in Verbindung stehen: sowohl auf Individual- bzw. Mitarbeiterebene als auch auf Unternehmensebene. Im nächsten Kapitel gehen wir detaillierter auf die Schlüsselfunktion der Eigeninitiative in Veränderungsprozessen und bei der Implementierung von Innovationen ein. Danach beschreiben wir die Tücken der Dynamik der Eigeninitiative und warum man sie nicht nur immer im Blick behalten, sondern stets aktiv managen sollte.

Knapp zusammengefasst kann man sagen, dass Eigeninitiative aktives, veränderungs- und verbesserungsorientiertes Verhalten[143] ist. Eigeninitiative Mitarbeiter gehen dementsprechend mit aktiver Haltung an ihre Arbeitsanforderungen heran, formen das Arbeitsleben, initiieren Verbesserungen und Veränderungsprozesse und tragen dazu bei, dass Veränderungen gelingen, weil sie sie aktiv mitgestalten. Diese Herangehensweise spiegelt sich in zahlreichen positiven Konsequenzen sowohl für die Person als auch für das gesamte Unternehmen wider[144] (Abbildung 11, Kasten 7). Was bedeutet es für den Einzelnen, der Eigeninitiative zeigt, und was bewirkt es für ein Unternehmen, wenn die Kultur eigeninitiativeförderlich ist, Mitarbeiter und Führungskräfte unternehmerisch denken und engagiert und proaktiv ihrer Arbeit nachgehen? Das Potenzial des Einzelnen und des gesamten Unternehmens wird auf diese Weise freigesetzt.

Bessere Leistung und persönlicher Erfolg durch Eigeninitiative

Menschen mit hoher Eigeninitiative haben überdurchschnittlichen Erfolg als Unternehmer.[145] Auch als Angestellte sind sie erfolgreicher: Sie weisen eine höhere Beschäftigungsfähigkeit im Arbeitsmarkt auf und bringen sich besser in neue Projekte ein. Sie planen ihre berufliche Entwicklung mit klareren Vorstellungen, setzen diese Pläne besser um[146] und sind dann auch entsprechend erfolgreicher in ihrer Karriere.[147] Proaktive Mitarbeiter bekommen nicht nur die besseren Leistungsbeurteilungen von Führungskräften, sie erzielen auch objektiv gemessen die besseren Arbeitsresultate.[148] Sie sind hilfsbereit, loyal und formen damit ein soziales Umfeld, das insgesamt zu verbesserter Leistung beiträgt.[149] Kurzum, diese Mitarbeiter bringen ihr volles Potenzial ein. Das ist nützlich für den Gesamterfolg des Unternehmens. Ebenso nützlich ist das aber auch für die Mitarbeiter an sich, denn die engagierten, proaktiven unter ihnen mögen ihren Job und sind entsprechend zufriedener und gesünder.[150] Gesünder meint nicht nur physisch, sondern auch psychisch. Denn ihr Engagement, vorhandene Ressourcen, ihre Haltung zum und ihr Verhalten im Unternehmen wirken wie ein Puffer einem Burnout-Risiko entgegen.[151] Weiterhin ist in ganz unterschiedlichen Bereichen eine aktive Herangehensweise erfolgreicher: Im Lernprozess zeigen eigeninitiativere Menschen bei der Aneignung neuer Inhalte höhere Eigenverantwortlichkeit und Unabhängigkeit[152] auf. So haben zum Beispiel stark proaktive Universitätsstudenten die besseren Noten.[153] Erfolg im Lernen und gute Noten vermitteln ein Gefühl von Kompetenz und machen zufrieden. Stressbedingungen werden von eigeninitiativen Menschen erfolgreicher durch aktives Handeln beantwortet, sie benutzen keine passiven, emotionsbezogenen Bewältigungsstrategien.[154] In besonders schwierigen Situationen, wie zum Beispiel im Falle einer Arbeitslosigkeit, finden proaktive Menschen auch deutlich schneller wieder eine Arbeit als Arbeitslose, die nur einen geringen Grad an Eigeninitiative aufweisen.[155]

Hochleistung und Erfolg des ganzen Unternehmens

Wie auch schon im Abschnitt zur Unternehmenskultur beschrieben, bewirkt eine hohe Eigeninitiative der Mitarbeiter im Unternehmen eine Reihe positiver Konsequenzen. Aktive Mitarbeiter, die sich mit Verantwortung und Interesse in die Arbeit einbringen, tragen zu verbesserter Leistung einer Business-Unit bei, haben positiven Einfluss auf die Kundenzufriedenheit, verbessern die Produktivität und die Profitabilität. Im Vergleich zwischen Unternehmen mit weniger proaktiven Mitarbeitern und Unternehmen mit stark ausgeprägter Eigeninitiative in der Belegschaft sind Teams und auch das gesamte Unternehmen der letzteren Sorte deutlich produktiver. Besonders deutliche Zusammenhänge zeigen sich zwischen dem Grad der Eigeninitiative und den Unternehmensgewinnen.[156] Eine detaillierte Untersuchung in kleinen und mittelständischen Unternehmen, die ein besonders gutes Klima zur Förderung von Eigeninitiative haben, offenbarte, dass diese später deutlich erfolgreicher sind als solche Firmen, die ein geringes Eigeninitiativeklima aufweisen.[157] In verschiedenen Kon-

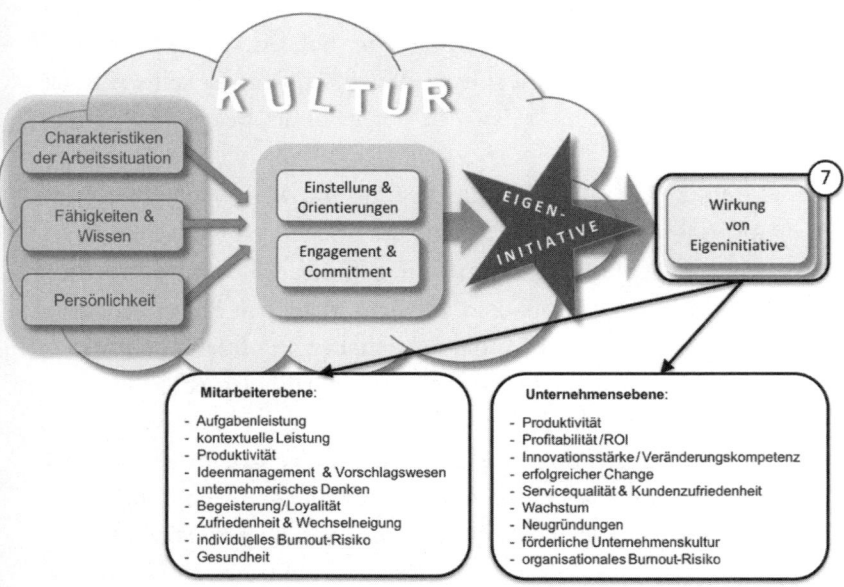

Abbildung 11: Auswirkungen von Eigeninitiative auf Mitarbeiter- und Unternehmensebene.

texten – zum Beispiel in Costcentern öffentlicher Verkehrsbetriebe ebenso wie in klein- und mittelständischen Unternehmen – zeigt sich ein Zusammenhang zwischen einem besonders guten Eigeninitiativeklima und höherer Centerleistung[158] bzw. Profitabilität[159] und dem Unternehmenskapital.[160]

Darüber hinaus kann eine ausgeprägte Eigeninitiativekultur Schwächen in Führungskompetenzen kompensieren.[161] Eine schwache Führung wird dadurch gestützt, dass proaktive Mitarbeiter Verantwortung übernehmen und sich selbst gut strukturieren und organisieren.

Auch wird ein seitens des Unternehmens implementiertes Ideenmanagement und Vorschlagswesen erst dann wertvoll, wenn es von den Mitarbeitern mit Leben, also guten und zahlreichen Vorschlägen, gefüllt wird. Besonders häufig bringen sich die Mitarbeiter ein, die ihrer Arbeit mit hoher Eigeninitiative und hohem Maß an Verantwortungsübernahme nachgehen. Es sind auch die Vorschläge dieser Mitarbeiter, die häufiger prämiert werden.[162]

Fazit ist, dass eine ganze Bandbreite an positiven Effekten realisiert werden kann, wenn das Unternehmen ein initiativeförderliches Klima bietet und engagierte Mitarbeiter hat, die sich aktiv einbringen können. Und Fazit ist ebenso, dass es schlichtweg keine Alternative gibt, wie man sonst das volle Potenzial der Belegschaft aktivieren kann.

In einer Welt, die sich fundamental im Wesen der Arbeit und damit in ihren Ansprüchen an die mitarbeitenden Menschen verändert, ist der Schlüsselfaktor im Unternehmen, Rahmenbedingungen aufzubauen und zu etablieren, die dem Menschen Raum für Initiative bieten. Unternehmen, die das schaffen, profitieren von einem Wettbewerbsvorteil, der so schnell nicht einzuholen ist. Es mag vergleichsweise einfach sein, eine Sache, ein Produkt oder einen Preis zu ändern. Einstellungen, Mindsests, und Verhalten und letztlich eine Kultur aufzubauen und zu etablieren und damit eine engagierte, hoch initiative Belegschaft im Unternehmen zu entwickeln und zu halten, ist hingegen deutlich schwieriger – aber wesentlich für ein nachhaltig erfolgreiches Unternehmen.

Zusammenfassung Kapitel 2

Wir haben definiert, was wir konkret unter Eigeninitiative verstehen, denn Eigeninitiative oder Initiative ist auch ein Wort, das sich in der alltäglichen Umgangssprache wiederfindet, sodass es wichtig ist, zu umgrenzen, wovon wir sprechen. Wir haben die drei Facetten, aus denen sich die Eigeninitiative zusammensetzt, beschrieben und haben die zahlreichen, Eigeninitiative beeinflussenden Faktoren benannt. Um Eigeninitiative im täglichen Tun besser erkennbar zu machen, haben wir Beispiele aufgeführt, wie sie sich äußern kann. Es ist besonders wichtig, zu wissen, dass eigeninitiatives Verhalten einer Person oft als problematisch und anstrengend von anderen empfunden wird, denn wenn jemand etwas angehen will, Einfluss nimmt und Dinge verändert, ist das per se für das Gewohnheitstier Mensch erstmal unangenehm und störend. So was unterbricht Routinen und stört somit die gewohnten Abläufe. So ist es unerlässlich, sich zu verdeutlichen, dass Eigeninitiative – langfristig betrachtet – Abläufe und Situationen verbessert und daher essenziell ist für das Überleben und den nachhaltigen Erfolg des Unternehmens. Macht man sich das nicht bewusst, sind insbesondere Führungskräfte schnell geneigt, solches Verhalten bei anderen punktuell zu unterdrücken, weil das eben meistens Extraaufwand bedeutet. Das wiederum bedeutet, die Motivation zu töten.

Eigeninitiative kann auch in destruktiver Art und Weise ausgelebt werden, so, dass es einem Unternehmen schadet. Diese Form von Initiative haben wir der Vollständigkeit halber mit aufgezeigt und abgegrenzt aus der weiteren Verwendung des Begriffs der Eigeninitiative. Wir haben verdeutlicht, dass Eigeninitiative ein dem Menschen im Grunde ureigenes Verhalten ist. Anschließend haben wir beschrieben, welche bestimmten Einstellungen und Orientierungen proaktives Verhalten motivieren. Auch unsere Fähigkeiten, unser Wissen und unsere Persönlichkeit bestimmen ein Stück weit mit, mit wie viel Eigeninitiative wir an Dinge herangehen. Der wichtigste und allumfassendste Aspekt ist dabei die Gestaltung der Arbeitssituation. Dazu zählt vor allem der wohl am meisten vernachlässigte Treiber: die Unternehmenskultur. Wir haben die Bestandteile einer eigeninitiativeförderlichen Kultur benannt und beschrieben, wie sie durch strategische Voraussetzungen und Führung geprägt werden können. Damit eine transformationale Führung zusätzlichen Freiraum und Motivation ermöglicht, ist es wichtig, die Mitarbeiter in ihren Kompetenzen zu befähigen und darauf zu achten, dass sie eigens davon überzeugt sind, dass sie die an sie gestellten Anforderungen bewerkstelligen können. Abschließend haben wir die zahlreichen positiven Auswirkungen auf Mitarbeiter- und Unternehmensebene beschrieben, die durch eine ausgeprägte Proaktivität erreicht werden können. Im folgenden Kapitel stellen wir noch einmal die besondere Rolle heraus, die Eigeninitiative und ein Eigeninitiativeklima im Unternehmen spielen, wenn es um die Bewerkstelligung von Veränderungen und die erfolgreiche Umsetzung von Innovationen geht.

3. Die Rolle von Eigeninitiative bei Veränderungsprozessen und der Implementierung von Innovationen

Der Zusammenhang zwischen Eigeninitiative, eigeninitiativeförderlicher Kultur und dem Erfolg von Veränderungen und Innovationen

Innovationen sind für jedes einzelne Unternehmen, die Wirtschaft und letztlich für eine Gesellschaft erfolgskritisch. So werden auf Bundes-, Landes- und selbst auf Ebene der Europäischen Union Innovationsinitiativen ins Leben gerufen, um die allgemeine Innovationsfähigkeit zu fördern. Mit dem Ziel, die Innovationskraft von Universitäten, von Forschungsinstituten, Städten, Regionen, Gemeinden und Unternehmen zu steigern. Treibende Kraft dabei ist die treffende Einschätzung, dass nur durch eine erhöhte Geschwindigkeit, mit der Innovationen umgesetzt werden, und einem gewissen Tiefenlevel von Veränderungen und Innovationen die westlichen Länder ihr jeweiliges Lohnniveau halten und wettbewerbsfähig bleiben können gegenüber Niedriglohnländern.[163]

Für Unternehmen hat daher der Aufbau von Innovationskraft höchste Priorität, da sie, wenn sie keine neuen Produkte, Services oder Prozesse hervorbringen, schnell hinter den Konkurrenten im Wettbewerb zurückfallen.[164] Genau das sei der Unterschied zwischen Innovationen früher, in der alten Welt, und Innovationen im Jahr 2017, sagt Gleb Tritus, Entrepreneur, Investor Director und Mitglied des Management Board im Lufthansa Innovation Hub. Kundenbedürfnisse wandeln sich heutzutage schneller. Das passiere unter anderem aufgrund einer Vielzahl neuer, auch digitaler Services, einer besseren Verbraucheraufklärung und aufgrund eines allgemeinen, schnelllebigeren Zeitgeistes. Mit der erhöhten Geschwindigkeit gehe einher, dass der kommerzielle Einfluss von Innovation nun deutlich evidenter sei als in vergangenen Tagen und zunehmend als essenziell verstanden würde: Branchensegmente, teilweise ganze Branchen, stehen auf dem Prüfstand – wer nicht konstant und systematisch innovierte, gehe in vielen Industrien Umverteilungskämpfe mit Disruptoren ein. Symbolträchtige Beispiele gebe es dafür genug – von Kodak über Nokia bis Yahoo.[165]

Blicken wir nochmal zurück auf die vorherrschende Gesamtsituation, aus der heraus sich die Notwendigkeit ergibt, als Unternehmen innovations- und veränderungsstark zu sein. Sowohl Kundenwünsche Produktneu- und Weiterentwicklungen finden in schnellerem Tempo statt. Die Wettbewerber sind nun zahlreicher geworden, da viele Unternehmen, die sich früher noch auf bestimmte Regionen beschränkt haben, nun nicht mehr lokal, sondern weltweit tätig und die Märkte und Verfügbarkeiten ebenso weltweit vernetzt sind. Globalisierung, starke Vernetzung und schnell komplett neu entstehende Märkte sorgen also für ständigen Wandel und Veränderungen.

Ebenso stark vernetzte, kaum mehr nachvollziehbare interagierende, automatisierte und virtuelle Systeme sorgen für weitere Komplexität, denen die Unternehmen gewachsen sein müssen. Allein das Schritthalten mit der Schnelligkeit der Märkte ist eine Herausforderung. Dabei noch eigene Innovationen und/oder die Frequenz der eigenen Innovationen zu erhöhen und laufend Produktverbesserungen hervorzubringen, ist für viele Unternehmen in der Form, in der sie bisher aufgestellt sind, ein enormer Kraftakt, von dem auch nicht immer absehbar ist, ob er erfolgreich verläuft. Dementsprechend finden auch häufiger als noch vor einigen Jahren fundamentale Umstrukturierungen in Firmenstrukturen und der Arbeitsorganisation statt.

Wie antworten Unternehmen nun typischerweise auf diesen gestiegenen Veränderungs- und Innovationsdruck? Mal abgesehen von den genannten großen, umfassenden Reorganisationen, installieren Unternehmen Abteilungen, die explizit für Innovationen und Veränderungsmanagement zuständig sind. Häufig finden die Veränderungen im Rahmen expliziter Change-Projekte im Unternehmen statt und betreffen typischerweise Veränderungen in mehr als nur einem Bereich des Unternehmens, bedeuten also auch organisationalen Change.[166] Auch die Fülle an internen und an überbetrieblichen Weiterbildungsangeboten zeigt, dass händeringend Berater und/oder Mediatoren gesucht werden, die jeweilige Change-Vorhaben mitbegleiten. Teilweise existieren sogar eigene Inhouse-Beratungen zum Thema Change, um die Anforderungen beantworten zu können. Trotzdem scheitern erfahrungsgemäß mehr als die Hälfte aller Change-Projekte.[167] Sie bleiben inhaltlich erfolglos und haben das Unternehmen zudem viel Geld gekostet. Wie kann das sein?

Sie kennen sicher den Spruch «Stellen Sie sich vor, es ist Krieg und keiner geht hin«. Erklärt ein Land dem anderen den Krieg, aber niemand würde tatsächlich an irgendeine erklärte Front gehen und kämpfen, dann findet dieser Krieg operativ schlichtweg nicht statt. Im Falle von Krieg ist das natürlich wünschenswert. Stellen Sie sich aber nun vor, es startet ein Veränderungsprojekt im Unternehmen und keiner macht mit. Dann findet de facto keine Veränderung statt, weil sie schlichtweg nicht umgesetzt wird. Im Kriegsbeispiel gibt es nun die Besonderheit, dass bestimmte Menschen typischerweise vertraglich dazu verpflichtet sind, mitzumachen und bestimmte Aktionen auszuführen, weil es Befehle sind. Das ist genau der Knackpunkt: Mitarbeitern im Unternehmen kann praktisch nicht befohlen werden, sich genau in dem vom Unternehmen gewünschten Maße in die Veränderungsprozesse einzubringen, die Veränderung mit Spaß und Energie ab sofort hoch proaktiv voranzutreiben und umzusetzen. Im Abschnitt über das neue Verständnis von Leistung haben wir bereits beschrieben, dass dieser Leistungsbestandteil nicht durch Anweisungen, Befehle oder arbeitsvertraglich bewirkt werden kann.

Was machen Unternehmen, denen Veränderungsprojekte und die Umsetzung von Innovationen erfolgreich gelingen anders als jene, bei denen sowohl Innovationen als auch Veränderungsbemühungen scheitern? Bei dem Vergleich von erfolgreichen und erfolglosen Unternehmen zeigen sich zwei wichtige Ergebnisse:

Das erste Ergebnis ist, dass Unternehmen mit einem ausgeprägten Pro-Initiative-Klima höhere Innovationsraten haben (Abbildung 12) im Vergeich zu denjenigen Unternehmen, deren Klima nicht sehr initiativefreundlich ist.

Die Eigeninitiative, also das aktive Handeln der Mitarbeiter, ist dabei der entscheidende und vermittelnde Faktor zwischen dem Humankapital und dem Unternehmenserfolg. Was unterscheidet aktiv handelnde, proaktive Mitarbeiter von den weniger eigeninitiativen Mitarbeitern? Proaktive Mitarbeiter und Führungskräfte setzen jeden Schritt in der Handlungssequenz[169] auf aktive Art und Weise um, wie wir in Kapitel 2 bereits ausführlich beschrieben haben. Ihre Zielsetzung ist selbststartend und damit durch Eigeninitiative geprägt, sie zeigen ebenso eine aktive Informationssuche und Handlungsplanung. Auch die Durchführung, die Überwachung und das Einholen von Feedback findet aktiv statt.[170]

Proaktive Mitarbeiter stecken sich aktiv eigene Ziele, antizipieren dabei zukünftige Möglichkeiten und Herausforderungen und verwandeln diese in konkrete Ziele. Selbst wenn sie aufgrund von vielen Widerständen frustriert sind, geben sie nicht so schnell auf, sondern halten an ihren Zielen fest. Die Suche nach Informationen verläuft kreativ und mit einem hohen Grad an Exploration. Bereits bei der Informationsbeschaffung werden potenzielle Probleme oder Opportunitäten bedacht und es werden entsprechend Informationen über mögliche alternative Wege eingeholt. Die Suche nach Informationen erfolgt dabei nicht nur in offensichtlichen Quellen, die jedem sofort zugänglich sind (wie zum Beispiel in einer Google-Recherche oder in einer Fachzeitschrift), und proaktive Mitarbeiter lassen sich weder von der Komplexität noch von negativen Emotionen, die bei der Suche nach Informationen schnell entstehen, entmutigen. Eigeninitiative beinhaltet eine aktive und somit bessere Planung, weil Aktionspläne für unterschiedliche Szenarien, Opportunitäten und Backup-Pläne mitgedacht und erstellt werden. Im Falle negativer oder unerwarteter Ereignisse besteht ein Plan B. Wenn es Störfaktoren gibt, dann finden eigeninitiative Menschen schnell zu ihrem Plan zurück, können gut und schnell mit Hindernissen umgehen, lassen sich dadurch nicht lange ablenken und verfolgen beharrlich ihren Plan weiter. Für die Erfolgskontrolle entwickeln proaktive Menschen typischerweise

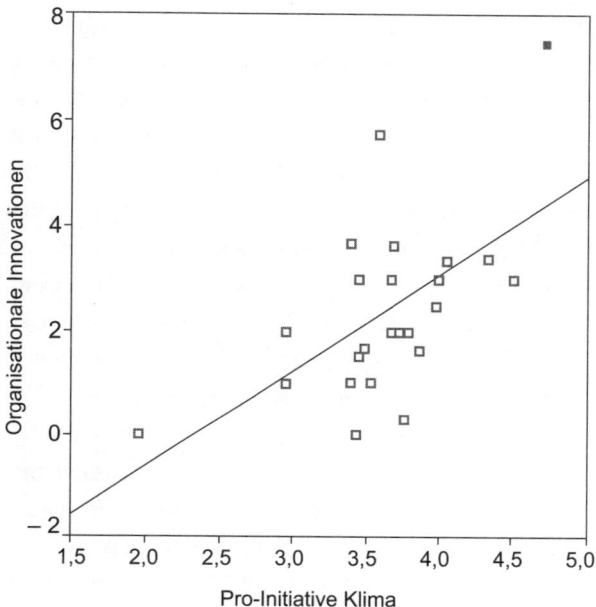

Abbildung 12: Unternehmen mit hoch ausgeprägtem Eigeninitiativeklima weisen eine höhere Anzahl an Innovationen auf im Vergleich zu Unternehmen mit niedrig ausgeprägtem Pro-Initiative-Klima.[168]

eigene Maßstäbe und suchen aktiv und fortwährend nach Feedback. Außerdem entwickeln sie Frühwarnsignale für bestimmte Problemstellungen und/oder Opportunitäten.[171] Probleme, die in der Arbeit auftauchen, gehen proaktive Mitarbeiter zeitnah und selbstständig an, entsprechend schneller werden diese meist gelöst.

Zusammenfassend kann man sagen, dass Menschen mit hoher Eigeninitiative effizienter arbeiten und deshalb produktiver sind, ohne dies als Stress zu empfinden: sie arbeiten sozusagen »smarter not harder«.[172] So ist es nicht verwunderlich, dass der gesamte Betrieb produktiver ist.

Auch das kreative Denken, das Hervorbringen neuer Ideen und ein ausgeprägter Ideenaustausch unter der gesamten Belegschaft steht mit Eigeninitiative in Verbindung.[173] So kommt es auch vermehrt zu Innovationen: Von vielen guten Ideen ist ein relativ kleinerer Anteil wiederum tatsächlich brauchbar, kann weiterentwickelt und in Form einer Innovation oder einer Prozessverbesserung umgesetzt werden.

Förderlich sind hier, nebst formeller Netzwerke, auch die informellen Netzwerke, damit entsprechend viele Ideen entwickeln werden können. Wenn eigeninitiatives Verhalten ein selbstverständlicher Bestandteil der Unternehmenskultur ist, unterstützen Vorgesetzte diesen Austausch stärker, auch wenn es für sie möglicherweise eine Unterbrechung der normalen und geplanten Vorgehensweisen und damit Mehrarbeit bedeutet. Das kann zum Beispiel unterstützendes Verhalten des Vorgesetzten gegenüber einem außerplanmäßig, aber formal angesetzten Brainstorming-Meeting sein, zu dem einige seiner Mitarbeiter eingeladen sind, nachdem sich einige Kollegen informell beim Mittagessen über neue Ideen ausgetauscht und beschlossen haben, diese Idee weiter zu entwickeln.

Das zweite wichtige Ergebnis ist, dass Unternehmen mit hohem Pro-Initiative-Klima und entsprechend höheren Innovationsraten auch profitabler sind.[174] Baer und Frese haben gezeigt, dass erstens Eigeninitiativeklima hoch mit der Rendite zusammenhängt. Zweitens, und das ist noch wichtiger, führte der Erfolg von Prozessinnovationen nur dann zu verbesserter Rendite, wenn auch ein hohes Pro-Initiative-Klima in den Unternehmen existierte. Prozessinnovationen sind Innovationen, die den Ablauf in den Unternehmen verbessern, zum Beispiel Just-in-time-Techniken, Process-Reingeneering, Total Quality Management usw. Unternehmen mit einem mittelmäßig ausgeprägten Pro-Initiative-Klima profitieren nicht von ihren Innovationen. Und am spannendsten ist das Ergebnis für Unternehmen, die ein niedrig ausgeprägtes Eigeninitiativeklima vorweisen: Innovationen tragen in diesen Unternehmen sogar dazu bei, Geld zu verlieren, Unternehmenskapital zu vernichten.[175]

Das Fazit ist, dass Prozessinnovationen per se erstmal keine positive Auswirkung auf den wirtschaftlichen Erfolg eines Unternehmens haben. Sie sind tatsächlich nur dann erfolgreich und gewinnbringend, wenn sie im Rahmen eines ausgeprägten Eigeninitiativeklimas stattfinden. Ohne ein gutes Eigeninitiativeklima leiden Unternehmen sogar unter Prozessinnovationen – sie scheitern bei der Umsetzung von Innovationen und ihre Gewinne sinken im Vergleich zu der Zeit vor den umgesetzten Innovationen (Abbildung 13).[177] Ein Unternehmen ist also besser beraten, keine Prozessinnovationen anzugehen, wenn es dem Unternehmen gleichzeitig, bzw. genauer gesagt vorgesteuert, nicht gelingt, ein gutes Eigeninitiativeklima herzustellen. Warum ist die Kultur, das Klima, das im Unternehmen herrscht, so wichtig sowohl für die Umsetzung von Change-Prozessen als auch von Innovationen?

Wir betrachten einmal genauer, was eigentlich bei Veränderungen passiert. Veränderungen bedeuten zwar nicht unbedingt, dass es um eine Innovation geht, aber andersherum beinhaltet definitiv jede Innovation Veränderungsprozesse. Wenn wir also verständlich machen, was genau bei Veränderungen passiert, dann ist ebenso verständlich, was während eines Innovationsprozesses abläuft und warum es unerlässlich ist, in die Eigeninitiative der Mitarbeiter im Unternehmen zu investieren, mit dem Ziel, ein Eigeninitiativeklima zu etablieren.

Veränderungsprozesse unterbrechen immer die bisherigen Routinen. Neue Abläufe sind zu Beginn oft gar nicht, unklar, fehler- oder noch lückenhaft definiert, sodass die Abläufe zunächst oft umständ-

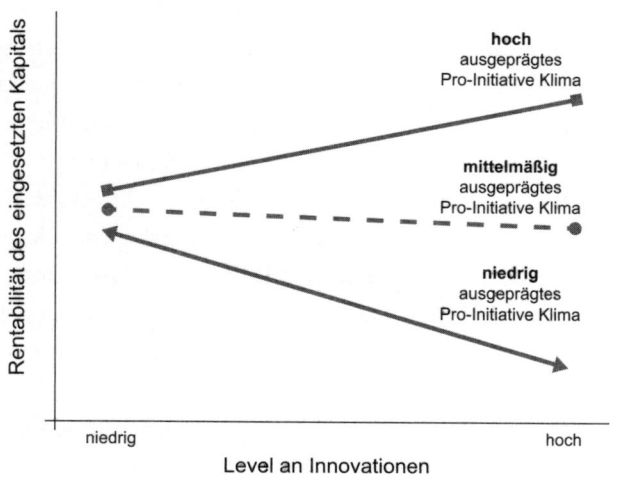

Abbildung 13: Beim Hervorbringen und Umsetzen vieler Innovationen ist es abhängig vom Pro-Initiative-Klima des Unternehmens, ob sich die Innovationen lohnen und sich in der Performanz des Unternehmens positiv niederschlagen.[176]

lich und/oder fehlerhaft sind. Erschwerend kommt hinzu, dass zum Beispiel die neuen, moderneren Produktionssysteme typischerweise durch einen höheren Grad an Unsicherheit und Abstimmungsbedarf charakterisiert sind[178], was in der Regel wiederum mehr unerwartete Schwierigkeiten und Hindernisse mit sich bringt.

Fehlen also reife und sauber definierte, eingeschliffene Prozesse, Sicherheit im Umgang mit Systemen und bekannte Abstimmungsbedarfe, hilft nur eine gute Portion Proaktivität aufseiten der Mitarbeiter, um diese Unwegbarkeiten und Hindernisse zügig und überhaupt zu überwinden. Denn was passiert, wenn sich die Mitarbeiter nun in einem Umfeld befinden, in dem Eigeninitiative bisher nicht gewünscht war, in dem Fehlermachen tabu ist und die Mitarbeiter es bisher gewohnt waren, zum Beispiel vom Chef klar definierte Aufgaben zu bearbeiten? Die Mitarbeiter werden lediglich den noch bisher fehlerhaften oder ungenauen Anweisungen folgen, sodass neue Prozesse und neue Techniken allenfalls zum allgemeinen Chaos beitragen und sich eher negativ auswirken. Bewegen sich die Mitarbeiter hingegen in einem Umfeld, in dem Eigeninitiative unterstützt und gefordert wird, in dem Fehler nicht tabuisiert, sondern konstruktiv genutzt werden, und sind sie es gewohnt, aktiv einzugreifen, sich für das Funktionieren von Abläufen verantwortlich zu fühlen, werden sie entsprechend aktiv an die noch zu lösenden Probleme herangehen und punktuell helfen, die neuen Prozesse schnell und effektiv zu optimieren und zum reibungslosen Ablauf, also wieder in neue Routinen, zu bringen.[179]

Ebenso hat sich gezeigt, dass Eigeninitiative auch in der Konsolidierungsphase, also nachdem eine Innovation erfolgreich implementiert wurde, eine weiterhin wichtige Rolle spielt. Denn auch in der Konsolidierung sind die Mitarbeiter – und schon lange nicht mehr nur das höhere Management –, die Mitverantwortlichen für zum Beispiel die Produktion und die entstehende Qualität.

Auch Unternehmen, die gerade eine umfangreiche Restrukturierung hinter sich gebracht haben, profitieren von einem hohen Eigeninitiativeklima.[180] Proaktive Mitarbeiter sorgen dafür, neue Abläufe in Routinen zu übersetzen, reibungslos in neu zusammengesetzten Teams zusammenzuarbeiten und die neue Organisation schnell in einen produktiven Modus zu bringen. Es zeigt sich sogar, dass Mitarbeiter in Unternehmen mit stark ausgeprägtem Eigeninitiativeklima und hohem Handlungsspielraum so verantwortungsvoll und proaktiv handeln, dass sie praktisch gar keine Führungskraft mehr benötigen.[181] Vergleiche von Business-Units innerhalb eines Unternehmens haben gezeigt, dass die Units mit einer ausgeprägten Eigeninitiativekultur eindeutig leistungsstärker und erfolgreicher sind im Vergleich zu den Units mit geringerer Initiativekultur.[182]

Unternehmen sollten also in die Proaktivität ihrer Führungskräfte und damit auch in die Eigeninitiative ihrer Mitarbeiter investieren, denn wenn alle Mitarbeiter in hohem Maße Eigeninitiative einbringen, kann das gesamte Potenzial der Belegschaft genutzt werden, und das Unternehmen kann zu Hochleistung auflaufen. Wenn man den Führungskräften nun ein neues Verständnis ihrer Funktion und eine entsprechende Haltung abverlangt, ist es wichtig, dass ihnen zum einen auch der Freiraum dafür eingeräumt wird und zum anderen, dass entsprechende Anreize bestehen. Anreize, die unterstreichen, welches die wichtigen Aspekte der Führungsarbeit sind. Die formalen Zielsysteme sollten also entsprechend ausgerichtet sein und nicht dafür sorgen, dass die Führungskräfte letztlich doch eher dafür belohnt werden, wenn sie einer individuellen Agenda oder Bereichsegoismen nachgehen. Es wird schnell unterschätzt, dass das noch sehr typische »Denken in Organigrammen bzw. Hierarchien« und an Positionen oder Titel geknüpfte Incentivierung die Angst vor Macht- und/oder Statusverlusten bei Führungskräften häufig noch verstärkt, gerade wenn es um Veränderungen und Umdenken geht.

Zusätzlich zu einer Anpassung der Zielsysteme sollten die Führungskräfte darin ausgebildet werden, was Eigeninitiative bedeutet und wie sie sich äußern kann. Sie müssen vor allem wissen, dass besonders die proaktiven Mitarbeiter als anstrengend und/oder unangenehm empfunden werden. Ist ein Mitarbeiter sehr proaktiv, produziert er besonders zu Beginn häufig zusätzlichen Aufwand bei der jeweiligen Führungskraft. Schnell passiert es dann, dass die Führungskraft versucht, sich zusätzliche Arbeit vom Leib zu halten, und den Mitarbeiter – meist unbewusst – durch die eigene Reaktion auf die Initiative frustriert oder den Handlungsspielraum einschränkt. Führungskräfte sollten also gut darin geschult werden, woran sie eigeninitiative Mitarbeiter erkennen und wie sie auf entsprechend proaktives Verhalten der Mitarbeiter reagieren können und sollten, um diese nicht zu demotivieren.

Um die Eigeninitiative zum Selbstläufer zu machen, müssen das beschriebene Mindset und das entsprechende Agieren der Führungskräfte und die darauf harmonisierten Ziel- und Anreizsysteme eingebettet sein in eine allgemeine organisationale und soziale Unternehmensumgebung, die Veränderungen nicht nur ermöglicht, sondern auch inspiriert und maßgeblich mitträgt[183] und die Initiative der Belegschaft entsprechend fördert.

Um eine solche eigeninitiativeförderliche Umgebung zu prägen, ist das Vorbild der Geschäftsleitung und der Führungskräfte maßgeblicher Einflussfaktor.[184] Die Geschäftsleitung sollte Vertrauen, offenen Umgang mit Fehlern und ein bestimmtes Führungsverständnis und -Verhalten hochhalten und vorbildlich leben. Um die Proaktivität als wichtiges Verhalten explizit zu machen und sie zu fokussieren, kann sie als ebenso expliziter Wert in der Vision, der Mission und/oder der Strategie angeführt werden. Proaktivität kann auch »öffentlichkeitswirksam« und symbolkräftig innerhalb des Unternehmens belohnt und betont werden, zum Beispiel durch Auszeichnungen besonders proaktiver Initiativen auf Geschäftsanlässen und Firmenevents.

Wir greifen nun nochmal auf, warum so viele Veränderungsprozesse scheitern: Obwohl Change-Management in aller Munde ist und genügend Aufmerksamkeit erfährt, ist die tatsächliche Umsetzung der Vorhaben häufig schwammig. Denn die Faktoren, die Veränderungen erfolgreich machen, sind weder deutlich sichtbar, noch kann man sie direkt umsetzen und schnell schon gar nicht. So wird die Wichtigkeit einer förderlichen Kultur, die maßgeblich und entscheidend dazu beiträgt, dass Veränderungen erfolgreich verlaufen, gerne übersehen. Sie wird allein schon aus dem einfachen Grund übersehen, dass Kultur schlecht greif- und noch weniger sichtbar ist. Dabei ist sie das Herzstück eines jeden Change-Prozesses, der Nährboden, auf dem eine erfolgreiche Veränderung und folglich auch Innovation überhaupt erst erwachsen kann. Das Unternehmensklima bzw. die bereits benannten Kulturaspekte sollten idealerweise bereits vorhanden sein, bevor ein konkreter Change-Prozess und/oder ein

Veränderungsprojekt initiiert wird. Daher müssen Change-Management-Konzepte typischerweise generell die Vorsteuerung eines geeigneten Klimas beinhalten[185] oder zumindest sollte die kulturelle Umgebung auf »Change-Tauglichkeit« untersucht werden, zum Beispiel durch eine Befragung der Mitarbeiter. Es gibt keinen Schalter, mit dem man Eigeninitiative oder ein förderliches Klima schnell anknipsen kann, wenn man es besonders braucht. Genauso wenig kann es befohlen werden und Veränderungsprojekte stehen nicht mehr – wie früher noch – vielleicht alle drei Jahre an, sondern sind Bestandteil des Alltags. Gerade deswegen sind diejenigen Unternehmen massiv im Vorteil, die vorsätzlich und soweit wie möglich zielgerichtet ihre Kultur prägen, steuern und beeinflussen. Oder eben andersherum ausgedrückt: Gerade deswegen sind diejenigen Unternehmen, die es bisher versäumt haben, eine bestimmte Sollkultur anzustreben und das Unternehmen entsprechend auszurichten, schmerzliche Verlierer in Zeiten, in denen Change und Innovationen kritische Fähigkeiten im Wettbewerb sind.

Die schlechte Nachricht ist: Eine entsprechende Kultur zu prägen, ist ein anstrengender, fortwährender Prozess, der nur funktioniert, wenn die Geschäftsleitung fest gewillt ist, das Unternehmen wirklich ganzheitlich in Strategie-, Struktur-, Führungs- und sich daraus ergebend auch in kulturellen Aspekten zu hinterfragen und wenn nötig konsequent umzukrempeln. Die gute Botschaft ist, *dass* es möglich ist, ein bestimmtes, gewolltes kulturelles Umfeld anzusteuern, zu beeinflussen und zu prägen. Das folgende Spotlight veranschaulicht, wie Google für eine Eigeninitiative- bzw. eine Pro-Initiativekultur sorgt.

Spotlight: Googles umfangreiches Eigeninitiative- und Innovationsmanagement[186]

Google ist ein gutes Beispiel, wie eine fruchtbare Eigeninitiativekultur etabliert werden kann. Dieses Spotlight zeigt, wie

Führungsverhalten, Fehlermanagementkultur und eine durch den Mitarbeiter empfundene psychologische Sicherheit zusammenhängen. Das Spotlight skizziert, wie eine solche kulturelle Umgebung – letztlich ein hervorragend ausgeprägtes Eigeninitiativeklima – geschaffen werden kann.

Google versteht Innovationen und Veränderungsfähigkeit als kulturelle Umgebung eines Unternehmens. Die Unternehmenskultur entscheidet darüber, ob Change und Innovation erfolgreich verlaufen oder scheitern. Das Wissen um die Steuerbarkeit dieser Umgebung macht Frederik Pferdt, Googles Innovations-Chef, Head of Innovation & Creativity Programs, sich zu nutze. Die folgenden Einblicke in die Arbeit von Frederik Pferdt zeigen, wie die Kultur mit psychologischer Sicherheit, Fehlermanagementkultur und dem entsprechenden Führungsverhalten aufgesetzt werden kann, ohne dass dies zur Kostenfrage wird.

Innovationsfreude könne nicht verordnet werden. Sie brauche einen hohen Stellenwert im Unternehmen, der für alle sichtbar und spürbar sei, meint Pferdt. Und das funktioniere nur in einem Umfeld, in dem sich Mitarbeiter trauen können, Fragen zu stellen, die vielleicht erst einmal naiv klingen. Am Anfang mögen viele Ideen absurd anmuten. Aber genau das gehöre eben dazu, da ist sich Pferdt sicher. Vorstellungen zu entwickeln, Probleme auseinanderzunehmen oder Grundannahmen zu hinterfragen, seien wichtige Teile kreativen Denkens. Um sie in Gang zu bringen, brauche es den Mut, Vertrauen in die eigenen Ideen zu haben. Und dieses Selbstvertrauen entstehe wiederum nur in einer Atmosphäre, die das zuließe und die Menschen ermutige, sich entsprechend einzubringen.

Frederik Pferdts Aufgabe ist es, im Unternehmensalltag eine Kultur zu schaffen und zu prägen, in der die Menschen sich wohlfühlen. Konkret ist gemeint, dass Google den Menschen eine Umgebung bieten will, in der sie sich glücklich fühlen, an etwas zu arbeiten, was die gesamte Welt betrifft. Eine solche Atmosphäre braucht zunächst psychologische Sicherheit. Es muss Raum dafür geben, Fehler machen zu dürfen, ohne gleich um Job oder Beförderung bangen zu müssen. Mitarbeiter probieren dann neue Dinge aus, wenn sie sich sicher fühlen, ohne Angst eigene Meinung und Ideen einbringen zu können. Genau das unterscheidet ein produktives, innovatives Team von einem nicht produktiven.

Dieses Sicherheitsgefühl lasse sich unter anderem dadurch vermitteln, dass Google Offenheit, Transparenz und optimistisches, spielerisches Denken lebe und nachhaltig fördere, betont Pferdt. »Wir starten mit dem Glauben: Gib den Mitarbeitern Freiheit und sie werden dich positiv überraschen«.[187] Laut Pferdt macht genau das Googles Erfolg aus. Dabei sei es nicht damit getan, eine Tischtennisplatte und einen Fußballkicker aufzustellen. Diese Kultur zu implementieren, dauere länger als ein paar Wochen oder Monate. Das erscheine vielen Unternehmern zu langwierig, zu kompliziert und anstatt sich ein langfristiges Ziel zu setzen, steckten sie eher den Kopf in den Sand und machten weiter wie bisher.

Was unternimmt Google also, um diese Kultur herzustellen?

Gerade am Anfang eines Innovationsprozesses sei der Erfahrung nach ein direkter Austausch wichtig. Kreativität werde durch Nähe positiv beeinflusst, davon seien schon die Google-Gründer ganz zu Anfang überzeugt gewesen, erzählt Pferdt. Und wenn man im selben Raum arbeite, finde automatisch Austausch statt. Die physische Umgebung bezeichnet Googles Innovations-Chef als Körpersprache eines Unternehmens. Diese kann geschlossen, zurückhaltend und risikoscheu sein oder eben offen, einladend und optimistisch. Die Umgebung verkörpere die Werte, für die eine Firma steht, und so habe Google in den Offices auf eine zum Austausch einladende, offene Architektur gesetzt.

Nicht mehr nur architektonische, sondern auch inhaltliche Anregung bietet das von Frederik Pferdt initiierte Projekt bzw. Experiment »The Garage« in Mountain View. Die Garage ist eine Umgebung, die explizit zum Experimentieren und zum Entwickeln von Prototypen einlädt. Sie ist unfertig, wie er erzählt, verändert sich ständig und bietet unterschiedliche Materialien für Experimente. Es stehen zum Beispiel Nähmaschine, 3-D-Drucker und vieles mehr zur Verfügung. Jeder Googler hat an sieben Tagen die Woche 24 Stunden lang Zugang, ohne Restriktionen. Man kann dort machen, was man will. In der Garage entstünde automatisch Austausch, Ideen könnten fließen und dadurch entwickele sich viel Vertrauen, berichtet der Initiator.

Ziel sei es gewesen, eine Vertrauensumgebung zu schaffen, innerhalb derer verschiedene Dinge ausprobiert werden könnten, ohne Angst vor Fehlern. Es sollte ein Ort entstehen, an dem voneinander gelernt werden könne. Denn auch wenn die Projekte, an denen die Mitarbeiter arbeiten, sehr verschieden sind, unterhalten sie sich natürlich miteinander, geben sich Tipps und ermutigten sich gegenseitig, wenn es mal nicht so läuft.

Die 70-20-10-Regel unterstützt die Einladung zum Experimentieren: Die Mitarbeiter sollen 70 Prozent ihrer Zeit bei der Arbeit mit ihren normalen Aufgaben ausfüllen. 20 Prozent sollen in neue Ideen fließen und 10 Prozent ist Investitionszeit: Zeit, die für Projekte aufgebracht werden kann, die der Mitarbeiter interessant findet. Dieser Freiraum wird von weiteren Programmen und Rahmenbedingungen gestützt, zum Beispiel durch das Peer-Bonus-System: Jeder Mitarbeiter kann einem Kollegen einen Bonus von 100 Euro geben, wenn dieser Kollege mit seinen spezifischen Fertigkeiten dabei geholfen hat, eine Idee umzusetzen oder ein Projekt durchzuführen. Pferdt ergänzt, dass Google schnell verstanden hat, dass es gar nicht so sehr das Geld ist, das die Leute motiviert, sondern die Tatsache, dass sich diese Hilfe herumspricht und dazu führt, dass Kollaboration hohe Anerkennung findet.

Ganz wichtig ist laut Pferdt ebenso, dass Google den Mitarbeitern auch die Möglichkeit gibt, von zu Hause aus zu arbeiten. Es gibt kein System, das besagt, dass jemand nur einen Tag in der Woche von zu Hause oder von neun bis fünf arbeiten muss. Das sei in einem globalen Unternehmen ohnehin kaum möglich, sonst bestünde allein aufgrund der Zeitverschiebung keinerlei Kontakt mit Ländern in anderen Zeitzonen.

Häufig reagieren die Mitarbeiter in vielen Unternehmen aber auch allergisch, wenn der Vorgesetzte über »Innovationskultur« redet. Das sei verständlich, wenn im Unternehmen zu oft Innovation und Kreativität propagiert, nicht aber gelebt und umgesetzt werde. Die Mitarbeiter sollten anhand einer übergeordneten Idee begeistert sein von dem, was sie tun und was sie gemeinsam mit den Kollegen verfolgen. Das setzt eben auch voraus, dass der Chef selbst hinter dieser Idee steht, wie Pferdt betont. Zudem sei es auch wichtig, Mitarbeiter mit einzubeziehen. Wenn beispielsweise etwas im Unternehmen umstrukturiert wird, müssen die Mitarbeiter involviert werden. Sie müssen die Chance haben, sich einzubringen und den Prozess aktiv mitzugestalten. Es soll letztlich jedem eine Stimme gegeben werden und das Unternehmen muss für Kritik und Feedback offen bleiben. Die deutschen Gäste in Mountain View staunen immer, wenn sie erfahren, dass Larry Page zusammen mit anderen Führungskräften allen Googlern jede Woche per Videokonferenz Rede und Antwort steht und sich ihre Anregungen oder Kritik anhört, berichtet Pferdt.

Wie unterstützen die Führungskräfte die Initiative und Kreativität der Mitarbeiter?

Pferdt findet, Chefs sollten diejenigen belohnen, die ein Risiko eingegangen sind, egal ob das Projekt erfolgreich war oder nicht. Führungskräfte müssen verstehen, dass Veränderung immer auch Ungewissheit bedeutet. Um Mitarbeitern Skepsis oder vielleicht sogar Ängste davor zu nehmen, muss der Vorgesetzte ein Gefühl von Sicherheit vermitteln. Google hat dies in einer eigenen umfassenden Studie untersucht und die psychologische Sicherheit als entscheidendes Kulturmoment im Vergleich zwischen produktiveren und weniger produktiven Teams identifizieren können. Man muss vermitteln: Ihr dürft auch Fehler machen.

Es ist ebenso wichtig, als Führungskraft zu wissen, dass hoch initiative Menschen anstrengend sein können. Sie fragen und hinterfragen viel, sie machen ständig Vorschläge. Kurzum: Sie sind zeitraubend und nerven. Es braucht eben gerade eine Kultur, die das honoriert, so Pferdt. Ideen seien anstrengend, bieten aber immer auch Chancen. Das sei eine Grundüberzeugung bei Google. Und die könne man lernen. Dazu gehöre beispielsweise die Art und Weise, wie die spontane Reaktion auf Ideen aussehe: nicht als Erstes die Probleme einer Idee zu sehen. Das mag sich trivial anhören, scheint aber überall auf der Welt verbreitet zu sein: Sofort wird darüber nachgedacht, was an einer Idee möglicherweise nicht funktioniert. Vor allem für Führungskräfte sei es laut Pferdt eine wichtige Übung, zu lernen, Kritik einfach mal für ein paar Stunden (im Zweifel auch Wochen und Monate) nicht auszusprechen und die Menschen an der Idee weiterarbeiten zu lassen und aus einem »Ja – aber« ein »Ja – und« zu machen. Im Sinne von: »Ja – und so machen wir mithilfe der Idee ein Produkt oder einen Prozess größer, schneller, besser«. Denn würde der Mitarbeiter, nachdem er eine Idee mit seinem Chef geteilt hat, sofort fünf Gegenargumente erhalten, würde er seine Vorschläge künftig eher für sich behalten.

Dass Mitarbeiter auch mal in eine Sackgasse laufen und dabei gegebenenfalls auch Zeit und Mittel in den Sand setzen, ist nach Pferdts Ansicht dennoch ein gutes Investment: Die Freiheit zu bekommen, eine eigene Idee voranzutreiben, sei ein positives, motivierendes Erlebnis, unabhängig davon, was am Ende daraus wird. Einen Lernprozess stößt es immer an und das ist der Nährboden für Innovationen. Führungskräfte müssten auch dafür sorgen, dass die Mitarbeiter Selbstvertrauen und Glauben in ihre eigene Kreativität haben, diese ausleben und ihre Innovationsfähigkeit und ihren Erfindergeist individuell nutzen, um die Ideen dann auch in die Realität umzusetzen, sagt Pferdt.

Googles Führungskräfte sind sich bewusst, dass es punktuell an ihnen liegt, die Produktivität ihrer Mitarbeiter nicht zu hemmen.

Pferdt betont, dass vieles von dem, was bei Google gemacht wird, nichts kostet. Google profitiere davon, dass sie das, was sie tun, sehr konsequent im Unternehmen verankert haben, aber es sei nicht kompliziert. Auch die Grundwerte unterschieden sich laut Pferdt nicht wesentlich von denen anderer Unternehmen. Den Erfolg brächten die Dinge, die eigentlich alle Unternehmen übernehmen könnten, weil sie zutiefst menschlich sind: Offenheit, Transparenz, Vertrauen, Respekt. Das seien Werte, die Menschen überall auf der Welt schätzen und verstehen, erklärt er weiter. Diese Werte tragen, wenn sie tatsächlich erlebbar sind, erheblich dazu bei, Raum für Initiative und damit Ideenreichtum und Innovation zu fördern. Auch eine Unternehmensvision, die von einer Was-wäre-wenn-Frage abgeleitet sei, könne helfen. Googles Mission-Statement sei grob gesagt, die Informationen der Welt zu organisieren und für alle zu jeder Zeit zugänglich und nutzbar zu machen. Natürlich werde Google das niemals vollständig erreichen, glaubt Pferdt. Aber die Mission gibt die Richtung vor. Ambitionierte Ziele, die anderen motivierten Menschen helfen, daran mitzuarbeiten, machen ein Unternehmen als Arbeitgeber attraktiv. Ziele wie »besser sein als XY« oder »mehr Marktanteile zu erreichen als der Wettbewerber« täten das eher nicht.

Zusammenfassung Kapitel 3

Ein gutes Eigeninitiativeklima und entsprechend proaktives Verhalten der Mitarbeiter ist eine wichtige Voraussetzung, um Veränderungen und Innovationen erfolgreich umsetzen zu können. Nicht nur können Unternehmen Produktivität und Gewinne steigern, wenn sie eine eigeninitiativeförderliche Kultur haben, sondern sie können sich vor allem auch schaden, wenn sie in Innovationen und Veränderungsprojekte investieren, die aber nicht eingebettet in einem förderlichen Unternehmensklima stattfinden. Der entstehende Schaden kann schnell schwer ins Gewicht fallen. Denn in der heutigen Zeit besteht hoher Innovationsdruck und das entsprechende Bestreben, die Innovationsgeschwindigkeit und Frequenz zu erhöhen, um wettbewerbsfähig zu bleiben. Unternehmen sind also gut beraten, in eine Unternehmenskultur zu investieren, die das proaktive Verhalten der Mitarbeiter fördert. Wie ein solches Klima geprägt werden kann, veranschaulicht das Beispiel Google. Dabei wird deutlich, dass eine solche Investition nicht immer kostenabhängig sein muss, sondern viele Aspekte auch einfach eine Frage der Entscheidung für etwas sind. Und dass die konsequente, disziplinierte Umsetzung dieser Entscheidung bedeutet, dass zum Beispiel das Topmanagement wöchentliche Calls mit dem Google-Team hält und damit eine glaubwürdige die Feedback-Kultur lebt oder dass Führungskräfte daraufhin sensibilisiert werden, sich anders als im Reflex oder menschlich zu verhalten, wenn Mitarbeiter Vorschläge und Ideen präsentieren.

4. Eigendynamik und Mechanismen der Eigeninitiative

Wir haben bis hier die Einflussfaktoren im Einzelnen genauer beschrieben bis hin zu den Auswirkungen, die eine ausgeprägte Initiative bewirkt. Dabei haben wir das Modell zur Eigeninitiative erst einmal gedanklich »in einer Richtung« erklärt. Wir haben die Voraussetzungen der Eigeninitiative als Startpunkt betrachtet und haben der Reihe nach die unterschiedlichen Faktoren, die der Entfaltung und Entwicklung von Eigeninitiative direkt und indirekt zuträglich sind, weiter beleuchtet.

Verhalten und Leistung der Mitarbeiter stehen natürlicherweise immer unter dem Einfluss vieler Faktoren, die wiederum auch untereinander aufeinander einwirken. Verhalten und Leistung ist immer das Ergebnis aus dem Zusammenspiel von Umgebungsfaktoren, Fähigkeiten, Erwartungshaltungen der Mitarbeiter und ihren Einstellungen gegenüber der Arbeit.[188] Bei diesen Interaktionen können bestimmte Muster von Effekten beobachtet werden. So gibt es spiralförmige Wirkungen, positive wie negative Effekte und Ansteckungseffekte.[189] Diese unterschiedlichen Effekte zu kennen und zu wissen, welche Mechanismen aktiv werden, ist von hoher praktischer Relevanz, da sie die Stellhebel für die Freisetzung möglichst hoher Eigeninitiative klar aufzeigen.

Diese Mechanismen können sowohl bei Angestellten als auch bei Unternehmern beobachtet werden. Angestellte bearbeiten zwar hauptsächlich vorgegebene Arbeitsaufgaben, haben jedoch in gewissem Rahmen die Möglichkeit, die Initiative zu ergreifen[190] und Situationen aktiv zu beeinflussen (bewusst oder unbewusst). Prozesse und Produkte sind dementsprechend wertvolle und maßgebliche Treiber von Veränderungen.[191]

Die Spiralwirkungen

Was ist eine »Spiralwirkung« in Bezug auf proaktives Verhalten? Es bedeutet, dass dort, wo hohe Initiative gezeigt wird, noch mehr entstehen kann und dort, wo sie fehlt, die Voraussetzungen für Initiative möglicherweise immer mehr schwinden. Im ersten Fall zeichnet sich eine positive Aufwärtsspirale ab, im letzteren eine negative Abwärtsspirale.

Beginnt man, sich für etwas zu begeistern, sich zu engagieren oder ergreift direkt die Initiative, so können Engagement und Initiative auch selber wieder Treiber sein[192] für weitere Proaktivität. Warum das so ist, erklären die folgenden Ausführungen zur positiven Spirale.

Positive Spirale

Bringt ein Mitarbeiter viel Eigeninitiative ein, führt das häufig zu einem höheren Handlungsspielraum, zu höherer Komplexität oder anders ausgedrückt: zu einem interessanteren Arbeitsplatz. Wie kommt es dazu?

Hat man in der Arbeitssituation hohe Entscheidungsfreiheit, wird man sicher davon ausgehen, dass man auch in Zukunft Einfluss nehmen, Dinge verändern und mitgestalten kann. Man bringt dann fast automatisch die eigenen Vorstellungen und Ideen in die Arbeit ein. Dadurch, dass man sich einbringt, beeinflusst und verändert man stetig die Aufgaben und Inhalte des eigenen Jobs. So generiert man selbst zusätzlichen Handlungs- und Entscheidungsspielraum, gestaltet die Dinge mit und erlebt selbst die Arbeit als interessanter und kontrollierbarer. Denn der Mitarbeiter kann seine Stärken optimal umsetzen, sichtbar machen und bewältigt seine Aufgaben erfolgreich. Das stärkt zugleich die eigene Selbstwirksamkeitsüberzeugung[193] und geht mit hoher Zufriedenheit einher. Der erlebte Erfolg bekräftigt und macht Spaß. Und die Überzeugung, etwas bewirken zu können, produziert tendenziell weiteres Bestreben, mehr Einfluss zu nehmen, Dinge zu verändern und auch mehr Verantwortung zu übernehmen.[194] Zudem gewährt der Vorgesetzte mehr und mehr Freiraum für Entscheidungen und Verantwortung, sodass der Mitarbeiter sich weiter motiviert fühlt, Initiative zur Bewerkstelligung der Aufgaben einzubringen. Das so erlangte Kompetenzgefühl und Selbstvertrauen signalisiert dem Umfeld, dass weiterer Spielraum zu noch mehr Erfolg führen kann. Eine positive Spirale entsteht.

Stellen Sie sich Frau Schmitt vor, eine Assistentin, die einen Moderator in der Vorbereitung eines Workshops unterstützt. Sie bereitet aber nicht nur die Präsentation vor, sondern macht von sich aus zusätzliche Vorschläge und arbeitet gute Ideen ein. Für den nächsten Auftrag bittet der Workshopleiter seine Assistenz, einen Teil des Workshops zu konzipieren, weil er sehr zufrieden war mit den Ideen, die die Assistentin das letzte Mal eingebracht hat. Die Aufgabe der Assistentin wird umfangreicher, anspruchsvoller und verantwortungsvoller. Der Handlungsspielraum von Frau Schmitt nimmt auf diese Weise über die Zeit zu und bietet Raum für immer mehr Eigeninitiative. So dreht sich die Spirale immer weiter nach oben. Frau Schmitt hat damit eine andere Art von Arbeitsaufgabe als Assistenten, die keine Eigeninitiative zeigen und lediglich die Folien für die Präsentation so anpassen, wie der Moderator es angemerkt hat. Möglicherweise fragt der Moderator Frau Schmitt eines Tages, ob sie nicht selber auch in die Moderation von Workshops einsteigen wolle.

Dieses Prinzip ist ganz allgemein beobachtbar: Menschen mit einem hohen Grad an Eigeninitiative achten zum Beispiel schon bei der Stellensuche darauf, ob die Arbeit Handlungsspielraum und komplexe Aufgaben bietet. Eigeninitiative Menschen suchen sich spannendere, herausforderndere Jobs[195], gestalten ihren Job fortwährend mit und streben Raum für Verantwortungsübernahme und Weiterentwicklung an.

Unter Rückbezug auf unser Forschungsmotto »Love it, leave it or change it« bewegen sich eigeninitiative Menschen in ihrer Arbeit als Change-Agents und leben somit das »change it«. Diese Menschen ziehen aus einer Arbeit, die ihnen Handlungsspielraum lässt, in dem sie sich gut weiterentwickeln können und Verantwortung tragen, hohe Zufriedenheit.[196] Kurzum, »they love it«.

Abwanderungstendenz der High Potentials

Ist es im bestehenden Job nicht möglich, Handlungsspielraum aufzubauen, ist eine weitere Option, um mehr Freiraum zu erlangen, das »leave it« umzusetzen: Die Mitarbeiter bemühen sich um einen internen Positionswechsel oder verlassen das Unternehmen ganz. Letzteres ist für das Unternehmen und den Gesamterfolg natürlich nicht mehr förderlich – vor allem, weil engagierte und proaktive Menschen in der Regel zu den Leistungsträgern gehören. Diese Mitarbeiter haben es in der Regel relativ leicht, einen neuen Job zu finden, weil sie typischerweise zu den High Performern gehören und zudem auch sehr erfolgreich darin sind, anderen Menschen problemlos das Gefühl zu geben, dass sie wissen, wer sie sind, was sie können und dass sie ihre Sache gut machen. Sprich, ihre Bewerbungsgespräche münden typischerweise erfolgreich in einem Jobangebot.

Die bekannteste Spiralwirkung: der »High Performance Cycle«

Heute gibt es kaum mehr ein Unternehmen, das nicht Ziele setzt und deren Einhaltung bis zu einem gewissen Grad überwacht und die Zielerreichung auch für Bonus oder Gehaltserhöhung verwendet. Diese Idee ist aufgrund der Zielsetzungstheorie von Locke und Latham entstanden und führt oft zu einem klassischen Spiraleffekt, dem »High Performance Cycle«.[197] Wesentlich dafür sind hohe, spezifische Ziele. Sofern die Mitarbeiter die Ziele übernehmen, werden entsprechende Strategien verwendet und das Durchhaltevermögen erhöht, um die Ziele auch zu erreichen. Das mündet in guter Leistung. Die Mitarbeiter erleben sich als erfolgreich, sind mit sich und dem Betrieb zufrieden, erfahren Anerkennung von Kollegen und Vorgesetzten und bekommen eventuell auch noch einen guten Bonus ausgezahlt.

Das Commitment zum Unternehmen steigt und ihr weiteres Bestreben nach neuen Herausforderungen ist vorprogrammiert. Mit diesem Elan und der Selbstbestätigung durch den erbrachten Erfolg wird das nächste Ziel wieder ein bisschen höher gesetzt und der Kreislauf setzt sich fort.[198]

Spirale der Selbstwirksamkeitsüberzeugung

Im High Performance Cycle spielt die Selbstwirksamkeitsüberzeugung eine wichtige Rolle. Die Selbstwirksamkeitsüberzeugung ist schon allein für sich betrachtet ein Spiralmechanismus.[199] Denn je mehr man daran glaubt, etwas bewerkstelligen zu können, umso eher wird man ein Vorhaben angehen und darin auch erfolgreich sein. Dieser Erfolg stärkt die Überzeugung, dass man Einiges schaffen kann, und bietet gesundes Selbstvertrauen für ein nächstes Vorhaben.

Die Worte Henry Fords »Ob du denkst, du kannst es, oder du kannst es nicht, du wirst auf jeden Fall Recht behalten«[200] drücken deutlich beide Richtungen der Spiralwirkung in der Selbstwirksamkeitsüberzeugung aus.

Die »Feel-good«-Spirale

Die Leistung von Mitarbeitern unterliegt natürlichen Schwankungen. In der Begründung, warum Leistung schwankt, findet sich ein weiterer Spiraleffekt. Die Konstanz bzw. vielmehr die Fluktuation in der Leistung kann durch viele Faktoren begründet sein: angefangen bei starker Müdigkeit über äußere Bedingungen wie zum Beispiel starke Hitze, bis hin zu noch nicht komplett abgebautem Restalkohol einer vorabendlichen Feier. Wichtiger als angenommen, ist allerdings unser emotionales Befinden. Dabei ist nicht entscheidend, ob man sich ständig auch darüber bewusst ist, wie man sich gerade fühlt oder nicht. Geht es einem gut, erbringt man in der Regel bessere Leistung. Gute Leistung abzuliefern, produziert wiederum Zufriedenheit und Wohlbefinden, man fühlt sich infolge also noch besser.[201] Diese Spirale kennt man von sich selbst aus Zeiten, in denen man zum Beispiel einfach zufrieden ist mit der eigenen Gesamtsituation. Es sind diese Zeiten im Leben, in denen einfach alles wie am Schnürchen läuft. Genau das sind meistens auch die Zeiten, in denen man schwierige Vorhaben anpackt und sie erfolgreich meistert.

Achtung Abwärtsspirale

Nach den Beispielen positiver Spiralen zeigen wir die Bewegung in die andere Richtung auf, die Abwärtsspiralen, die es leider auch gibt und die meistens in negativen Konsequenzen münden. Abwärtsspiralen sind sowohl für den Einzelnen als auch für das gesamte Unternehmen eine Bedrohung. Sowohl der Einzelne als auch ein gesamtes Unternehmen kann zum Beispiel in eine Angststarre geraten, in einen sogenannten »Threat-Rigidity-Cycle«.[202] Wenn Menschen Angst haben, zum Beispiel in einer komplexen Arbeitssituation die Verantwortung zu übernehmen (was bedeuten würde, auch für negative Ergebnisse den Kopf hinzuhalten), dann kann es passieren, dass sie in eine »Angststarre« verfallen. Sie treffen keine Entscheidungen mehr, unternehmen keine Aktionen, sondern arbeiten wie gelähmt vor sich hin. Genau wie ein Kaninchen, das reglos vor der Schlange steht und sie anstarrt. Dies ist das passivste Verhalten, das man sich vorstellen kann. Übertragen auf einen Unternehmer kann sich das zum Beispiel so äußern, dass er weder Ziele noch Pläne gut definiert und seine Mitarbeiter dadurch ebenso wenig Plan und Ziel haben, was sie eigentlich tun sollen. Ebenso wenig bestehen in dieser Situation zum Beispiel klare Akquiseziele, wodurch das Unternehmen in die missliche Lage gebracht wird, ohne Aufträge dazustehen. Mitarbeiter und Unternehmen erfahren ihr eigenes Scheitern und sehen sich mit miserablen Unternehmenszahlen konfrontiert. Spätestens hier überträgt sich die Angststarre des Unternehmers auf die Mitarbeiter. Ein Unternehmen kann sich selbst nur schlecht aus einer solchen Hilflosigkeit befreien und startet auch nicht den Versuch, mit zum Beispiel einer verbesserten Planung und definierten Zielen die Sache neu anzugehen, sondern vernachlässigt die Planung weiterhin und manövriert sich noch tiefer in schlechte Leistungskennzahlen hinein.[203]

An dieser Stelle wird erneut deutlich, dass man durch Stillhalten nichts stillhalten kann. Nichtstun bedeutet auch in diesem Fall mit an Sicherheit grenzender Wahrscheinlichkeit eine Verschlechterung der Lage. Denn Stillstand bedeutet im Fluss der Wirtschaft und am Markt in der heutigen Umwelt immer Rückentwicklung und kann einem Unternehmen, je nachdem, wie solide zum Beispiel Reserven aufgebaut sind, schnell das Genick brechen. Die Technik der Totenstarre, die einem Käfer vielleicht das Leben retten kann, funktioniert für Unternehmen garantiert nicht.

Tendenz zur Negativspirale

Steuern Führungskräfte die positiven Spiralen nicht aktiv an, entstehen tendenziell eher Abwärtsmechanismen, die entsprechend negative Effekte haben. In anderen Worten: Im Handumdrehen kann die Führungskraft ihre Mitarbeiter entmutigen und demotivieren; dies führt natürlich zu einer Reduktion der Eigeninitiative, ohne dass die Führungskraft dies wirklich beabsichtigt. Ein Beispiel: Wenn eine Führungskraft merkt, dass ein Mitarbeiter nicht so arbeitet, wie sie es sich wünscht, dann passieren reflexartig meist zwei Dinge, die typischerweise eine Abwärtsspirale in Gang setzen: Entweder der Vorgesetzte macht die Arbeit lieber schnell selber oder »verengt« die Führung und macht sie kleinteiliger im Sinne von Mikromanagement: Der Vorgesetzte gibt genaue Anweisungen, verkleinert die Arbeitsportionen, damit der Mitarbeiter es bloß richtig macht und sich die Führungskraft nicht weiter ärgern muss über unbefriedigende Ergebnisse oder ständige Rückfragen. Was aber bewirkt die Führungskraft damit? Mit beiden Reaktionen schränkt sie den Handlungsspielraum des Mitarbeiters ein. Wie wird der Mitarbeiter reagieren? Er wird seine neuen, Kleine-Häppchen-Aufgaben abarbeiten und nach und nach immer weniger eigene Initiative zeigen, bis er schließlich stets um 16:30 Uhr den Stift fallen lässt und nach Hause geht. Der Vorgesetzte fühlt sich dadurch bestätigt in der Einschätzung, dass der Mitarbeiter seine Arbeit dann am besten erledigt, wenn ihm die Arbeitsaufgaben in kleinen Häppchen gegeben werden. In Summe hat die Organisation dann Mitarbeiter, die ausschließlich nach bestimmten Vorgaben handeln, und manövriert sich damit selbst in eine Fragilität, die weder punktuelle Hochleistung noch nachhaltigen Geschäftserfolg herbeiführen kann.[204]

Aktives »Spiralenmanagement« ist gefragt

Die Tatsache, dass unser natürliches Verhalten eher Abwärtsspiralen hervorruft (meist gefolgt von negativen Effekten) und positive Spiralen mit der Realisierung von Potenzial einhergehen, fordert zu einem aktiven Spiralmanagement auf. Sind positive Spiraleffekte angestoßen, entwickeln sie sich auch nicht bis zu einer Explosion weiter. Sie verlaufen typischerweise asymptotisch, denn es gibt weitere Mechanismen[205], die dazu führen, dass sich ein Plateau einpendelt.

Ziel ist es, positive Spiralwirkungen einzusteuern und sogenannte Engelskreise zu etablieren, die nicht aus Versehen unterbrochen werden sollen. Negativspiralen können leicht entstehen und deshalb sollte man sich gut beobachten, das eigene Tun kritisch hinterfragen und darauf achten, dass man bestehende Aufwärtsspiralen nicht unterbricht. Ebenso muss man kritisch prüfen, ob bereits Abwärtsspiralen im Entstehen begriffen oder schon im Gang sind, um dann frühzeitig gegensteuern zu können.

Warum Umbruchsituationen Gewinner und Verlierer hervorbringen

In größerem Kontext betrachtet, können die Spiraleffekte der Eigeninitiative auch erklären, warum sich, insbesondere nach tiefgreifenden Umbrüchen in der Gesellschaft, zahlreiche neue Gelegenheiten ergeben, Gewinner und Verlierer hervorzubringen. Ein Beispiel aus Deutschland ist die deutsche Wiedervereinigung 1989/1990.[206]

Umbruchsituationen beinhalten ungewöhnliche, unvorhersehbare Herausforderungen und Freiräume. Menschen, die in dieser Situation mit viel Eigeninitiative agieren, also die Situation nutzen, können sich hier stark weiterentwickeln und gute Bedingungen für die Zukunft schaffen. Menschen, die weniger Tendenz zu eigeninitiativem Verhalten haben, fühlen sich möglicherweise eher bedroht von der hohen Unvorhersagbarkeit und den vielen Freiheitsgraden, sodass sie sich zurückziehen, passiver sind und damit in immer schlechtere Umwelten gelangen und immer weiter zurückfallen. Gleiches passiert bei Unternehmen; sind sie gut darin, eine Chance am Markt zu entdecken und flexibel genug, sich schnell für diese Opportunität aufzustellen, profitieren sie enorm. Sind sie unaufmerksam dem Markt gegenüber, weil sie immer nur das tun, was sie schon immer getan haben, und sind sie träge, kann es passieren, dass sie ihren Zukunftsmarkt verpassen. Es entstehen Teufelskreise, aus denen Verlierer hervorgehen, und es entstehen Gewinnerkreise.[207]

Ein anschauliches Unternehmensbeispiel ist der Niedergang des amerikanischen Fotogiganten Kodak. Kodak war über Jahrzehnte Pionier und Ikone auf seinem Gebiet und rangierte in gleicher Liga mit Coca-Cola, Disney und McDonald's. 2012 gehen Berichte um, das gleiche Unternehmen stehe mit nahezu wertlosen Aktien vor einem spektakulären Abstieg in der US-Wirtschaftsgeschichte.

Wie kann es passieren, dass eine jahrzehntelange Unternehmenserfolgsstory sich in den Untergang entwickelt? 1991 wurde die erste Digitalkamera präsentiert. Dem größten Produzenten von Fotofilmen war damals nicht klar, dass schon kurze Zeit später die eigens initiierte Neueinführung der digitalen Kameratechnik das eigene Stammgeschäft geradezu überflüssig machen würde. Das merkte der Markenhersteller allerdings zu spät. Kodak wollte sein angestammtes Geschäft nicht gefährden und trieb die Digitaltechnik nur sehr zögerlich voran. Statt selbst massiv in den Markt zu investieren, brachte Kodak die Chip-bestückten Kameras gemeinsam mit Nikon in die Läden. Mit mäßigem Erfolg. Es dauerte nicht lange, bis Canon, Sony, Panasonic und andere Konkurrenten aus Fernost, die ihre Modelle weitaus billiger produzierten, sie überholten. Auch weitere Anbieter von Fotofilmen gerieten in die Abwärtsspirale. »Noch im Jahr 2000 schrieben wir mit Fotofilmen einen Absatzrekord«, berichtet Junji Okada, Geschäftsführer von Fujifilm Europe. Danach sei das Geschäft regelrecht eingebrochen – auch in Deutschland: Von zuvor 191 Millionen verkauften Rollenfilmen wurden schon 2009 nur noch 23 Millionen verkauft.

Andere Unternehmen erkannten die digitale Wende und nutzten sie frühzeitig als Chance: Der Oldenburger Fotoentwickler Cewe Color hatte große Angst vor einem möglichen Niedergang der analogen Fotografie und Angst, von der neuen Technologie überrollt zu werden. Firmengründer Heinz Neumüller reagierte ganz aktiv auf diese Angst und richtete schon 1997 ein Versuchslabor ein, in dem bald 120 Mitarbeiter an der neuen Digitaltechnik bastelten. Mit hohen Investitionen gelang der riskante Neustart. Statt Papierfotos zu entwickeln, wie in den Jahrzehnten zuvor, verlagerte Cewe sein Geschäft auf Fotobücher, die sich Kamerafans aus ihren digitalen Aufnahmen zusammenstellen können. Nur 10 Prozent der 450 Millionen Euro Firmenumsatz bestreitet die Firma heute noch mit althergebrachten Fotoabzügen. 2010 verdoppelte sich der Konzerngewinn auf 16 Millionen Euro.

Auch Fujifilm sattelte frühzeitig um. Der japanische Konzern, der seit 1934 Fotofilme produziert, verlagerte sein Geschäft schon seit Mitte der Neunzigerjahre in Richtung Medizintechnik und Dokumentenverwaltung. Die Fotosparte, zu der auch Digitalkameras samt Zubehör gehörten, bestritt zuletzt nur noch 14,7 Prozent des Konzernumsatzes. Die Erfahrungen mit Foto- und Fixierchemikalien nutzt Fujifilm zudem in einem neuen Sektor: Unter der Marke »Astalift« haben die Japaner eine Hautkosmetik, die ähnliche Inhaltsstoffe nutzt, auf den europäischen Markt gebracht.[208]

Der Ansteckungseffekt

Der Ansteckungseffekt kann gut erklärt werden am Beispiel der Zahnärzte, von denen wir weiter vorne bei der Identifikation spezifischer Job-Ressourcen schon berichtet haben: Bei einer Umfrage in einer großen Gruppe von Zahnärzten zeigte sich, dass die spezifischen Job-Ressourcen der Zahnärzte handwerkliches Können, Stolz auf den Beruf und das Erleben von Langzeiterfolgen in der Behandlung ihrer Patienten sind.[209] Anhand dieser identifizierten Job-Ressourcen konnte das Engagement der Zahnärzte vorhergesagt werden. Das jeweils entwickelte Engagement sagte den Grad der Eigeninitiative vorher, den die Ärzte nach einer bestimmten Zeit zeigten. Die im Nährboden vorhandener Job-Ressourcen entfaltete Eigeninitiative der Ärzte wirkte wiederum positiv zurück auf ihr Engagement, was weiterhin die zukünftigen Job-Ressourcen positiv beeinflusste. Die hohe Proaktivität der einzelnen Ärzte bewirkte eine hohe Innovativität im gesamten Team. Die für den Einzelnen vorhandenen wichtigen Job-Ressourcen haben sich spiralartig verstärkt und im Sinne eines Ansteckungseffekts auf das ganze Team übertragen.[210]

Zusammenfassung Kapitel 4

Die Eigendynamik und Mechanismen der Eigeninitiative verlaufen nicht zufällig. Es zeigen sich deutliche Muster: Es entstehen spiralförmige Wirkungen, diese können positiv wie auch negativ sein. Zudem gibt es auch Ansteckungseffekte. Für die Praxis ist es wichtig, diese systematischen Interaktionen zu kennen, da sie die Stellhebel sind, an denen geschraubt werden muss, um möglichst hohe Eigeninitiative freizusetzen. Die wichtigste Erkenntnis ist, dass Eigeninitiative aktiv gemanagt werden kann und muss, da – wenn man untätig bleibt oder nur intuitiv im Unternehmen agiert – sich natürlicherweise eher negative Spiralen einstellen.

TEIL II

5. Gesellschaftliche Relevanz von Eigeninitiative

Eigeninitiativemotor der Wirtschaft

Eigeninitiative wird immer wichtiger, je mehr wir in modernen Produktionssystemen, veränderten Beschäftigungsverhältnissen, Netzwerken und schnelllebigem Wandel unserer Arbeit nachgehen. In schlanken Organisationsstrukturen geht der Grad an Beaufsichtigung und Kontrolle zurück, auch der »Arbeiter« im ursprünglichen Sinne ist gefordert, die Arbeit mitzugestalten, Produktqualität und Prozessverbesserungen anzuregen und sich unvorhersehbarer Störungen anzunehmen. Diese formal nicht einforderbaren Anforderungen können nur punktuell durch die Initiative der Mitarbeiter zufriedenstellend bewerkstelligt werden. Je mehr es also dem Unternehmen gelingt, die Proaktivität ihrer Mitarbeiter zu managen und freizusetzen, umso mehr entstehen innovationsstarke, wettbewerbsfähige Unternehmen. Eigeninitiative bewirkt nicht nur eine verbesserte Innovationsstärke, wie wir bereits in Kapitel 3 ausgeführt haben. Von innovationsstarken, wettbewerbsfähigen Unternehmen profitiert zweifelsohne eine gesamte Wirtschaft. So hat die Eigeninitiative als zentraler Bestandteil erfolgreichen Unternehmertums eine wichtige Katalysatorfunktion bei der Schaffung von Arbeitsplätzen und dem gesamtwirtschaftlichen Wohlergehen.[211]

Gerade im Übergang von der Produktions- zur Dienstleistungs- und Wissensgesellschaft tragen erfolgreiche Kleinunternehmer maßgeblich zum wirtschaftlichen Wachstum und Wohlstand bei.[212] In Deutschland zählten 2014 die überwiegende Mehrheit (99,3 Prozent) der Unternehmen zu den kleinen und mittleren Unternehmen

(KMU). Rund 2,1 Millionen der Unternehmen galten als Kleinstunternehmen. 61 Prozent der rund 27,8 Millionen Arbeitnehmer sind in kleinen und mittleren Unternehmen beschäftigt.[213] Auf die KMU entfallen 38,3 Prozent aller Umsätze und 70,7 Prozent aller sozialversicherungspflichtig Beschäftigten. Ihr Anteil an den Auszubildenden beläuft sich auf 82,7 Prozent. An der Nettowertschöpfung der Unternehmen sind sie mit einem Anteil von 47,2 Prozent beteiligt.[214] Gerade auch schnell wachsende Unternehmen leisten einen wichtigen Beitrag zur Bekämpfung von Arbeitslosigkeit.[215] So entwickeln erfolgreiche Unternehmensgründer ihre Start-ups und Kleinunternehmen z. T. auch schnell zu größeren Betrieben und bieten damit neue Arbeitsplätze. Aber auch moderates Wachstum produziert starke Effekte: Von 2014 bis 2016 gab es im Schnitt 704 845 Gewerbeneuanmeldungen. Würden lediglich drei Viertel der Neugründer zwei Mitarbeiter im Jahr einstellen, sind damit eine gute halbe Million (528 634) neue Arbeitsplätze geschaffen.[216] Zudem werden viele Innovationen durch kleinere Unternehmen entwickelt. Mit neuen Produkten und neuen Dienstleistungen, die in den Start-ups kommerzialisiert und am Markt angeboten werden, stärken diese Neugründungen die Wirtschaftskraft. Gründer sorgen – Erfolg vorausgesetzt – damit auch für Wettbewerbsdruck und bringen alteingesessene Unternehmen dazu, sich zu hinterfragen und sich auch um Innovationen zu bemühen, um Marktanteile bei sich zu behalten. So wird die gesamte Wettbewerbsfähigkeit der Wirtschaft herausgefordert und eine Volkswirtschaft zukunftsfähig gemacht. Wie rege gegründet wird, hängt unter anderem von den Rahmenbedingungen, die eine Umgebung bietet, ab. Die OECD zeigte Deutschland im Vergleich zu anderen Ländern im durchschnittlichen Bereich bei der Bewertung von zum Beispiel bürokratischem Aufwand, gewissen Barrieren und erschwerenden Bedingungen bei der Gründung.[217] Bei dem Vergleich von Faktoren wie zum Beispiel der Zahl der notwendigen Verfahrensschritte und der Dauer des Anmeldeverfahrens landete Deutschland bei einem umfassenden Länderüberblick zuletzt auf einem ernüchternden 17. Rang, weit hinter Ländern wie Neuseeland, Singapur und Dänemark.[218]

Studien unterschiedlicher Beratungen schätzen Deutschland im Vergleich zu anderen Ländern als gründungsschwach ein. Als zusätzliche Hemmnisse (die zu den bereits beschriebenen Hindernissen hinzukommen) werden hierbei eine Aversion gegen sprunghafte Innovationen, die häufig risikoreich sind, genannt; hiesige Unternehmen fördern kaum innovative Ideen, die radikales, disruptives Potenzial haben und mittels (Aus-)Gründungen beispielsweise durch Forschungs- oder Ausgründungskooperationen verfolgt werden könnten. Zudem bevorzugen die Menschen in Deutschland im Gros ein sicheres Arbeitsverhältnis als Angestellter im Vergleich zum Schritt in das Wagnis der Selbstständigkeit. Somit resultiert in letzter Zeit nicht nur eine geringe Gründungsdynamik, die insgesamt auch auf einem schwachen Niveau von Unternehmensgründungen stattfindet (die genannte Anzahl an Neugründungen ist im Vergleich zu den Vorjahren auf einem sehr niedrigen Niveau), sondern auch ein negativer Saldo aus Unternehmensgründungen und -liquidationen[219], denn die genannte Zahl zeigt zunächst die »Bruttogründungen« ohne Abzug der Schließungen von zuvor gegründeten Unternehmen.

Daher muss es nicht nur das Anliegen von Wissenschaft und Unternehmenspraxis sein, Eigeninitiative sowohl beim Einzelnen als auch auf struktureller Ebene, also durch die Gesetzgebung, weitere Regularien und Unterstützung verstärkt zu fördern und weiter zu erforschen[220], sondern insbesondere auch das Anliegen von Bund und Ländern, in bürokratische, steuerrechtliche Strukturen und verbesserte Rahmenbedingungen zu investieren. Eigeninitiative ist ein zentrales Verhalten im Gründertum und wird, wie in Kapitel 2 erklärt, auch durch Wissen und erlernte Kompetenzen gestärkt und ebenso bekräftigt durch eine ausgeprägte Selbstwirksamkeitsüberzeugung und das Selbstbewusstsein eines Menschen. Das sind Faktoren, die bereits in unseren Kindergärten und unseren Schulen maximal ausgeprägt und gefördert werden sollten. Es kann und muss also einiges getan werden – auch schon viel früher im Verlauf von späteren Karrieren in Unternehmen und bei erwachsenen Gründern.

Neben der Anstrengung und den Weichen, die heute für morgen gestellt werden müssen, kann Unternehmertum auch heute bereits stark gefördert werden. Es muss nicht gewartet werden auf zukünftige Zeiten, die möglicherweise eine Generation mit unternehmerischer Grundhaltung hervorbringt. Denn auch in schwierigem Umfeld, wie zum Beispiel in der Arbeitslosigkeit oder dem Unternehmertum in Entwicklungsländern, kann die Förderung von Initiative nachweislich zum Erfolg beitragen.

Auch in Entwicklungsländern bieten kleine Unternehmen Beschäftigung und Einkommen.[221] Hier werden verstärkt Programme zu Unternehmertum und Initiative gefördert, um einen Weg aus Armut und Arbeitslosigkeit aufzuzeigen. Zum Beispiel konnte in Zusammenarbeit mit Unternehmern in Afrika durch ein gezieltes Eigeninitiativetraining die unternehmerische Aktivität der Geschäftsführer signifikant verbessert werden, was in höherem Geschäftserfolg resultierte. Der Geschäftserfolg war auch nach einem Jahr noch deutlich höher im Vergleich zu Unternehmern, die kein Training durchliefen und weniger proaktiv waren.[222]

Dadurch, dass eine ausgeprägte Eigeninitiative für bessere Beschäftigungsfähigkeit sorgt und im Falle von Arbeitslosigkeit schneller wieder in einen neuen Job führt[223], ist Eigeninitiative auch aufseiten von Arbeitnehmern von Vorteil und kommt auch aus diesem Blickwinkel dem Arbeitsmarkt zugute.

Entrepreneurship: Unternehmertum, erfolgreiche Gründung von eigeninitiativen Gründern

> »People are always blaming their circumstances for what they are.
> I don't believe in circumstances. The people who get on in this
> world are the people who get up and look for the circumstances
> they want, and if they can't find them, make them.«
>
> *George Bernard Shaw, Mrs. Warren's Profession, 1893*

Entrepreneure, die »Veränderer« dieser Welt

Die Bedeutung der Eigeninitiative des Einzelnen wird nochmal besonders bei Entrepreneuren, also Unternehmensgründern, deutlich.[224] Das Unternehmertum ist eines der praktischen Gebiete, in denen die Eigeninitiativeforschung besonders relevant und spannend ist, wenn es zu verstehen gilt, welche Gründer scheitern und welche erfolgreich sind. Zunächst klären wir, wen wir meinen, wenn wir von Unternehmern, also »Entrepreneuren«, sprechen: Entrepreneure sind oftmals »prime movers«[225], die starke Veränderungen bewirken. Unternehmer handeln und verändern die Welt, sie spüren Chancen und Möglichkeiten nicht nur auf, sondern stellen sie auch selber her und nutzen sie. Der Entrepreneur lässt Wissen lebendig werden und ist somit maßgeblicher Motor von Veränderungen. Oft geht damit einher, dass eine bestehende Ordnung zerstört wird. Z. B. durch den Einsatz neuer Erfindungen, Herstellungsverfahren, Organisationsformen oder durch die Erschließung neuer Märkte, Produkte und Prozesse. Der Entrepreneur reformiert oder revolutioniert bisweilen ganze Märkte.[226]

Geschäftsfelder zu identifizieren, zu evaluieren und zu nutzen[227] und Veränderungen und Innovationen zu gestalten und umzusetzen, also aus praktisch nichts etwas mit Nutzen und ökonomischem Wert zu erschaffen, sind zentrale Merkmale des Unternehmertums. Besonders deutlich wird das am Beispiel disruptiver Geschäftsmodelle.[228] Damit gemeint sind Geschäftsmodelle, die traditionelle Geschäftsmodelle und Wertschöpfungsketten durch neuartige Entwicklungen zerstören oder zumindest schwer erschüttern. Historische Beispiele sind hier die Ablösung der Pferdekutsche durch das Kraftfahrzeug und die Entwicklung der Dampfschifffahrt, die den Segelschiffen das Leben erschwerte. Ein jüngeres Beispiel lieferte Steve Jobs mit der Entwicklung des iPhones und des iPads. Auch der iTunes-Store hat bewirkt, dass ganze Industriezweige, in diesem Fall die Musikindustrie, deutlich zu kämpfen haben. Auch die Entwicklung der digitalen Fotografie war eine solche Disruption.

Um Entrepreneur zu sein, muss man aber nicht unbedingt ein Wirtschaftsunternehmen gründen, zum Wachstum bringen und gar bestehende Wertschöpfungsketten maßgeblich zerstören. Unternehmertum kann sich ebenso in der Initiierung einer sozialen Organisation oder in Form von Veränderungen innerhalb einer bestehenden Organisation manifestieren. Diese Sicht schließt also auch den unternehmerisch denkenden Menschen innerhalb eines bestehenden

Unternehmens ein: den sogenannten Intrapreneur[229] oder die »entrepreneurial workforce«, wie man sie, wenn man sie in höherer Anzahl im Unternehmen hat, nennt. In der heutigen Zeit und den heutigen Märkten, ist es nicht nur für Start-ups, sondern ebenso für bestehende Unternehmen wichtig, innovativ, lernfähig und agil zu sein. Ein Unternehmen muss fähig sein, aus sich selbst heraus Wandel zu vollziehen und nachhaltig erfolgreich sein zu können[230], sich durch Innovationen und Weiterentwicklung von der Konkurrenz zu differenzieren. Die Quelle dieser Veränderungsfähigkeit liegt natürlich in den Ressourcen der Mitarbeiter. Genauso, wie der Entrepreneur, der zur Umsetzung einer Idee ein Unternehmen gründet, verändert und reformiert der Intrapreneur innerhalb schon bestehender Strukturen sein unmittelbares Umfeld und kann Veränderungen und Innovationen maßgeblich vorantreiben. Der Entrepreneur und der Intrapreneur haben ein überaus aktives Wesen bzw. vor allem zeigen sie ein entsprechend aktives Verhalten. Sie sind typischerweise die aktivsten Performer – aktiver als gewöhnliche Mitarbeiter und aktiver als die meisten Manager[231] und entsprechend erfolgreicher. Wir haben am Ende dieses Kapitels zwei erfolgreiche Mehrfachgründer, Dennis von Ferenczy und Felix Haas, interviewt. In dem Interview wird lebhaft deutlich und greifbar, was wir in diesem Abschnitt über Unternehmer skizzieren und was in den folgenden Abschnitten beschrieben steht.

Was genau macht den erfolgreichen Unternehmer erfolgreich?

Schon seit langem ist man interessiert am Handeln von Unternehmern. Man will verstehen, was genau die umsetzungsstarken, erfolgreichen unter ihnen anders machen als diejenigen, die mit ihren Ideen scheitern. Wie und warum kommt es zu erfolgreichen und nicht erfolgreichen Gründungen?

Erfolgreiche Unternehmer zeigen ausgeprägte Aktivität. Sie legen enorme Bemühungen an den Tag, Wettbewerber zu übertreffen, bei kompetitiven Bedrohungen stark in die Offensive zu gehen, sie handeln sehr autonom, riskieren den Schritt ins Unbekannte, wagen es, Ressourcen für das Unbekannte zu binden und sind typischerweise davon getrieben, die Welt zu verändern.[232] Zudem zeigen sie eine extrem ausgeprägte Eigeninitiative.

Die Eigeninitiative des Unternehmers unter der Lupe

Schauen wir uns entlang der Verhaltensweisen bzw. Aspekte der Eigeninitiative (wie in Kapitel 2 beschrieben) den »Unternehmertyp« nochmal genauer an:

eigeninitiatives Verhalten bedeutet, *selbststartend* zu sein: Auch ohne unmittelbare Erfordernisse beginnt der Unternehmer sich Ziele zu setzen und seine Pläne zu verfolgen. Selbststartend zu sein, ist für den Unternehmer essenziell, denn es gibt weder einen Vorgesetzten noch eine bereits bestehende Vision oder Leitlinien, anhand derer er sein Handeln ableiten könnte. Unternehmer streben häufig danach, sich von anderen zu unterscheiden. Sie halten Ausschau nach Optionen und Möglichkeiten und nutzen diese, bevor es die Konkurrenz tut.[233] Dieses Verhalten führt zu dem entscheidenden Vorsprung des »prime movers«.[234] Unternehmer holen sich ganz aktiv Informationen ein und verschaffen sich somit Zugriff auf Inhalte, die der Erkennung zukünftiger Chancen und Möglichkeiten am Markt dienen.[235]

Eigeninitiativ zu handeln bedeutet, *proaktiv* zu sein: Der Unternehmer denkt typischerweise langfristig. Er antizipiert zukünftige Gelegenheiten und mögliche Problemszenarien und ist sowohl auf Chancen als auch auf Hindernisse gut vorbereitet. Häufig ist zu beobachten, dass erfolgreiche unternehmerische Menschen Frühwarn- bzw. Vorsignale definieren[236] und diese stets mit im Blick haben. Unterschiedlich wahrscheinliche Risikoszenarien werden vorab an- oder durchdacht und sind in einem möglichen Plan B und C längst mit eingeplant.

Letztlich ist Eigeninitiative durch eine *hartnäckige Ausdauer* bei der Verfolgung der Ziele gekennzeichnet. Erfolgreiche Unternehmer verlieren selbst bei Schwierigkeiten nicht ihren Fokus auf mögliche Gelegenheiten. Neue Wege und Ideen bringen unweigerlich Hindernisse und Probleme mit sich und kaum eine Umsetzung neuer Ideen erfolgt ohne Rückschläge. Denn gerade, wenn Ressourcen eingeschränkt sind – und in dieser Situation sind Unternehmen meistens, wenn sie ganz am Anfang stehen und sich zu etablieren versuchen –, müssen Hindernisse überwunden werden. Neues funktioniert oft nicht vom Fleck weg, es muss angepasst werden, manchmal muss man ein paar Meter zurückrudern, um dann wieder vorwärts auf Kurs zu gehen. Von technischen und administrativen über organisationale Schwierigkeiten bis hin zu Problemen mit Kunden gilt es alles zu meistern. Hat der Entrepreneur eine Chance mit hohem Erfolgspotenzial identifiziert und die Entscheidung getroffen, diese Chance zu ergreifen, dann heißt es volle Kraft voraus. Dann aktiviert der Unternehmer alle notwendigen Ressourcen und findet typischerweise solange neue Wege und Möglichkeiten, bis seine Idee erfolgreich umgesetzt ist.[237]

Alle Facetten der Eigeninitiative sind wichtige Voraussetzungen, um erfolgreich Chancen am Markt zu identifizieren und ihr volles Potenzial auszuschöpfen und die sowohl sehr unterschiedlichen als auch komplexen Herausforderungen zu meistern: mit starker Konkurrenz fertig zu werden, mit rapidem Wandel Schritt halten zu können, Ressourcenknappheit (zum Beispiel im Bereich der Finanzierung, des Betriebsvermögens, hinsichtlich von Wissen und Information) zu bewerkstelligen, Serviceorientierung umzusetzen, Angestellte zu rekrutieren, Führungsaufgaben wahrzunehmen[238] – und das alles meist im Rahmen einer Situation, die gekennzeichnet ist durch Unsicherheit, hohen Druck, operative Dringlichkeiten und Komplexität – und das alles meistens noch gepaart mit enormen persönlichen Risiken.[239]

Unternehmer brauchen von Natur aus ein höheres Maß an Eigeninitiative bzw. einen starken Hang zum Handeln, da sie die Hauptverantwortlichen für ihre Arbeit sind. Tatsächlich weisen erfolgreiche Unternehmer einen höheren Grad an Eigeninitiative auf als Angestellte. Andersherum sind Menschen mit höherer Eigeninitiative motivierter, selbstständig zu werden.[240]

Ein Unternehmen zu gründen, ist die eine Sache. Ein Unternehmen *erfolgreich*, also nachhaltig, weiterzuführen, ist die andere Sache.

Fakt ist, dass stark eigeninitiative Unternehmer auch langfristig die erfolgreicheren sind. Es gibt erste Ansätze von Banken, sich diese Erkenntnis bei der Entscheidungsfindung im Prozess der Kreditvergabe an Gründer zunutze zu machen. Neben typischer Kriterien in der Prüfung zur Bewilligung eines Kredites für einen Unternehmensgründer werden psychometrische Maße erhoben, vor allem Dimensionen, die mit unternehmerischer Leistung und unternehmerischem Erfolg im Zusammenhang stehen.[241] Zahlreiche Institutionen, die Initiativen zur Förderung von Start-ups in Form von Inkubator- oder Accelerator-Programmen anbieten, nutzen die Erkenntnisse zur Eigeninitiative ebenfalls. Psychologische Tests dienen zur Einschätzung, wie proaktiv die Gründer agieren bzw. das Gründerteam agiert, und welche Bewerber überhaupt erst in diese bisweilen auch finanziell stark subventionierten, umfangreichen Förderprogramme aufgenommen werden.[242] Zudem zielen Mentor- und Trainingsprogramme u. a. darauf ab, die Initiative der Gründer oder des Gründungsteams noch weiter auszubauen. Selbst unabhängig vom durchorganisierten Markteintritt mithilfe von Start-up-Initiativen und Venture-Capital-Beratung zeigt sich in schwierigster Umgebung, zum Beispiel bei Kleinunternehmern in unterschiedlichen afrikanischen Ländern, ein Zusammenhang zwischen Eigeninitiative und Unternehmenserfolg hinsichtlich Wachstum und Größe dieser Kleinunternehmen.[243]

Mit Fehlern umgehen können

Der erfolgreiche Entrepreneur begegnet all diesen Herausforderungen ganz aktiv, findet Lösungen für auftretende Probleme, behält immer auch den Langzeitfokus im Auge und er kann sich trotz möglicher Rückschläge täglich motivieren. An dieser Stelle spielt der Umgang mit den eigenen Emotionen bei einem Hindernis oder einem Fehler eine entscheidende Rolle. Der Unternehmer sieht einen Fehler typischerweise als zusätzliche Information bzw. als Feedback, be- und verwertet ihn konstruktiv und lernt aus dem Fehler.[244] Auch gehen Unternehmensgründer konstruktiv damit um, wenn sie mit einer gesamten Unternehmung scheitern. Wie schlecht man sich dabei fühlt, hängt zu einem großen Teil von der Bewertung ab, die dem Scheitern gegeben wird. Sicher ist Scheitern kein erfreuliches Event, aber ob man sich selbst deswegen verurteilt und sich als gescheitert betrachtet oder lediglich erlebt, dass eine Geschäftsidee stirbt, aber nicht man selbst, ist ein großer Unterschied. Gerade wer gründet, sollte sich darüber im Klaren sein, dass es wahrscheinlicher ist, zu scheitern, als im ersten Anlauf das Microsoft von morgen zu werden. Das Silicon Valley lebt den positiven bzw. konstruktiven Umgang mit Scheitern und Fehlern besonders plakativ vor, hier gehört ein Scheitern quasi obligatorisch in den Lebenslauf der Gründer. Unter dem Motto »Failing forward faster« werden Scheitern und Fehler nicht als Makel betrachtet, sondern gehören als Erfahrung zur Biografie des Unternehmers.[245]

Selbstregulation im Repertoire?

Nebst der eben beschriebenen konstruktiven Einstellung zu Fehlern, braucht man eine gute Selbstregulationsfähigkeit. Macht man eine negative Erfahrung, z. B. bekommt man eine Absage für einen wichtigen Auftrag oder ärgert man sich über einen Fehler, der einem unterlaufen ist, so ist es ganz entscheidend, dass man es danach schafft, wieder in einen positiven oder zumindest neutralen Gefühlszustand zurückzukehren. Zu positivem Affekt zurückzukehren und aktiv an ein Problem heranzugehen, ist eine grundlegende Fähigkeit für die Anpassungsfähigkeit von Menschen[246]. Bewertet man z. B. Fehler nun per se als schrecklich und unverzeihlich, wird es entsprechend schwerer fallen, sich nach einem Fehler wieder zu sammeln und auf die nächsten Schritte und damit wieder »nach vorne« zu fokussieren. Es geht viel Energie und Zeit ins Land, bis der Ärger und die Diskussion um das »... hätte ich doch bloß dies oder jenes ...« überwunden ist. Man hält sich im Grunde mit einer Grübelei und Emotionen auf, die einen davon abhalten, mit Blick auf das Ergebnis, weiterzumachen[247]. Die Fähigkeit, nach einer negativen Emotion schnell wieder nach vorne zu schauen, also eine gute Affektregulation zu haben, ist allerdings nicht zu verwechseln mit der Unterdrückung oder Verdrängung solcher Erfahrungen. Im Gegenteil, es geht um die Fähigkeit, Umgang zu finden mit negativen Emotionen, sie zu integrieren. Sie sich lediglich kleinzureden oder gar komplett zu ignorieren, ist weder für die Arbeitsmotivation noch für die persönliche Weiterentwicklung von Vorteil.

Ausstattung mit »positivem Affekt«

Aus der Affektforschung ist bekannt, dass Menschen unterschiedliche Regulationsmuster für den Umgang mit negativen Emotionen haben. Diese Muster sind abhängig davon, wie sehr wir ausgestattet sind mit einer generellen positiven Grundhaltung. Es ist ein bisschen wie mit den Pessimisten und den Optimisten: Für die einen ist es typisch, dass das Glas immer schon halb leer ist, wohingegen sich die anderen typischerweise über ein noch halb volles Glas freuen. Ebenso haben wir per Veranlagung gegebenenfalls entweder eine höhere oder niedrigere Ausprägung positiver Grundstimmung. Mitarbeiter mit einem grundlegend höheren positiven Affekt bringen typischerweise eine bereits stärker ausgeprägte Selbstregulationsfähigkeit mit, die es ihnen erlaubt, nach unangenehmen Erfahrungen und Gefühlen eigenständiger und schneller wieder die Kurve zu bekommen, nach vorne zu schauen und weiterarbeiten zu können. Diejenigen mit einer niedrigeren Grundausstattung an positivem Affekt haben es etwas schwerer, sich selbst aus negativen Zuständen »herauszuregulieren«.[248] Die positive Botschaft lautet: Selbstregulation kann man lernen.[249]

Auch Selbstregulation kann man lernen

Glücklicherweise sind wir im Bereich unserer Selbstregulation lernfähig, sodass diejenigen, die mit schlechteren Grundvoraussetzungen starten, trotzdem eine gute Selbstregulation in Bezug auf ihre Gefühlslage lernen können.[250] Eine gute Selbstregulation ist nicht nur für den Umgang mit Fehlern oder für negativ empfundene Ereignisse von Bedeutung. Sie ist auch verknüpft mit der Entstehung von

Engagement. Aktuelle Studien zeigen, dass gerade der Switch von einer negativen Gefühlslage hin zu einem positiven Empfinden und Erleben einen starken Einfluss auf die Entwicklung von Engagement hat.[251] Zum Erlernen von Selbstregulation helfen zum Beispiel direkte persönliche Erfolgserfahrungen, indirekte oder stellvertretende Erfolgserfahrung über Verhaltensmodelle oder Überzeugung auf sprachlicher Ebene, also Ermutigung.

Spotlight: Einblicke in die Perspektive zweier erfolgreicher Gründer: Interview mit Dennis von Ferenczy und Felix Haas[252]

Ihr seid beide Mehrfachgründer, also sozusagen Serientäter. Wie viele Unternehmen habt ihr bereits gegründet?

Dennis: Ernsthaft gegründet: vier. Es gab noch verschiedene Initiativen, die aber keine Unternehmen geworden sind. Eine der vier Gründungen hat schon während meines Studiums stattgefunden: eine Software Firma, die aber ganz klein ist, quasi eine One-Man-Show. Die gibt es auch noch immer, über sie laufen immer mal Beratungsprojekte, aber es ist kein aktives Geschäft in dem Sinne. Die weiteren Gründungen sind gemeinsame, zusammen mit Felix. Die erste Firma, amiando, war von der ursprünglichen Idee her eine Plattform, um Partys zu organisieren und zu managen. Im Prinzip wie Eventim oder ticketmaster, über die man Tickets für Veranstaltungen verkaufen kann, nur mit dem Fokus auf Konferenzen, Seminare, Messen und Business-Veranstaltungen. Man kann dort selbst eine Veranstaltung planen, dann wird die Webseite organisiert und man kann sowohl Xing-Mitglieder als auch Nicht-Mitglieder zu dem Event einladen und die Zahlungen über diese Seite abwickeln, sodass man nicht alles selbst aufsetzen muss. Es folgte die Firma IDnow. Hier haben wir eine Technik entwickelt, die eine digitale Lösung für die Identifizierung im Rahmen einer Kontoeröffnung oder eines Online-Vertragsabschlusses bietet. Mit unserer jüngsten Gründung Unicorn Pitch unterstützen wir Start-ups dabei, professionelle Pitch-Decks zu erstellen, die sie dann bei ihrer Präsentation vor potenziellen Investoren verwenden können.

Felix: Meine erste Gründung hat schon während der Schulzeit stattgefunden. Es ging um Webseiten rund um Online-Spiele. Ich habe damals Webseiten erstellt für diese ganzen Spiele, die aufkamen, und war einer der Ersten, der eine Domain angemeldet hatte. Das ist heute ein Klick, aber damals, noch vor 1999, war das extrem aufwändig. Es dauerte nicht allzu lang, dann wurde ich von Werbekunden wie Sony und Microsoft angesprochen, die ihre Spielkonsolen veröffentlicht haben und wollten, dass ich im Internet für sie werbe. Ich habe ein paar Leute eingestellt und das hat dann ganz gut funktioniert, sodass wir Ende 1999 die drittgrößte Spiele-Webseite der Welt waren mit über 280 Millionen Seitenabrufen im Monat. Danach kamen die gemeinsamen Gründungen zusammen mit Dennis.

Wie viele Mitarbeiter habt ihr in diesen Unternehmen angestellt?

Dennis und Felix: Auf die genaue Zahl können wir das gar nicht sagen, aber mal für die Internet-Start-ups, die wir jetzt wirklich operativ aufgebaut haben, grob zusammengenommen: Das amiando-Team war ca. 80 Leute stark, als amiando vor ein paar Jahren komplett von Xing übernommen wurde. Heißt jetzt XING Events und unseres Wissens nach sind sie heute ungefähr gleich groß wie zu Zeiten der Übernahme. Bei IDnow, 2013 gegründet, sind wir jetzt ca. 150 Menschen, da sind wir schon relativ stark gewachsen, und bei Unicorn Pitch sind wir jetzt ca. 15 Leute. UnicornPitch gibt es erst seit 2016. Also insgesamt gute 200 Mitarbeiter, die jetzt aktuell dort arbeiten. Bis auf amiando haben wir noch in allen Unternehmen aktive Rollen vom Mitglied im Advisory Board bis hin zu vier vollen Tagen operativ vor Ort sein.

*Welche Art von Beschäftigungsverhältnissen habt ihr für
die Menschen, die ihr an Bord genommen habt und nehmt,
geschaffen?*

Dennis und Felix: Der Großteil der Leute ist bei uns festangestellt.
Werkstudenten und Praktikanten sind auch dabei. Freelancer
nur, wenn es nicht anders geht. Z. B. haben wir ein paar Ent-
wickler-Freelancer, weil wir zu dem Zeitpunkt, als wir gesucht
haben, keine festen gefunden haben. Aber generell versuchen
wir, die Leute fest einzustellen. Das machen wir üblicherweise
auch unbefristet, weil wir selten in die Situation kommen, dass
wir uns von Leuten wieder trennen müssen oder wollen. Viel
eher kommen wir in die Situation, dass wir noch weitere Leute
brauchen, da unsere Unternehmen noch stark im Wachstum
stecken. Unser Interesse ist es daher, gute Leute zu finden, die
wir langfristig halten können im Vergleich mit »möglichst flexibel auf Schwankungen reagieren zu können«. Natürlich können
wir auch – gerade in der frühen Phase – nicht immer die Riesen-
gehälter zahlen. D. h. dann brauchen wir vor allem Leute, die
Lust drauf haben, ein Start-up mit aufzubauen, mitzuwachsen
und langfristig Spaß und Energie haben, Dinge verändern und
was reißen zu wollen.

*Was war bei euch die Initialzündung fürs Gründen?
Und wie kam es, dass ihr euch gegen eine Festanstellung
entschieden habt?*

Dennis: Ich habe ja auch zusammen mit Felix schon früh viel
experimentiert mit Projekten und Ideen, die dann früher zwar
nicht zu einer Gründung geführt haben, aber schon da hat es
mir Spaß gemacht, Konzepte zu entwickeln, neue Dinge zu denken und zu erschaffen. Das war sicherlich ein Impuls. Außerdem
bin ich für meinen Teil klar familiär vorbelastet; mein Vater war
Unternehmer, mein Großvater war ebenfalls Unternehmer, ich

kenne es eigentlich gar nicht anders. Was natürlich auch noch dazu beigetragen hat, war, dass ich mich schon sehr früh für IT und Softwareentwicklung begeistert habe. Das ist ein sehr günstiges Umfeld für eine Selbstständigkeit. Wenn mich ein anderes Thema mehr fasziniert hätte, wäre es wesentlich schwieriger gewesen. So war der Schritt aber gar nicht so groß, ich musste z. B. für meine erste Firma zwar eine GmbH gründen, und klar für die GmbH musste ich das Geld irgendwie organisieren, aber ich hatte weiter keine Investitionen und ich konnte einfach loslegen und mich damit auch schnell und gut über Wasser halten. Das ist ja in Bereichen, in denen man hohe Investitionen tätigen muss, anders. Das war ja auch noch neben dem Studium. Hätte mir damals, wenn ich Gelder für Investitionen gebraucht hätte, irgendjemand 500 000 Euro gegeben? Wohl eher nicht.

Felix: Das erste Business war ja, wie schon gesagt, die Arbeit an den Webseiten um die neuen Online-Spiele herum. Das Internet war damals für mich das größte Geschenk überhaupt, das Fenster aus meinem Kinderzimmer heraus, hin zur großen weiten Welt. Ich habe diesen unhandlichen Kasten, dieses damals mysteriöse Modem, immer im Keller meiner Eltern heimlich angestöpselt. Denn dort war die Telefondose hin zum Straßenanschluss. Ich habe da immer ein Handtuch drumgewickelt, damit meine Eltern die Geräusche nicht hören können. Mein Vater hat das Internet damals verteufelt, fand es eine verrückte Modeerscheinung und wollte, dass ich damit aufhöre. Letztlich bin ich aber über genau diese Faszination für das Internet in alles, was danach kam, quasi so reingestolpert und, wie ich schon gesagt habe, betrieb dann gegen Ende 1999 die drittgrößte Spiele-Webseite der Welt. Da war ich gerade volljährig und habe Abi gemacht. Ich bin dann ein paar Mal rüber geflogen nach Las Vegas, weil dort die ganzen Spielefirmen sitzen. Das weiß ich noch: Ich bin am Freitag direkt nach der Schule um 14 Uhr in den Flieger nach Las Vegas gestiegen und war am Sonntagabend wieder zurück in Deutschland. Am Montag in der Schule war ich dann je nach Sichtweise der anderen wahlweise der Held oder eben der Voll-Nerd, der »irgendwas mit Internet und Spielen und so« macht. Ich selbst habe einfach Spaß daran gehabt, etwas zu erschaffen, was es vorher nicht gab. Seither saß ich immer wieder – auch im Studium – mit Freunden und Bekannten zusammen, spielte gemeinsam mit ihnen Ideen durch; eigentlich alles vom Restaurant-Franchise über die Fluglinie bis hin zu Software- und Plattform-Ideen. So ging es dann auch mit der Partyplattform-Idee und amiando los.

Dennis: Ja und hier gab es einen kritischen Punkt und eine ganz bewusste Entscheidung. Sowohl Felix als auch ich hatten damals am Ende des Studiums ein Vertragsangebot von McKinsey vor der Nase liegen. Das war *der* Traum, das wollte jeder machen. Heute ist ein Start-up vielleicht viel hipper, aber das war damals noch nicht so bekannt.

Die Option, eins nach dem anderen zu machen, also zum Beispiel für zwei bis drei Jahre zu McKinsey in die Beraterschule zu gehen und dann danach zu gründen, gab es nicht. Denn wir hatten unsere amiando-Idee schon stark verinnerlicht, waren schon in der Umsetzung und mit voller Energie dabei. Es gab also schon eine erhebliche Dynamik, auch wenn wir damals – wir waren zu sechst – noch eher in lockerer Projektform zusammengearbeitet haben und noch nicht die Rede von einer Gründung war. Schnell haben dann auch Einflüsse von außen eine Rolle gespielt: Durch zufällige Kontakte kamen wir mit ersten Investoren in Kontakt, die starkes Interesse signalisierten.

An diesem Punkt mussten wir also die Entscheidung treffen, entweder mit amiando professionell durchzustarten oder aber das Projekt für immer zu begraben. Es aufzuschieben und zu sagen, wir machen das in drei Jahren nochmal, war in der Situation einfach keine Option. Also: gründen oder diesen wunderschönen Vertrag von McKinsey unterschreiben, was nicht zuletzt auch unsere Eltern natürlich für vernünftig und richtig befunden hätten. Von außen betrachtet, wäre das der perfekte Start in den Beruf gewesen. Die Entscheidung war nicht so einfach, wir haben uns viele Gedanken gemacht und uns ein paar Nächte damit um die Ohren geschlagen.

Felix: Ja, Fazit war: Das Projekt zu begraben, wäre uns zu schade gewesen und wir hatten einfach keinen Bock, uns anstellen zu lassen. Ich hatte keine Lust, so ein kleines Rädchen zu sein, in einer Organisation erst 20 Jahre rumzutun, bis ich dahin komme, dass ich wirklich gestalten kann, man vielleicht in die Rolle des Vorstands, Bereichsvorstands kommt und wirklich Dinge entscheiden kann. Dann ist es sicher toll, aber diesen Weg zu gehen, schien mir viel zu lang und ich habe mich auch nicht wirklich kompatibel gefühlt, in einer solchen Organisation zu arbeiten. Ich glaube ich bin viel zu quirlig oder unbequem, wie man es auch nennen mag. Deshalb war die Gründung die perfekte Form der Selbstverwirklichung, eigene Ideen umzusetzen, was zu bauen, was zu schaffen. Das war es, was uns letztlich motiviert hat.

Was glaubt ihr sind, neben hoher Eigeninitiative, die Schlüsselfaktoren für eine erfolgreiche Gründung, mal ganz konkret in Verhalten gedacht? Von Gründern und in Bezug auf die Mitarbeiter, die man an Bord nimmt?

Dennis: Neben hoher Eigeninitiative ist Mut sicherlich noch ein wichtiger Punkt. Und dass man mit sich selber, auch wenn es nur die eigenen Gedanken und Emotionen sind, umgehen kann oder gegenüber anderen Leuten und in anderen Dingen mit Hindernissen fertig wird. Man braucht sicher auch eine gewisse strukturierte Herangehensweise. Für mich ist noch der persönliche Antrieb wichtig: Mein Antrieb ist es, aus dem Nichts heraus etwas zu erschaffen was vorher noch nicht da war. Das ist für mich der größte Motivator. Das Kreative, das Erschaffen. Egal, ob im Kleinen oder im Großen. Und es macht mir Spaß,

Probleme anzupacken und zu lösen. Und dementsprechend auch in einem Umfeld zu arbeiten, in dem noch nicht so viel da ist, man Dinge schaffen, verändern, formen, etwas gestalten kann. Viele Menschen haben genau das nicht, sie halten sich lieber an Sachen fest, die schon da sind. Da halte ich das eine nicht für besser oder schlechter als das andere. Es ist einfach nur anders. Ich persönlich komme mit einem bestehenden Rahmen nicht so gut zurecht. Viele Unternehmer, die ich kenne, arbeiten gerne im Ungewissen, wo noch nicht so viel da ist, und fangen da an, was zu bauen. Für diese Menschen ist das gut, dass noch nicht so viel da ist, weil sie sonst zu viele Einschränkungen erleben und ihnen schnell der Spaß abhandenkommt. Es gibt natürlich verschiedene Phasen im Unternehmen, für die es dann jeweils die passenden Menschen gibt und braucht. Für unsere Start-ups suchen wir Mitarbeiter sowohl für das Managementteam als auch für alle anderen Funktionen, da ist es mir schon sehr wichtig, besonders eigeninitiative Menschen zu finden. Natürlich ist je nach Funktion etwas mehr oder etwas weniger Eigeninitiative kritisch, aber es ist allgemein schon eines der allerwichtigsten Kriterien. Allein aus dem Grund, dass ich mit solchen Menschen gerne zusammenarbeite und es am besten zu meiner Führung passt: Ich lasse die Leute gerne laufen. Ich bin nicht derjenige, der ständig bei den Leuten schauen will, ob alles läuft. Ich mag es, wenn es den Leuten Incentive genug ist, wenn sie mit ihrem eigenen Drive Dinge für sich lösen und abgearbeitet bekommen und den Drang haben, Dinge von sich aus zu optimieren und neue Ideen mit einzubringen. Da geht es dann darum, dass man sich inklusive Stärken und Schwächen kennt und zum Beispiel im Rahmen eines Gründerteams oder durch unterschiedliche Mitarbeiter kritische Schwächen kompensieren kann. Im Team brauchen und suchen wir Leute, die mit viel Eigeninitiative und Energie an Themen arbeiten. Dann ist auch die Zusammensetzung des Teams wichtig, man braucht mindestens einen, der so etwas wie die typische Führungsrolle übernimmt, der auch Spaß daran hat, die Leute mitzunehmen und nach innen und nach außen die Vision der Firma zu transportieren, damit die Leute wissen, wofür sie hier eigentlich den ganzen Tag sitzen.

Felix: Neugierde. Du musst neugierig sein. Neugierig und mit offenem Blick auf Dinge schauen. Eine Neugierde und eine Leidenschaft, einen Drang, sich mit den Fragen dahinter zu befassen, also den Status quo zu hinterfragen. Wenn du kein Taxi bekommst und im Regen stehst, kannst du dich monatelang aufregen. Damit veränderst du aber nichts und stehst bald erneut irgendwo im Regen und ärgerst dich wieder. Oder du fragst dich, was jetzt eigentlich die beste Experience wäre: nämlich das Handy zücken und ein UBER in der Umgebung rufen. Also man kann sich den Themen immer von zwei Seiten nähern, einmal als passiver Konsument mit der Status-quo-Mecker-Mentalität, der halt sagt: »Taxi ist scheiße, ich steh im Regen« und weiter passiert nichts. Oder mit einer unternehmerischen Perspektive im Regen stehen, sich sagen: »Was für eine Scheiße«, und dann Ideen entwickeln. »Cool wäre es, wenn ich jetzt eine App hätte, mit der ich ein Taxi bzw. ein UBER bestellen kann.« Also nochmal: Neugierde, sich mit Dingen beschäftigen und eine Leidenschaft haben, um letztlich auch andere mitreißen zu können. Es bringt ja nichts, wenn du alleine eine tolle Idee im Kopf hast. Du musst die Fähigkeit und Empathie haben, auch auf andere zuzugehen, Leute zu begeistern und zu fragen: Wie geil wäre das denn, wenn wir die weltgrößte Taxi-App aufbauen würden!

Wie erkennt ihr bei anderen Menschen Eigeninitiative?

Dennis: In den Bewerbungsgesprächen frage ich nach Beispielen, wann der Bewerber in der Vergangenheit etwas getan hat, was die Umgebung nachhaltig verändert hat, ob er was getan hat, was Dinge für die Zukunft besser gemacht hat. Das bekommt man im Gespräch gut raus, ob jemand wirklich proaktiv war. Dann geben wir auch Problemszenarien bzw. Fragestellungen, die ganz konkret in unserem Unternehmen bestehen, und schauen, welche Lösungsansätze jemand hat und wie jemand herangeht. Wenn die Leute dann bei uns starten, dann bekommt man es natürlich so oder so schnell mit, wie die Menschen arbeiten.

Felix: Ich habe im Bewerbungsgespräch ein paar einfache Fragen. Eine Frage habe ich mir bei Peter Thiel abgeschaut: What's the most important truth, that all people disagree with you upon? Da fangen viele Menschen erstmal an zu stottern. Es ist eine wirklich gute Frage, weil du dadurch eine Idee bekommst, ob jemand nonkonform denkt. Menschen, die Leidenschaften haben und sich auf gewisse Art und Weise mit Dingen auseinandersetzen, antworten auf diese Frage hin typischerweise mit spannenden Thesen. Also, wenn jemand etwas Kante hat und zum Beispiel sagt, dass die deutsche Automobilwirtschaft viel besser aufgestellt ist als Tesla, dann werde ich hellhörig und bin gespannt zu erfahren, warum derjenige so denkt. Wenn jemand hingegen auf die Frage antwortet, dass die Digitalisierung wichtig ist oder unser Verkehr ein Umweltproblem darstellt, dann ist das etwas, was ich auch täglich in der Presse lesen kann, das ist langweilig.

Felix, wie gehst du in deiner Funktion als Business-Angel vor, also bei der Frage, in welche Start-ups du investierst. Worauf achtest du?

Felix: Ich habe da eine ganz einfache Formel: Ich bin begeistert von Leuten, die einen Drive haben und mit einer positiven Attitüde, Neugierde und als Problemlöser durchs Leben gehen. Dafür brauche ich genau einen gemeinsamen Lunch, um zu merken, ob jemand so unterwegs ist oder nicht. Ich achte darauf, ob mir das, was wir ausgetauscht haben, im Kopf bleibt. Das ist ein ganz simpler Indikator, denn wenn jemand mich begeistern kann, dann kann derjenige auch andere begeistern. Dann frage ich mich selbst noch, ob derjenige – falls er mich nicht begeistert – nicht doch super brillant ist, aber demjenigen einfach die soziale Kompetenz fehlt. Gerade bei Tech-Nerds gibt es das ja öfter. Dann ist es wichtig, dass solche Menschen mit jemandem zusammengebracht werden, der eben gut reden kann und den zwischenmenschlichen Part übernehmen kann, und der andere kann technische Lösungen bauen. Es gibt ja nicht immer die Eier legende Wollmilchsau.

Ich achte auch darauf, wie aggressiv ein Gründer oder Gründerteam ist. Wir investieren gerne in Hungryness und Ambition. Die erfolgreichsten Gründer, die ich gesehen habe, scheinen von außen betrachtet erstmal durchgeknallt. Die rufen mich am Samstag um 23 Uhr an und wollen in einer halben Stunde Feedback haben, weil sie Dinge schon zu Sonntag umgesetzt haben wollen. Wie schnell die Gründer ticken, ist wichtig. Es mag oberflächlich klingen, aber es macht eine Aussage über die Taktzahl. Und eine höhere Taktzahl hat aus meiner Sicht Chance auf Erfolg. Fehler wird man immer machen, bei Start-up-Projekten werden immer Dinge nicht laufen wie geplant, der tolle Masterplan funktioniert erstmal nicht. Also ist es wichtig, wie schnell und agil jemand sich dann anpassen kann, Pläne ändert und getrieben ist, Dinge schnell zu verbessern und zum Funktionieren zu bringen.

Wie geht ihr persönlich mit Hindernissen, Unsicherheiten oder Überraschungen um – alles Dinge, die einem mehr als einmal bei einer Gründung und im Unternehmertum begegnen?

Dennis: Da komme ich nochmal auf die schon beschriebene Entscheidung zurück, dass wir uns damals für die Gründung und gegen eine bequeme und sogar prestigebehaftete Festanstellung entschieden haben. Man muss eine klare Entscheidung treffen. Für das eine und meistens eben zugleich auch gegen etwas anderes. Das heißt, man muss eben auch bewusst Opfer bringen – das ist ein großes Hindernis für viele Menschen, und der Grund, warum es dann viele auch nicht machen. Sie machen sich dann wahnsinnig viele Gedanken zum Risiko, zum möglichen Scheitern, zu finanziellen Themen und zu eventuell ausbleibenden Ideen. Ideen gibt es aber so viele! Ich glaube, in Wirklichkeit haben die meisten Leute Ideen, aber sie trauen sich nicht, an die Idee zu glauben und so sehr auf ihre Idee zu vertrauen, dass sie sagen:»Ich probiere es jetzt einfach aus«. Also, Unsicherheiten einfach aushalten zu können und Selbstvertrauen zu haben, vor allem in Bezug auf die eigenen Entscheidungen.

Wenn es eine Überraschung gibt, dann bleibe ich relativ gelassen. Ich bin recht schwer aus dem Gleichgewicht zu bringen. Ich verfalle auch nicht in Panik. Ich schau mir das in Ruhe an und frage mich, wie wir damit jetzt am besten umgehen. Ich denke immer relativ weit in die Zukunft und denke auch über Szenarien nach, die vielleicht nicht die wahrscheinlichsten sind, und versuche generell auch schon über einen Plan B nachzudenken. Dann sind Überraschungen auch gar nicht so heftig, weil es quasi immer schon ein paar Ideen gibt, die ich oder wir schon mal ange- oder durchdacht haben. Und generell damit rechnen, dass Dinge passieren, die nicht geplant waren.

Felix: Überraschungen? Das ist Alltag. Neue Informationen, neue Sachlage. Okay, das ist die sachliche Ebene. Wenn es etwas ist, was mir nicht passt, dann rege ich mich erstmal tierisch auf, koche hoch wie ein Dampfkessel, aber am Ende ist das Teil meines Jobs. Wir haben so viele Firmen und Investmentgeschäfte, ich habe ja in viele Companies investiert, da ist immer irgendwas los. Da kommen jeden Tag Update-E-Mails und manche enthalten eben super Nachrichten, andere ganz im Gegenteil. Ich bin da sehr leidenschaftlich in beide Richtungen: Bei den guten Nachrichten hüpfe ich vor Freude wie ein Kind durchs Büro und kann mich wahnsinnig freuen. Wenn eine schlechte Nachricht kommt, dann rege ich mich auf und leide mit. Ich leide, weil ich gewinnen will und auch recht kompetitiv ticke. Ich habe kein Problem, ein Risiko einzugehen und mit 180 an die Wand zu knallen. Aber wenn so was passiert, dann schmerzt das dennoch. Ich leide und es fällt mir dann schwer, abzuschalten. Um mich wieder zu beruhigen, gehe ich gerne fliegen, da muss ich mich dann auf das Fliegen konzentrieren. Was mich allerdings besonders ärgert, ist, wenn etwas unnötig schiefläuft, wenn ich etwas hätte tun können und ich die Chance nicht ergriffen habe. Das nervt mich dann schon sehr. Mit allen Vor- und Nachteilen: Denn genau das treibt mich auf der anderen Seite auch an. Wenn ich eine Idee habe und es wichtig finde, dass wir das umsetzen, rufe ich gerne auch mal direkt in aller Frühe an, bevor die anderen aufstehen. Und wenn derjenige nicht ans Telefon geht, dann rufe ich da auch 27 Mal hintereinander an, wenn ich denke, dass es wichtig ist. Auch wenn die anderen in dem Moment genervt sind. Das hat manchmal eben auch dazu geführt, dass der Turbo angeworfen wurde und wir unseren Hintern hoch bekommen haben in Dingen, in denen wir vielleicht schon ein bisschen zu bequem waren. 100 Prozent reichen mir dann einfach nicht aus. Ich will 130 Prozent. Dann will ich eben einen Kevin Spacey und einen Richard Branson bei der Bits & Pretzels[253] als Speaker haben und nicht den Münchner Wettermoderator.

Ansonsten kann ich mich im Allgemeinen auch Dennis anschließen: Hindernisse und Überraschungen sind relativ und werfen uns, wenn es um die weiteren Entscheidungen und den weiteren Umgang mit der Situation geht, nicht so sehr aus der Bahn. Denn zum einen ist für uns beide klar, dass unser Umfeld nur schwer einzuschätzen ist. Wir bewegen uns also ständig in Unsicherheit. Und zum anderen versuchen wir, vorab immer auch mögliche Risiken zu betrachten, und überlegen, wie wir diese Risiken dann jeweils am besten managen können. Dinge entwickeln sich meist anders als geplant. Man muss einfach versuchen, das Risiko gut einzuschätzen und zu managen. Einen richtig harten Fuck-up hatten wir zum Glück noch nie.

Wie seht ihr Deutschland als Gründerland? Was läuft gut, was kann noch besser werden?

Dennis: Ich finde gründen und investieren läuft in Ordnung in Deutschland. Es gibt da einige Sachen, die einem helfen: Es gibt zum Beispiel diesen bafa-Zuschuss, da können Business-Angels 20 Prozent ihrer Investitionen zurückbekommen. Das hilft. Viele haben eine Beteiligungsgesellschaft. Wenn es Exits gibt, ist man steuerlich gut gestellt, das hilf auch. Klar, Thema Anstellungen: Da ist die Gesetzeslage für Start-ups nicht immer ganz optimal, es könnte immer noch ein bisschen unternehmerfreundlicher gestaltet sein. Insgesamt finde ich aber nicht, dass es ein so großes Ungleichgewicht gibt, dass ich zum Beispiel ernsthaft überlegen würde, ins Ausland zu gehen mit einer Gründung. Es gibt natürlich Themen, in denen wir Standortnachteile haben, zum Beispiel beim Datenschutz. Da hat man als deutsche Firma gegenüber zum Beispiel einer US-Firma mitunter relevante Nachteile. Auch ist das gesamte Umfeld von Gründungen und Investoren in Deutschland noch nicht so weit wie etwa in den USA. Besonders unattraktiv ist der Unterschied beim Exit-Szenario aufgrund unterschiedlicher Unternehmensbewertungen: Hat man zwei Firmen mit gleichem Umsatz und gleichem Wachstum und die eine ist in Deutschland und die andere in den USA, dann wird in den USA der höhere Preis gezahlt. Es wird in den USA stärker auf das Potenzial geschaut und der Markt in den USA ist eben größer. Das ist aus Gründersicht natürlich unerfreulich.

Felix: Ich kann und will mich dem generellen Bashing auch nicht anschließen. Ich glaube, dass wir uns in Deutschland gerade in den letzten Jahren wahnsinnig schnell, intensiv und gut weiterentwickelt haben mit unserer Gründerszene. Wir sehen hier mittlerweile Gründungen, die extrem viel Potenzial haben, und es gibt inzwischen durchaus das Kapital, um Companies aufzubauen, die auch international relevant werden können. Ich war gerade vor zwei Monaten wieder im Silicon Valley und habe in Gesprächen dort die Einschätzung gewonnen, dass zwar weiterhin viele Plattformen aus den USA kommen werden, wir in Deutschland und speziell in München bzw. Bayern aber richtig gut dastehen, wenn es um die Verbindung von Hardware und Software geht. Also, die Verbindung der alten mit der neuen Welt zum Beispiel bei unseren Mittelständlern, die beispielsweise mit irgendwelchen Spezialschrauben Weltmarktführer sind, die hoch aktiv sind im Bereich digitaler Lösungen und einen guten Blick für die Anforderungen der Zukunft haben. Auch die derzeitige Infrastruktur in und um München mit all den Förderprogrammen und möglichen Bezuschussungen ist nennenswert. Und viele Konzerne sind zumindest für das Thema Digitalisierung sensibilisiert. So öffnen Konzerne wie die Allianz oder BMW Fonds mit bis zu neunstelligen Millionenbeträgen, um in Unternehmertum, Gründung und Innovation zu investieren. Klar kann man die Frage, was dabei herauskommt, noch nicht beantworten aber das Momentum, das wir da gerade haben, ist riesig. So viel vorab mal generell zu den Rahmenbedingungen, die nicht die schlechtesten sind.

Als ein Hauptmanko sehe ich in Deutschland allerdings immer noch die sehr stark ausgeprägte Sicherheitsmentalität. Zu wenig Risikobereitschaft. Wir Deutsche sind in einer sehr komfortablen Situation, die Nachkriegsgenerationen haben Unfassbares geleistet, haben das Wirtschaftswunder ermöglicht, wir profitieren davon, haben eine starke Wirtschaft, eine starke Exportwirtschaft, bei uns brummts. Aber das macht natürlich auch etwas bequem. Und diese Bequemlichkeit führt dazu, dass man tendenziell weniger Risiko eingeht, weil man den Status quo nicht verlieren möchte. Das Problem ist, dass wir in den Themen, in denen andere – konkret zum Beispiel China und die USA – mehr Risiko eingehen, daher deswegen nicht vorne liegen werden. Das sind Themen wie Batterien, Mobilität, Autos, Softwareplattformen usw. Da tun wir Deutsche uns sehr schwer, mutige Entscheidungen zu treffen und mutige Firmen zu gründen. Da haben wir noch riesiges Aufholpotenzial. Wenn ich mich mit Gründern im Silicon Valley unterhalte, dann reden die so, als wenn ihre Erfindung in drei Jahren die ganze Welt verändert haben wird und die Welt ohne diese Erfindung gar nicht mehr existieren könnte. Die meisten, mit denen ich in Deutschland spreche, die versuchen eher eine inkrementelle Verbesserung zu erzielen – das ist natürlich auch legitim, aber das wird nicht dazu führen, dass wir in der Wertschöpfungskette die obersten Plätze besetzen können, also zum Beispiel Plattformen aus Deutschland heraus aufbauen oder grundlegende Themen wie zum Beispiel Mobilität federführend gestalten können. Wenn ich mich mit den Kollegen aus der Venture-Capital-Welt, den VCs im Silicon Valley, unterhalte, dann frage ich sie, welche Firmen sie sich so angucken und wie sie diese und jene Firma sehen. Dann reden sie über die Chancen. In Deutschland wird zuerst die Downside angeschaut, das ist schon eine grundlegend andere Mentalität. Um das zu verändern, brauchen wir Vorbilder. Die Amerikaner sind zum Beispiel sehr gut im Zelebrieren ihrer Helden. Das ist sehr personenbezogen und wirkt auf uns teilweise nervig oder lächerlich, aber sie feiern halt einen Elon Musk, der mit höchstem Risiko auch mal an die Wand knallen wird. Wenn jemand so was in Deutschland macht, dann steht in den Zeitungen erstmal, wie riskant und komisch das ist.

Zusammenfassung Kapitel 5

Eigeninitiative ist zentraler Bestandteil des Unternehmertums. Ohne Eigeninitiative hätte es nie auch nur eine Unternehmensgründung gegeben und in bestehenden Unternehmen würde wenig Innovationskraft vorhanden sein, wenn nicht die eigeninitiativen Mitarbeiter Wandel und Veränderungen stützen und umsetzen würden. Wir haben skizziert, welches Gewicht Neugründungen und der daraus entstehende Mittelstand für die Gesamtwirtschaft haben. Anschließend haben wir den Unternehmer unter die Lupe genommen und haben noch einmal aufgegriffen, was erfolgreiche Unternehmer von den nicht erfolgreichen unterscheidet. Wichtig ist es, eine offene Einstellung und einen konstruktiven Umgang mit Fehlern zu haben, der typischerweise damit einhergeht, dass man auch in der Lage ist, mit negativen Emotionen gut umgehen zu können. Das geht Hand in Hand mit einer guten Selbstregulationsfähigkeit, die erfolgreiche Entrepreneure typischerweise bereits mitbringen oder diese im Verlauf ihrer Entwicklung erlernen. Hier sind Unternehmer, die mit einer besseren Grundausstattung an positivem Affekt auf die Welt kommen, ein wenig im Vorteil, jedoch sind diejenigen, denen weniger Optimismus in die Wiege gelegt wurde, trotzdem nicht gleich zum Scheitern verurteilt – sie können Selbstregulation und die Fähigkeit, nach frustrierenden Erlebnissen wieder in positive Grundstimmung zu gelangen, lernen. Das Gespräch mit Felix Haas und Dennis von Ferenczy zeigt beispielhaft, wie die beiden Gründer mit Unsicherheiten und unvorhersehbaren Umständen umgehen und wie sie die Eigeninitiative von Gründern und Mitarbeitern im Blick behalten.

Im folgenden Kapitel beleuchten wir zwei Praxisbeispiele, in denen lebhaftes Unternehmertum bzw. Eigeninitiative zu beständigem Erfolg führt. Wir haben zu diesem Zweck ein Start-up bzw. ein noch jüngeres Unternehmen und einen alteingesessenen Konzern unter die Lupe genommen.

6. Erfolgreiche Praxis: erfolgreiche Gründung eines Start-ups und Gestaltung eines Eigeninitiativemanagements im Konzern

Am Beispiel der Gründung von ResearchGate und durch die Einblicke, die uns Ijad Madisch in den Prozess gibt, wird die Bedeutung der Eigeninitiative im klassischen Entrepreneurship noch einmal mehr mit Leben befüllt und greifbar. Nun kann man sagen, dass es in einem Start-up ein Leichtes ist, hoch initiativ zu agieren und auch die Mitarbeiter mit einer tollen Idee und einem guten Geschäftsmodell in noch offenen Strukturen so sehr zu begeistern, dass die Energie fast übersprudelt und sich jeder mit Freude ein- und das Unternehmen voranbringt. Daher gibt uns, in einem weiteren Beispiel, Jochen Brenner Einblicke, wie es der Konzern Procter & Gamble schafft, die Eigeninitiative zu managen und eine initiative-förderliche Kultur zu prägen. Denn auch als schwieriger Praxisfall, als »Nicht-Start-up«, sondern als alteingesessener Konzern, kann es sehr gut gelingen, ein Eigeninitiativeklima zu etablieren und ein Intrapreneurship oder die sogenannte »entrepreneurial workforce« zu mobilisieren.

Spotlight: Entrepreneurship oder die erfolgreiche Gründung von ResearchGate

ReasearchGate betreibt ein im Jahr der Gründung neuartiges Online-Netzwerk für Forscher. Auf den Gründungsprozess zurückgeschaut, lassen sich sehr deutlich einige entscheidende unternehmerische Verhaltensweisen veranschaulichen.

Ijad Madisch und sein Gründungspartner haben viel richtig gemacht und haben in den ersten Jahren nach der Gründung 2008 eine brillante Unternehmensentwicklung vorzuweisen.

Ijad Madisch forschte in Harvard. Er stand vor Problemen im Labor und überlegte sich in der relativen Isolation der Laborkatakomben eine mögliche Lösung. Probierte sie aus. Merkte, dass es vielleicht noch eine bessere Lösung gibt. Probierte diese auch aus. Zeit verging. Er recherchierte, um von möglichen Erkenntnissen anderer Forscher zu profitieren. Weitere Zeit verging.

Seit Jahren funktioniert die Forschung genau so. Forschungsprojekte werden durchgeführt, problematische Versuchsanordnungen in einem zweiten Anlauf optimiert, erfolgreiche Ergebnisse in Form von Artikeln zur Veröffentlichung eingereicht und zum Peer-Review weitergegeben, um am Ende veröffentlicht zu werden, sodass andere Forscher und die Praxis die Erkenntnisse nutzen können. Das ist ein langwieriger Prozess. Die Verbreitung von aktuellem Wissen ist langsam und wenn neue Erkenntnisse in den Fachmagazinen zu lesen sind, sind sie schon wieder mindestens ein halbes Jahr alt. Zudem werden Forschungsergebnisse vor allem dann publiziert, wenn sie neue Zusammenhänge oder Effekte belegen können. Alle Studien, die Fehler enthalten, Versuchsanordnungen, die Schwachstellen haben, Erkenntnisse, die zunächst unspektakulär sind oder nicht die vermuteten Ergebnisse zeigen – all diese Sachverhalte, die ebenso Erkenntnis bedeuten, werden in der Regel nicht veröffentlicht.

Nun beginnt der vorausgehende Absatz mit den Worten »Seit Jahren funktioniert die Forschung genau so ...«. Kann man das »funktionieren« nennen? Es mag sein, dass Forschung bisher so funktioniert hat. Die Frage ist aber, wie sie gut und besser als bisher funktionieren könnte. Warum Forschung nicht einmal anders denken? Schneller sein können, mehr Wissen teilen, sich über Fehler gleichermaßen austauschen wie über Erfolge, Forscher, die sich mit ähnlichen Themen befassen, schnell erreichen können und auch vor einer in der Zukunft liegenden Publikation Austausch ermöglichen, vorhandenes Wissen durch vereinfachten Austausch teilen. Kurzum: vorhandenes Wissen optimal und zeitnah nutzen sollte das Ziel sein.

Genau das ist die Vision von Ijad Madisch und seinen heutigen Geschäftspartnern Soeren Hofmayer und Horst Fickenscher bei ResearchGate. Genau das hätte ihnen selbst in ihrer Forschung sehr weitergeholfen. Eine intensive Diskussion dreier Menschen am Telefon, eine Entscheidung: Was es noch nicht gibt, kann und muss man eben erfinden und etablieren. Die drei hatten keinen Zweifel daran, dass genau zum Zeitpunkt ihres Telefonats im Jahr 2008 der Aufbau einer sozialen Netzwerkplattform für Forscher beginnen muss. Ijad Madisch gab seine feste Anstellung als Stationsarzt auf, ließ akademische Karriere und Habilitation links liegen und steckte seine komplette Energie in den Aufbau von ResearchGate. Er setzte alles auf eine Karte. Familie, Bekannte und Professoren, mit denen Ijad Madisch beruflich zu tun hatte, fanden seine Entscheidung befremdlich bis verrückt. Heute sind die Wissenschaftler unter den Zweiflern Mitglieder bei ResearchGate. Was verrückt klingt, kann man ebenso gut mutig und entschlossen nennen. Dass Ijad Madisch de facto keinerlei Mittel zur Verfügung standen, hielt ihn zu keiner Zeit von seinem Plan ab. Die Schlussfolgerung der Mittellosigkeit war nicht, dass es dann eben nicht möglich sei, die Plattform umzusetzen, sondern ganz im Gegenteil: Es musste einen Weg geben, die benötigten Ressourcen zu mobilisieren.

Der gefasste Entschluss und die eigene Überzeugung von dem hohen Nutzen und dem Erfolg dieser Plattform reichte aus, um zunächst Freunde und Bekannte – all diejenigen, die nicht den Eindruck hatten, dass Ijad Madisch verrückt geworden war – zu überzeugen, am Aufbau der Internetplattform mitzuhelfen. Später erhielt jeder Helfer Aktienanteile als Ausgleich für den vertrauensvollen Einsatz. Neben diesen freiwilligen Helfern hatte er ein gutes Netzwerk. Das habe extrem geholfen, die Firma aufzubauen und die richtigen Entscheidungen zu treffen, sagt er heute. Die schwierigste Hürde, die es zu nehmen galt, war immer und immer wieder die Priorisierung: Was ist als Nächstes zu tun? Schafft man es nicht, Schritt für Schritt zu gehen, bleibt man im Sumpf stecken. Zwei persönliche Berater haben geholfen, die richtigen Ressourcen zum richtigen Zeitpunkt zu mobilisieren. Es galt Kapitalgeber, Designer, Entwickler zu koordinieren. Und welche Bausteine sollten zuerst programmiert werden? Wie umgehen mit technischen, organisatorischen und administrativen Schwierigkeiten? Täglich standen die Gründer vor Hindernissen und Fragezeichen. Immer wieder spürten sie, wie schwierig sich diese Gründung gestaltet und wie anstrengend es ist, all diese Schritte zu gehen. Über zwei Jahre hinweg gab es keine Wochenenden und keine E-Mails, die nicht binnen 24 Stunden beantwortet waren. Nie aber gab es einen Punkt, an dem sie gerne alles hingeschmissen hätten. Aufgeben kam als Alternative in ihrem Plan nicht vor.

Mit schnellem Ausprobieren, was funktioniert und was nicht, und mit entsprechend flexibler Anpassung, wenn etwas nicht funktionierte, entwickelten sie die Plattform weiter und weiter. Noch einmal erwähnt Herr Madisch, welch wichtige Rolle für ihn die persönlichen Berater gespielt haben, denn sie sind ehrliche Feedback-Geber, die schnelle Kurskorrekturen enorm erleichterten. Fehler und andere Formen von auch negativem Feedback sind für Madisch mit der wichtigste Nährboden für erfolgreiche Arbeit und individuelles und organisationales Lernen.

In diesem Sinne führen die Geschäftsführer von Research-Gate ihr junges, erfolgreiches und bereits 250 Mitarbeiter (Stand Juni 2016) starkes Unternehmen. Die Phase der Exploration wird in diesem Geschäft nie enden, da die Plattform fortwährend um weitere nützliche Funktionen erweitert wird und auch durch den Community-Charakter evolutionär wächst.

Viele der täglich anfallenden Fragestellungen und Probleme werden von den Mitarbeitern selber gelöst, weil sie maximalen

Handlungsspielraum haben und bestens qualifiziert sind. Um ResearchGate kontinuierlich weiterzuentwickeln, holen sie sich laufend Feedback durch die Community, die Benutzer der Plattform. Zudem sind die innovativen, jungen Mitarbeiter selbst auf der Plattform unterwegs und Ijad Madisch stellt sich bei jeder neuen Entwicklung selbst die Frage, ob er ein neu entwickeltes Feature nützlich und gut finden würde – es ist schließlich noch nicht lange her, da stand er selber forschend im Labor. Auch Diskussionen und der Austausch mit und unter Experten, der sich an Vorträge auf Konferenzen und Fachtagungen anschließt, ist eine wichtige Quelle für Anregungen und Feedback. Mit Fehlern wird unternehmensweit offen umgegangen – wichtig ist, dass man aus den Fehlern lernt und sie so verarbeitet werden, dass jeder daraus lernen kann, sodass sich ein Fehler nicht wiederholen muss. Mittagessen wird im Silicon-Valley-Stil für alle in die Büroräume geliefert und jeder Mitarbeiter hat Optionen an ResearchGate, sodass jedem Anteile an dem, was er baut und wozu er beiträgt, gehören. Des Weiteren ist die Kultur geprägt von Vertrauen, Dynamik und einem gemeinsamen Ziel: neue Türen öffnen, um damit die Wissenschaft grundlegend zu verändern.[254] Ijad Madischs Vision, seine Beharrlichkeit und die feste Überzeugung, mit der er von Beginn an auch ohne viele Anhänger und Mitarbeiter seine Idee verfolgte, hat zwischenzeitlich im Verlauf weiterer Finanzierungsrunden nicht zuletzt Bill Gates von ResearchGate überzeugen können und 2014 ein Millionen-Funding von ihm eingefahren.

Nun kann man sagen, dass es vergleichsweise leicht ist, die eigene Tatkraft und Begeisterung im Rahmen eines Start-ups auf Mitarbeiter zu übertragen und in den ersten Unternehmensjahren mit einer hervorragenden Idee, dem Erfolg und den Gestaltungsfreiheiten von hohem Engagement, hohem Enthusiasmus und der Eigeninitiative der Mitarbeiter zu profitieren. Schauen wir nun, wie es in einem etablierten Unternehmen gelingen kann, eine ähnliche Energie freizusetzen. Wie gelingt es einem riesigen Konzern, mit relativ hierarchischen Strukturen, den es schon seit über 150 Jahren gibt, die Eigeninitiative der Mitarbeiter freizusetzen? Wie gelingt so etwas in einem Unternehmen, in dem aufgrund der Größe alles etwas länger dauert und Qualitätsmanagement, Prozesse und Regularien keine unwesentlichen Leitplanken sind?

Spotlight: Entrepreneurial Workforce oder: die erfolgreiche Implementierung eines Eigeninitiativeklimas im Konzern

1837 gaben sich William Procter und James Gamble einen Handschlag. Als Partner machten sie sich mit ihrem Seifen- und Kerzengeschäft einen Namen und brachten damit eine Geschichte des stetigen Wachstums auf den Weg. Zwanzig Jahre nach der Gründung der Procter & Gamble Company beschäftigte das Unternehmen über 80 Mitarbeiter und überschritt die 1-Million-Dollar-Grenze mit ihrem Jahresumsatz.

Der heute wohl weltweit bekannte Konsumgüterkonzern Procter & Gamble (P&G) schaut also mittlerweile auf 180 Geschäftsjahre zurück, verkauft Produkte aus zehn unterschiedlichen Produktkategorien in über 180 Ländern dieser Welt, beschäftigt rund 100 000 Mitarbeiter und Mitarbeiterinnen und hat im Geschäftsjahr 2015/16 einen weltweiten Umsatz von 65,3 Milliarden US-Dollar erwirtschaftet.[255]

Dieser Erfolg ist kein Zufall, denn P&G betreibt ein beispielhaftes Eigeninitiativemanagement. P&G hat sowohl in der Strategie als auch in der Struktur und in der Führung eigeninitiativeförderliche Elemente implementiert, die miteinander verzahnt sind, und so profitieren sie von einer gut ausgeprägten Eigeninitiativekultur.

Beginnen wir bei zweien der Werte, die P&G als Unternehmenswerte formuliert hat: Die Werte »Ownership« und »Passion« bringen das Wichtigste auf den Punkt, denn in Bezug auf die Kunden, die Marken und die Mitarbeiter von P&G heißt dies, aktiv Verantwortung zu übernehmen. Werte gibt es in vielen Unternehmen, häufig stehen sie aber vor allem auf einem Blatt, im Intranet oder hängen stiefmütterlich auf ein Poster gedruckt an der Wand. Wie schafft P&G es, dass diese Werte von den Führungskräften tatsächlich gelebt werden?

Zum einen sind diese Werte Teil der Firmenkultur seit Gründung und damit Teil der DNA. Zum anderen liegt ein wichtiger Teil der Antwort auf diese Frage beim Recruiting-Prozess: Für P&G beginnt Führungsqualität bei einer besonders sorgfältigen Auswahl neuer Mitarbeiter und Mitarbeiterinnen. Die Auswahl ist darauf ausgelegt, Menschen mit besonderem Drive an Bord zu nehmen. Für das Stärken einer bestimmten Kultur durch das Leben von Werten, ist es essenziell, die richtigen Menschen im Team bzw. im Unternehmen zu haben. Die verantwortlichen Manager wählen gemeinsam mit dem Recruiting-Team von weltweit 1 000 000 Bewerbern anhand eines strengen Auswahlprozesses lediglich 1 Prozent dieser Bewerber aus. Im Rahmen des Bewerbungsprozesses wird in Assessments (natürlich neben der Prüfung fachlicher Passung) gezielt auch die Eigeninitiative der potenziellen Mitarbeiter abgeklopft und beobachtet, ob der Mensch zur Unternehmenskultur passt. Nicht jeder Mitarbeiter wird später Führungskraft und nicht jeder Mitarbeiter braucht ein gleich hoch ausgeprägtes Eigeninitiativepotenzial, aber schon durch den Einstellungsprozess wird sichergestellt, dass genügend Menschen mit hohem Potenzial – eben auch im Hinblick auf spätere Führungsfunktionen – an Bord genommen werden, sodass es später nicht zu einem Engpass kommen kann und Abstriche in der Qualität der Führung gemacht werden müssten. Denn P&G lebt die Philosophie, Führungsfunktionen fast ausschließlich intern zu besetzen. Für

P&G sind es ganz klar die Mitarbeiter, die die Grundlage des Wettbewerbsvorteils des Unternehmens bilden. So hängt der Erfolg ganz und gar von der Stärke des eigenen Talent-Pools ab. Die meisten neuen Mitarbeiter sind sehr jung und werden in den bereits aufgebauten und etablierten, stark werteorientierten Umgang im Unternehmen quasi von Beginn an »sozialisiert«. Sie werden mit der Übernahme von Verantwortung groß und lernen bereits in den ersten Wochen des Onboardings ganz explizit, wie wichtig Eigeninitiative in diesem Unternehmen ist. Wachsen sie dann später in eine Führungsrolle hinein, haben sie mit dem bisher Erlebten und dem schon verinnerlichten Werte- und Kulturgerüst bereits eine Haltung und Arbeitsweise entwickelt, die eine fundierte Grundlage bietet für die eventuelle zukünftige Führungsarbeit. Werden Mitarbeiter dann in die Führungsrolle befördert, werden sie dadurch weiter geprägt, dass von den Führungskräften erwartet und eingefordert wird, sich ihrer Vorbildfunktion bewusst zu sein, diese zu leben und sich den Werten entsprechend zu verhalten. Die »Jungen« können dabei von ihren erfahreneren Kollegen lernen, wie sie sich und die eigene Initiative am besten einbringen können, denn neue Führungskräfte bekommen Mentoren und Experten an die Hand, können sich austauschen und genießen zudem ein hervorragendes Trainingsangebot der unternehmenseigenen Leadership-Academy. Die Neu-Führungskräfte bekommen auf diese Weise sowohl formal als auch informell ein sehr fundiertes Lern- und Integrationsangebot für ihre neue, wichtige Funktion.

Welche Werte wie gelebt werden und welches Verhalten die Führungskräfte – auch ganz oben – kultivieren wollen, wird im engeren Leadership-Kreis diskutiert und definiert. Hier besprechen die Führungskräfte, was sie gut machen und was noch besser werden muss. Das gesamte Leadership-Team teilt die Ansicht und das Bewusstsein, dass Verhaltensänderungen nur funktionieren, wenn man sie selber stringent lebt und umsetzt.

Es wird täglich darauf geachtet, eine entsprechende authentische Führung zu leben. Die Erwartungen werden dann im Extended Leadership Team Meeting mit den weiteren Führungsebenen diskutiert und an sie kommuniziert. Der Teilnehmerkreis dieses Meetings umfasst auch das mittlere Management und somit ist eine Vielzahl der Führungskräfte involviert und beeinflusst das Gros der Mitarbeiterschaft, da 80 Prozent der Mitarbeiter an diesen Führungskräftekreis berichten.

Für die DACH-Region zum Beispiel steht die gesamte Arbeit und Führung bei P&G unter dem Leitsatz »The future is ours to create«. Dieser Leitsatz fordert die Übernahme von Verantwortung, einen proaktiven Arbeitsstil und Gestaltungswillen. Es wird darauf geachtet, dass die Mitarbeiter so viel Handlungsspielraum haben, wie sie brauchen, um diesen Leitsatz zu leben. Die Kernaussage ist, dass die Mitgestaltung der Zukunft auch von den Mitarbeitern in der DACH-Region vor Ort abhängt. Nicht nur das Headquarter in Cincinnati ist wichtig und entscheidet und nicht nur der Markt bestimmt die Richtung, sondern eben auch das aktive Gestalten der Mitarbeiter und Mitarbeiterinnen in DACH. Damit ist die Botschaft der Eigeninitiative klar vermittelt.

Die Führungskräfte füllen ihren Gestaltungsspielraum auch durch einen gewissen Einfluss nach oben aus. Zum Beispiel wurde die sehr gelungene Entrepreneurship- Initiative, die von einigen Führungskräften gestartet wurde, in Form eines Videos festgehalten und im Rahmen einer Firmenveranstaltung vom CEO und anderen Officern als Beispiel vorgeführt, weil diese Initiative Eigeninitiative fördert, die Möglichkeit bietet, alles anzusprechen und dadurch auch Kreativität freigesetzt wird, was sich klar in den Geschäftsergebnissen widerspiegelt. Wie gut der Führungskraft das »richtige« Verhalten gelingt, wird durch regelmäßige 360-Grad- und 1:1-Feedbacks ihrer Mitarbeiter beobachtet und rückgemeldet. Damit Feedback lebhaft bleibt, Spaß macht und man daraus möglichst gut lernen kann, gibt es immer wieder neue Ideen, wie Feedback am besten gestaltet werden kann.

Auch das Incentivierungssystem ist, zumindest teilweise bzw. so weit wie möglich, darauf abgestimmt, die Initiative und das gewünschte Führungsverhalten zu belohnen, und beinhaltet bestimmte Kriterien zum erwünschten Führungsverhalten als eine Beurteilungsgröße. Ähnlich ist es auch beim jährlichen Performance-Review.

Last but not least werden Führungskräfte auch daran gemessen, wie gut sie junge Talente ihrerseits fördern und damit das Geschäft nachhaltig entwickeln. So haben es die Manager quasi in der DNA, Eigeninitiative zu fördern. Zudem definiert P&G so gut und wo immer es geht Longterm-Incentives, damit auch nachhaltige Entwicklungen belohnt werden. Dieses auf mehrere Jahre ausgelegte Incentive-Programm fungiert als ein Gegengewicht zu dem Fokus auf kurzfristige Erfolge, die ein börsennotiertes Unternehmen natürlich auch im Blick behalten muss.

Die Aufmerksamkeit auf die Führung und die daraus entwickelten Systeme und Bemühungen führen zu einer stark ausgeprägten Kultur, die mittlerweile so etabliert ist, dass sie eigentlich kaum aufwändig kontrolliert oder erhoben werden muss, da die gesamte Kultur dafür sorgt, dass Menschen ohne Eigeninitiative und entsprechende Verantwortungsübernahme im Unternehmen gar nicht erst weiterkommen. Jochen Brenner sagt: »Unsere Mitarbeiter haben den eigenen Anspruch, immer mehr zu wissen und besser zu sein als gestern und morgen besser zu sein als heute«. Das bezieht sich darauf, dass im Unternehmen zu beobachten ist, dass die Mitarbeiter und Führungskräfte insgesamt mit einer hohen Eigenmotivation an ihre Arbeit gehen und Dinge aus eigenem Antrieb besser machen wollen. Das ist für P&G ein sehr belohnendes Ergebnis für all die Bemühungen und Investitionen in die Prägung der Kultur und wohl auch ein Payoff der aufwändigen Personalauswahl.

Wie schafft es ein solch riesiger Konzern nun, Strukturen zu etablieren, in denen die Arbeit nicht allzu kleinteilig und bereichsbezogen stattfindet? Auch P&G hat die für ihre Unternehmensgröße üblichen Führungsspannen und hierarchischen Layers, die zuweilen langsame Entscheidungsprozesse mit sich bringen. Aber P&G versucht, diese nicht die tägliche Arbeitsweise bestimmen zu lassen. Eine informelle Arbeitskultur sorgt für viel Austauschmöglichkeit und für die Freiheit in den Business-Units, dass wichtige Entscheidungen nicht top down getroffen werden, sondern von denjenigen, die am nächsten an einem jeweiligen Thema dran sind. Die Türen stehen offen, alle sind per Du und auch der Managing Director sitzt bei offener Tür im Office, ohne Vorzimmer und Anmeldung. Nun sitzen nicht alle Mitarbeiter auf einem Flur und selbst die offenen Bürotüren haben natürliche Grenzen, was das Teilen von Informationen angeht. Daher gibt es zur weiteren Förderung des Austauschs innerhalb des Unternehmens regelmäßige Lunches, fachübergreifende Meetings, »Q&A«-Webcasts mit dem CEO und einige weitere Formate, die eine Netzwerkbildung fördern und den Austausch von Informationen zwischen unterschiedlichsten Mitarbeitern ermöglichen.

Weiterhin testet P&G immer wieder unterschiedliche Arbeitsmodelle; zuletzt zum Beispiel mit einem Pitch für die Bearbeitung einer Business-Challenge, für die sich acht bis zehn Mitarbeiter und Mitarbeiterinnen gefunden haben, die Lust hatten, an der Aufgabe zu arbeiten – sie haben dann zwölf Wochen Zeit bekommen, um am Ende ihr Ergebnis zu präsentieren, und arbeiten bis dahin als selbst organisierte Arbeitsgruppe an dem Thema. Auch gibt es das Entrepreneurship-Network, einen »Passion-Club«, in dem in Selbstorganisation an Ideen und Innovationen gearbeitet wird, und die im Austausch mit den jeweiligen Business-Units jeweils weiterentwickelt werden. Es gelingt also, trotz konzerntypischer Strukturen flexible Arbeitsweisen zu etablieren.

Ein zusätzlicher Bestandteil der ausgeprägten Feedback-Kultur ist eine Mitarbeiterbefragung. P&G holt sich jährliche Rückmeldung ein, insbesondere auch zu der ge- und erlebten Kultur im Unternehmen. Die Ergebnisse bestätigen, dass die Führungsarbeit sehr gut umgesetzt wird. Die Bemühungen der Führungskräfte, die Werte vorzuleben, kommen bei den Mitarbeitern an. Das Ergebnis der Befragung meldet zurück, dass die Mitarbeiter die Beziehungen zwischen Führungskräften und Mitarbeitern zu 90 Prozent als sehr gut empfinden. Ebenso hoch sei laut der Mitarbeiter die Initiative und das Engagement in Bezug auf die Arbeit ausgeprägt.

P&G hat verstanden, dass das Verhalten der Führungskräfte für die Initiative der Mitarbeiter extrem wichtig ist. Denn sie sind diejenigen, die durch ihr Verhalten die Kultur und damit nicht nur die unmittelbare, sondern auch die generelle Arbeitsumgebung der Mitarbeiter prägen. Die Mitarbeiter spüren deutlich, dass ihre Eigeninitiative erwünscht ist, dass das gesamte Unternehmen Eigeninitiative fördert und fordert. Sie wissen, dass sie keine Angst haben müssen, sich auszuprobieren. Sie wissen, dass Fehler nicht unverzeihlich sind und dementsprechend nicht bestraft werden. Ganz im Gegenteil, P&G unterstreicht die Fehlerkultur einmal mehr durch Events wie die »FUN«-Night. FUN steht dabei als Abkürzung für »Fuck-up Night«. Dieses sehr erfolgreiche Format aus Mexiko wurde in der DACH-Region auch intern aufgesetzt und dann so gut angenommen, dass sich im gesamten Unternehmen eine Art FUN-Bewegung entwickelt hat. So wird die Fuck-up Night mittlerweile weltweit – selbst im Headquarter in Cincinnati – umgesetzt. Drei bis fünf Speaker sprechen über ihre größten Herausforderungen und ihr Scheitern, die Fehler, die sie gemacht haben und was sie daraus gelernt haben, und laden die Zuhörer dazu ein, aus ihren »Fuck-ups« zu lernen. In Deutschland wird ganz aktiv seit ca. 18 Monaten mit diesem Format die Kultur noch stärker auf Unternehmertum geschärft und durch die definierte richtungweisende Verhaltensweise »Lead with Courage« verstärkt thematisiert. Mitarbeiter sollen belohnt werden, wenn sie neue Wege gehen – auch wenn sie dadurch Fehler machen. Durch die Summe dieses organisationalen Verhaltens wird mehr als deutlich, dass es kein Tabu ist, über Fehler zu sprechen. Fehler werden als Lernquelle verstanden. Dabei dient die Analyse des Fehlers dazu, den Prozess bzw. bestimmte Dinge zu verbessern, nicht aber um finger pointing zu betreiben und sich damit aufzuhalten, Schuldige zu suchen oder zu verurteilen.

Das Vertrauen der Mitarbeiter in ihre Führungskräfte und das Unternehmen, für Fehler nicht bestraft zu werden, kann sich natürlich nur in einem Umfeld entwickeln, in dem insgesamt eine gute Vertrauensbasis herrscht. Neben der authentischen Führung entsprechend dem Wert »Integrity«, die im direkten Umgang mit den Mitarbeitern gelebt wird, gibt es zum Beispiel noch den Wert »Trust« und die beiden Prinzipien, dass P&G alle Individuen respektiert und dass die Zielsetzung des Unternehmens und die Interessen des Einzelnen eng miteinander verknüpft sind (letzteres Prinzip hat sich bereits seit knapp 100 Jahren bewährt). Daraus leitet sich insgesamt das Verhalten des Unternehmens gegenüber den Mitarbeitern ab, unter anderem auch die Kommunikationspolitik, für die sich P&G entschieden hat. P&G verfolgt eine sehr offene, transparente Unternehmenskommunikation, die beinhaltet, dass die Mitarbeiter sehr früh informiert und mit eigebunden werden, auch wenn noch nicht alles klar ist. Ein weiteres Beispiel, in dem sich Vertrauen als Wert im Verhalten des Unternehmens wiederfindet, ist die Kantine, in der alle Mitarbeiter den Wert ihres Essens selber in die Kasse eingeben und entsprechend bezahlen. So wird insgesamt eine Umgebung mit hoher psychologischer Sicherheit geschaffen, weil Werte gelebt und glaubhaft umgesetzt werden.

Die Ergebnisse aus den Mitarbeiterbefragungen fungieren übrigens auch als Kulturbarometer, wenn Veränderungsprojekte anstehen. Die zuletzt erhobenen Ergebnisse zeigen, ob die Mitarbeiter Zufriedenheit und Motivation zurückmelden, ob sie sich sicher fühlen und Vertrauen in das Unternehmen und ihre Führungskräfte haben. Ist das der Fall, dann ist das eine vielversprechende Grundlage für die erfolgreiche Umsetzung von anstehenden Change-Projekten. Stehen potenziell kritische Changes wie zum Beispiel interne Office-Umzüge oder gar die Veränderung von festen Büroplätzen hin zu agilen Arbeitsplätzen an, werden Change-Manager eingesetzt, die den Prozess begleiten und möglichst transparent und verträglich mit umsetzen.

Alles in allem veranschaulichen diese Einblicke in das Unternehmen P&G, wie ein gut orchestriertes Eigeninitiativemanagement Selbstorganisation und Proaktivität fördern kann und dazu beiträgt, dass sich die Mitarbeiter wohlfühlen, diese ihr Potenzial voll ausschöpfen und einbringen können, und sich das gesamte Unternehmen dadurch einen profunden Wettbewerbsvorteil erarbeitet.[256]

Zusammenfassung Kapitel 6

Die zwei Beispiele sollen deutlich machen, wie zum einen ein Unternehmen aus dem Nichts bzw. aus einer vermeintlich verrückten Idee entstehen kann und wie es sich nachhaltig zu einem robusten Unternehmen mit hervorragendem Initiativeklima entwickelt – und zwar durch die Initiative eines Gründers. Zum anderen dass es keine Ausrede gibt für alteingesessene Konzerne, sich etwa nicht um die Kultur zu kümmern, sie nicht mitzusteuern und nicht zu gestalten, sondern dass auch hier das volle Potenzial des Unternehmens ausgeschöpft werden muss und alle davon profitieren können.

7. »Eigeninitiativemanagement«: Das Managementinstrument für ein erfolgreiches Unternehmen im 21. Jahrhundert

Warum es nicht reicht, in Stellenanzeigen nach Eigeninitiative zu schreien

In diesem Kapitel fassen wir in Kurzform nochmal alle Punkte zusammen, die für das erfolgreiche Managen von Eigeninitiative in der Unternehmenspraxis wichtig sind. Egal ob Start-up, Mittelstand oder Konzern. Dieses Kapitel gibt noch einmal komprimierte *Antwort* auf den – schon in der Einleitung beschriebenen – bisweilen etwas absurden Zu- bzw. Missstand, dass überall nach mehr Proaktivität und eigeninitiativen Menschen verlangt wird. Und, dass erstaunliche Einigkeit darüber herrscht, dass, besonders im Arbeitsleben, zu wenig Eigeninitiative gezeigt wird. Und man sie daher am besten ständig und überall einfordern muss. Schauen Sie selbst nach: gehen Sie ins Internet auf eine beliebige Stellenbörse und klicken Sie zufällig zehn Anzeigen an. Mit hoher Wahrscheinlichkeit werden in mindestens neun von zehn Ausschreibungen explizit Bewerber beschrieben und gesucht, die eine »hohe Eigeninitiative mitbringen«, »Initiative, Lernfähigkeit, hohe Motivationsfähigkeit« haben, »eigenständige und lösungsorientierte Arbeitsweise«, »hohe Eigenmotivation« mitbringen, sich auszeichnen durch »Einsatzfreude, selbstständiges Handeln und den Willen, etwas zu bewegen«, deren eigenverantwortliche Arbeitsweise, Verantwortungsbewusstsein und Durchsetzungsvermögen ... durch ein hohes Maß an Selbstständigkeit geprägt ist«, oder deren »Arbeitsstil sich durch Engagement und Eigeninitiative auszeichnet«.

So lauten die unterschiedlichen Beschreibungen in den Stellenausschreibungen, die mehr als laut nach eigeninitiativen Bewerbern schreien. In der Hoffnung, dass diese Menschen dann die Extraleistung erbringen, auf die jedes Unternehmen so dringend angewiesen ist: ihre Freude, Energie und ihre Initiative. Die Arbeitgeber verlangen, dass Manager und Mitarbeiter immer unternehmerischer denken und mehr Eigeninitiative mit- und einbringen. Was bedeutet diese Forderung?

Das bedeutet zum einen, dass die Wichtigkeit von Eigeninitiative durchaus er- und bekannt zu sein scheint. Zum anderen zeigt die Formulierung in den Stellenanzeigen aber auch, dass hier noch immer ein grundlegender Irrtum vorliegt: man scheint zu glauben, dass es sich bei der Eigeninitiative um eine feste Persönlichkeitseigenschaft handelt. Das bedeutet, dass man davon ausgeht, dass eine Person per se proaktiv *ist* oder eben nicht. Also entweder Eigeninitiative mitbringt oder nicht, genauso, wie jemand per genetischer Veranlagung eben mit blauen Augen oder eben mit braunen Augen daherkommt. Ob und wie stark jemand Eigeninitiative zeigt, hängt, wie wir beschrieben haben, sicherlich auch ein wenig damit zusammen, was für eine Sorte Mensch jemand ist, nicht aber in einem alles bestimmenden Ausmaß, sondern nur zu einem kleinen Teil. Eigeninitiative ist ein *Verhalten*, es sind *Handlungen,* die nicht gleichzusetzen sind mit der Persönlichkeit. Und Eigeninitiative ist nicht unveränderlich, sondern im Gegenteil, sie ist ein gut förder- und erlernbares[257], *situativ verwendbares Handlungskonzept.*[258]

Eigeninitiative wird also glücklicherweise bereits als extrem wichtig wahrgenommen, etwas unverständlicherweise schon lange bloß *eingefordert* und paradoxerweise noch so gut wie nirgends systematisch *gefördert* und nachhaltig *ermöglicht.* Nochmal: Eigeninitiative ist ein *situativ anwendbares Handlungskonzept,* was bedeutet, dass das Unternehmen die Situation, die Unternehmensumgebung, die für den Mitarbeiter die Arbeitssituation ist, in der er sich bewegt, gestalten kann und muss.

Zu oft wird im Unternehmen übersehen, dass es zu einem großen Teil in der eigenen Hand und genauso in der eigenen Verantwortung liegt, die Strategie, die Strukturen, die Werte, die Gestaltung des

Arbeitsumfeldes und der Rahmenbedingungen aktiv auf Proaktivität auszurichten und all das durch ein einheitliches Führungsverständnis an die Mitarbeiter zu vermitteln und somit umfassend die Situation zu gestalten. Eine eigeninitiativeförderliche Unternehmenskultur zu prägen und damit den Nährboden zu bieten, auf dem die Mitarbeiter ihre Proaktivität voll einbringen können und wollen.

Es hilft nicht, Eigeninitiative einfach nur einzufordern. Selbst wenn Sie es, wie schon gesagt, schaffen, die proaktivsten Mitarbeiter für Ihr Unternehmen zu gewinnen: bietet die Situation keine entsprechende Atmosphäre, werden selbst die proaktivsten Mitarbeiter ihre Initiative bald wieder einstellen oder zusehen, dass sie das Unternehmen verlassen.

Bevor wir im folgenden Abschnitt die Zusammenfassung zu einem Eigeninitiativemanagement geben, ist es hilfreich, dass Sie einen ganz bestimmten menschlichen Fehler kennen und verstehen lernen. Diesen Fehler begehen auch Sie mit 99-prozentiger Wahrscheinlichkeit mehrmals täglich. Wir laden Sie dazu ein, nachdem Sie über den Fehler gelesen haben, sich selbst daraufhin im Nachgang mal ein paar Tage lang zu beobachten. Das funktioniert sowohl im privaten Umfeld als auch besonders gut bei der alltäglichen Arbeit im Büro in der Zusammenarbeit mit Ihren Kollegen. Sie werden sich sicher schnell ertappen und sich möglicherweise auch etwas schämen, dass auch Ihnen dieser Fehler unterläuft. Nehmen Sie es sportlich, denn es ist menschlich, dass das passiert. Und freuen Sie sich, dass Sie es in Zukunft bemerken, wenn Sie gerade wieder dabei sind, diesen Fehler zu begehen, und dann bewusst anders denken und sich auch anders verhalten können, es wird Ihnen in vielen Situationen helfen, bessere Entscheidungen zu treffen bzw. sich ein Stück professioneller zu verhalten.

Wir beschreiben diesen Fehler an dieser Stelle, weil er 1. viel von dem erklärt, wie wir uns oft als Führungskraft und/oder im Umgang gegenüber Kollegen automatisch verhalten (und das nicht immer die beste Wahl ist), und 2. weil das Verständnis um diesen Fehler helfen kann, genau die kritischen Dinge, zum Beispiel ein Verhalten, das den Handlungsspielraum anderer einschränkt, zu vermeiden bzw. zu verändern. Letztlich erweitert das Wissen um diesen Fehler das Verständnis, warum es so wichtig ist, sich die Gestaltung der Unternehmenskultur zur verpflichtenden und expliziten Aufgabe zu machen.

Der fundamentale Attributionsfehler

Starten wir mit einem Beispiel: Stellen Sie sich vor, dass Sie die folgende Situation in einem Supermarkt, in dem Sie gerade einkaufen, erleben: ein Mann, rempelt erst Sie, dann noch drei weitere Leute unhöflich um, drängelt sich an der Kasse vor und beschimpft dabei noch die Menschen, die ihm im Weg zu sein scheinen. Dann stürmt er davon, schubst dabei noch eine ältere Dame zur Seite, sodass sie fast das Gleichgewicht verliert und fällt. Der Mann verlässt auf diese Weise ohne sich nochmal umzudrehen hastig den Supermarkt. Was denken Sie über diesen Mann?

Um mit dem nettestmöglichen Eindruck, den Sie und die anderen Beobachter im Supermarkt gewonnen haben mögen, zu beginnen, wäre »Was für ein unhöflicher Mensch« eine Variante. Oder aber Sie denken sich, der Mann muss einfach ein rücksichtsloser Idiot sein, so wie der sich aufgeführt hat.

Wenn wir so denken, ist uns bereits der fundamentale Attributionsfehler [259] unterlaufen. Denn wir haben uns soeben das Verhalten des Mannes im Supermarkt mit Annahmen über seine Persönlichkeit erklärt. Oder, wie die Psychologen es ausdrücken: Wir haben sein Verhalten auf seine Persönlichkeit attribuiert. Wir glauben schnell, dass der Mensch sich auf eine bestimmte Weise verhält, weil er eben so ist, wie er ist. Was wir dabei völlig außer Acht lassen, ist die Situation, die häufig eine viel größere bzw. wichtige Rolle spielt. Wenn Sie nun die Information erhalten, dass dieser Mann kurz vor seiner Pöbel- und Drängelei im Supermarkt durch einen Anruf erfahren hat, dass seine Frau nach einem Unfall schwer verletzt im Krankenhaus liegt und es nun von seiner Blutspende und vor allem der Zeit, innerhalb derer er diese Blutspende abgibt, abhängt, ob sie überleben wird oder nicht, dann denken Sie plötzlich anders über den Mann. Sie würden Verständnis haben, sich fragen, ob Sie sich nicht vielleicht auch so verhalten würden, wenn Sie eine solche Information erhalten hätten. Bei dieser Überlegung haben Sie nun die Situation mit in Betracht gezogen und attribuieren das Verhalten des Mannes dementsprechend auf diese spezielle Situation. Man kann verstehen, dass dieser Mann sich so verhalten hat, nicht, weil er ein Rüpel ist, sondern, weil die Situation es erfordert, dass er, so schnell es nur geht ins Krankenhaus muss, um seiner Frau das Leben zu retten. Wenn man in eine solche Situation gerät, kann es leicht passieren, dass man die Höflichkeit gegenüber anderen kurz vergisst, weil alles, was man gerade im Kopf hat, die Angst bezüglich des Überlebens der Frau ist. Wir unterschätzen jeweils den Einfluss, den die Situation auf das Verhalten von Menschen hat und erklären uns das Verhalten eher mit der Persönlichkeit eines Menschen. Wir »fehlattribuieren« also und deshalb heißt dieses Phänomen Attributionsfehler. Der Attributionsfehler wird zudem noch durch die Bezeichnung »fundamental« geschmückt, weil wir diesen Fehler typischerweise relativ zuverlässig[260] begehen.

Ein besonderes Schmankerl bzw. der bedenkenswerte Witz an diesem Attributionsfehler ist, dass wir ihn relativ ausschließlich in Bezug auf andere Personen begehen. Interpretieren wir hingegen unser eigenes Verhalten, erklären wir es zu einem beträchtlichen Anteil durch die Situation, denn die Informationen über die eigene Situation sind uns ja automatisch und jederzeit bekannt, da es schließlich um uns selbst geht. Sicher kennen Sie von sich Sätze wie:»Ich war im Stress, deshalb konnte ich nicht mehr dies und jenes …«,»Ich habe fünfzehn Minuten in der Warteschleife gehangen und musste noch die dazugehörige Musik der Kundenhotline ertragen, da habe ich die erste menschliche Stimme, die sich meldete, erstmal beschimpft, weil ich so genervt war …« oder allseits beliebte Sätze wie »Ja, Schatz, ich war halt ein bisschen betrunken …« oder»Ich brauchte noch einen Kaffee und der Kaffeeautomat war kaputt, deshalb bin ich verspätet im Meeting angekommen«. All diese Erklärungen beziehen sich auf die Situation, in der man sich befindet. In einer stressigen Situation gewesen, genervt von der Tatsache, dass man in der Kundenhotline lange warten musste, obwohl man andere Dinge zu tun hat, sich vielleicht etwas danebenbenommen hat, weil man ein Gläschen zu viel intus hatte. Stellen Sie sich bitte kurz vor, wie absurd es uns, in Bezug auf uns selbst, vorkommen würde, wenn wir plötzlich Erklärungen abgeben wie »Ich bin generell ein ungeduldiger, ungehaltener Mensch, deshalb habe ich die Dame in der Kundenhotline beschimpft« oder »Ich bin von Natur aus unpünktlich und kann meine Zeit und Pufferzeiten schlecht planen, deshalb bin ich zu spät in das Meeting gekommen«.

Beobachten Sie in der kommenden Woche mal Ihre Gedanken, Sie werden sehen, dass Sie das Verhalten von anderen oft dadurch erklären, wie Sie denken, wie diese Person *ist* und Sie die Situation unbeachtet lassen.

Da wir nun wissen, dass die externalen Begebenheiten, also die Situation, typischerweise viel größeren Einfluss auf das Verhalten haben als internale Faktoren, wie zum Beispiel die Persönlichkeit bzw. Veranlagungen des Menschen, ist es umso einleuchtender, dass die Gestaltung von Situationen große Möglichkeiten bietet. Auch wird klar, dass die Stellenanzeige, in der der eigeninitiative Bewerber angefordert wird, der Bewerber, der hoch motiviert *ist*, entweder umformuliert werden sollte oder besser noch ergänzt werden sollte um die Information, dass das Unternehmen viel Freiraum und eine entsprechende Kultur bietet, in der die Mitarbeiter ihre Initiative einbringen können. So kann man als Unternehmen auch nach außen kommunizieren, dass man sich der Verantwortung für die Arbeitsumgebung bewusst ist und der Arbeitssituation entsprechende Aufmerksamkeit schenkt. Begonnen bei der Situation des Einzelnen am Schreibtisch, in der Interaktion mit der jeweiligen Führungskraft bis hin zur Unternehmenskultur. Das Gleiche gilt für die Forderung nach motivierten Mitarbeitern. Es ist eine Fehlannahme, dass es tägliche Führungskräfteaufgabe sei, Mitarbeiter zu motivieren. Ihre bisweilen teuer bezahlte Arbeitszeit als Führungskraft ist sicher nicht dafür gedacht, Ihre Mitarbeiter tagtäglich aufs Neue im 1:1-Gespräch zu motivieren. Warum? Weil in den meisten Fällen die Mitarbeiter grundlegend motiviert sind, die vorhandene Motivation jedoch durch unpassende oder schlechte Rahmenbedingungen, schlechtes Management und/oder schlechte Beziehungen zur Führungsperson blockiert oder unterdrückt wird. Die Kunst ist es nicht, Motivation aufzubauen, da die Menschen ja wie gesagt grundsätzlich Motivation mitbringen, speziell auch die Motivation zur Eigeninitiative. Die Kunst ist es, die vorhandene Motivation und Initiative nicht zunichtezumachen. Es geht vielmehr darum, das Umfeld im Unternehmen auf mögliche, die Initiative und Motivation behindernde, Faktoren zu analysieren, um zukünftig demotivierende Bedingungen zu vermeiden und re-motivierende Bedingungen[261] zu schaffen. Also sollte man sich, wenn sich die Leistung bzw. die Motivation eines Mitarbeiters verändert, als Führungskraft als Erstes fragen, was sich ggf. an der Situation möglicherweise verändert hat, sodass die Motivation geschwunden ist.

Ergo: Die Situation bedingt maßgeblich das Verhalten der Menschen. Gestalten Sie also die Situation!

Eigeninitiativemanagement: Strategie, Strukturen und die Führungsarbeit ausrichten auf die Prägung einer Eigeninitiative fördernden Kultur

Die folgende Zusammenfassung bringt nun noch einmal alle wichtigen Aspekte zur Freisetzung höchst möglicher Proaktivität in einen strukturierten Überblick. Dabei orientieren wir uns zunächst grob an den Ordnungsmomenten der Unternehmung: an der *Strategie*, an *Strukturen*, an der *Führungsarbeit* und an der *Kultur* des Unternehmens.[262] Anschließend fassen wir die Aspekte noch einmal in Bezug auf zwei wichtige Handlungsfelder des strategischen Personalmanagements zusammen: die Mitarbeiterauswahl und Mitarbeiterentwicklung. Wichtig ist, möglichst viele der Stellgrößen zu berücksichtigen. Wenn Sie einen offenen Umgang mit Fehlern predigen und sich von den Mitarbeitern wünschen, dass sie explorieren, ausprobieren und neue Ideen einbringen, dann scheitern Sie, wenn Sie nicht auch Ihre Bonuslogik darauf auslegen, dass Fehler ggf. Zeit und/oder Geld kosten und dass nicht zum Beispiel das Erreichen einer festen Zielvorgabe 120 Prozent Bonus bedeutet. Wenn Sie als Projektleiter einem Mitarbeiter völlig freie Hand in der Ausarbeitung neuer Vorschläge lassen, sollten Sie nicht enttäuscht sein, dass dieser mit mittelmäßig konservativen Ideen zu Ihnen kommt, denn das könnte daran liegen, dass zum Beispiel sein Vorgesetzter meinte, da mal draufschauen zu müssen und die guten, kreativen und etwas verrückten Ansätze aussortiert hat, weil er vermeiden wollte, dass ein möglicher Erfolg ohne ihn stattfindet. Das sind nur zwei von Unmengen an möglichen Situationen, in denen die Ausrichtung auf Proaktivität an einer Stelle gegeben ist, aber durch eine andere Stellgröße korrumpiert wird. Was wir mit der Analogie des Orchesters eingangs im 10. Fakt zur Eigeninitiative veranschaulicht haben, nämlich dass die beschriebenen Faktoren nur im Zusammenspiel die volle Wirkung zeigen, kann man auch mit einer simplen mathematischen Analogie beschreiben: Hohe Selbstorganisation, Innovationskraft und Veränderungskompetenz und entsprechend gesteigerte Produktivität und Profitabilität sind das Produkt aus den Aspekten der Strategie, der Struktur, der Umsetzung durch die Führung und der Kultur, die dadurch geprägt wird. Und, wie wir alle aus der Grundschule noch wissen, wird ein Produkt null, wenn einer der Faktoren null ist. In diesem Sinne fassen wir nun nochmal alle Komponenten des Produktes für einen praktischen Selbst-Check und erste Schritte im eigenen Unternehmen zusammen. Dementsprechend sind die im Folgenden aufgezählten Punkte nicht überschneidungsfrei, wir haben gleiche Aspekte dann unter mehreren Kategorien aufgeführt.

Strategie und Unternehmenslenkung

Wie muss Eigeninitiative auf strategischer Ebene im Unternehmen verankert werden? Oder: Wie unterstützen Sie das Eigeninitiativemanagement durch strategische Aspekte?

Zu allererst muss eine explizite Verankerung der Eigeninitiative auf strategischer Ebene vorhanden sein bzw. geschaffen werden. Jedes Unternehmen muss heutzutage veränderungsfähig und innovationskräftig sein. Das sollte in der Strategie explizit verankert und dann nachgelagert auch aktiv operativ umgesetzt werden. Machen Sie es also zum strategischen Bestandteil, die Unternehmenskultur zu prägen, um ein gutes Eigeninitiativeklima bestmöglich vorzusteuern:

- Eigeninitiative als Voraussetzung für Innovationskraft sollte explizit durch die Unternehmensspitze in die Strategie aufgenommen werden. Und/oder nehmen Sie Eigeninitiative als Unternehmenswert mit auf.

- Sorgen Sie dafür, dass die gesamte Unternehmensspitze auf dem gleichen Wissensstand zum Wesen und zur Bedeutung der Eigeninitiative ist.

- Kreieren Sie sodann größtmöglichen Konsens zum Thema Eigeninitiative und zu der Verpflichtung, auf oberster Unternehmensebene Eigeninitiative entsprechend uneingeschränkt vorzuleben.

- Sorgen Sie dafür, dass die Wichtigkeit eines Eigeninitiativemanagements auf allen weiteren Führungsebenen bekannt und verstanden ist und dass das Handeln der Führungskräfte darauf ausgerichtet sein muss, Eigeninitiative zu fördern und zu fordern.

- Sorgen Sie dafür, dass alle Manager ihren Auftrag und die Erwartung an ihre Rolle als Change-Agent kennen und ebenso wissen, was von ihnen in ihrer direkten Führungsfunktion erwartet wird.

- Sorgen Sie dafür, dass diese Strategie gerade für die Führungskräfte Aufforderungscharakter hat: Auch die strategische Aussage sollte bereits dazu anhalten, den Arbeitskontext anzupassen, entsprechend zu gestalten, die Strukturen und entsprechenden Verantwortungsbereiche (Recruiting, Führungskräfte- und Personalentwicklung) mit allem auszustatten, was es braucht, um den Anforderungen hoher Eigeninitiative gerecht zu werden und sie umsetzen zu können.

- Legen Sie ebenso bereits auf strategischer Ebene eine offene Umgangsform mit Fehlern fest. Hier beginnt der Erfolg oder eben auch das Scheitern einer guten *Fehlermanagementkultur*. Auch dieser Aspekt kann direkt im Rahmen der Strategie oder der Unternehmenswerte ausformuliert werden.

- Entscheiden Sie sich auch auf strategischer Ebene dafür, eine Umgebung der *psychologischen Sicherheit* für Ihre Mitarbeiter zu schaffen. Das lässt sich durch die Gestaltung von Rahmenbedingungen, Strukturen und gewisse Anforderungen an die Führungsarbeit umsetzen: durch einen konsequenten, wertschätzenden Umgang mit jedem einzelnen Mitarbeiter, eine transparente Informationspolitik und entsprechende Kommunikation.

- Formulieren Sie eine strategieunterstützende Vision, eine Mission und/oder Leitlinien, die darauf abzielen, die Probleme von Kunden und Märkten proaktiv zu lösen, und kommunizieren Sie so bildhaft wie möglich, wie Sie das als Unternehmen mit dem Beitrag eines jeden einzelnen Mitarbeiters erreichen können.
- Sorgen Sie ebenso auf strategischer Ebene dafür, dass das Erfassen des Initiativklimas und der aktuell empfundenen psychologischen Sicherheit explizit als Teil in jeder Change-Management-Konzeption enthalten ist bzw. vorgelagert stattfindet. Führen Sie Umfragen hierzu durch, wenn Sie nicht zuverlässig einschätzen können, ob die Kultur in Ihrem Unternehmen so gelagert ist, dass Change-Projekte und Innovationen gelingen können.

Struktur

Wie sollten strukturelle Rahmenbedingungen gestaltet sein, um die Eigeninitiative maximal zu fördern? Die Systeme und Strukturen müssen das Individuum und die Eigeninitiative grundsätzlich unterstützen. Das klingt banal, wird aber oft nicht umgesetzt.

Nachdem in der Strategie das Streben nach Proaktivität verankert ist, stellen Sie nun die Weichen auf struktureller Ebene. Erlassen Sie möglichst ermächtigende Strukturen, um die Mitarbeiter darin zu ermutigen und aufzufordern, sich ganz im Sinne internen Unternehmertums einzubringen:

- Halten Sie die Hierarchien so flach wie möglich.
- Versuchen Sie, Ihre Strukturen so flexibel wie möglich zu gestalten.
- Nutzen Sie die vorhandene lokale Intelligenz Ihrer Mitarbeiter durch Strukturen, die einen hohen Handlungsspielraum für die einzelnen Mitarbeiter bei der Erledigung ihrer Aufgaben ermöglichen, größtmögliche Entscheidungsfreiheit und Befugnisse.
- Geben Sie innerhalb dieser Strukturen durch die Kommunikation und Visualisierung von Vision, Mission und/oder eines entsprechenden Leitbildes die Richtung bekannt – eine gute Vision/Mission fungiert auch als handlungsleitende Struktur, die Orientierung gibt.

- Sorgen Sie strukturell dafür, dass ein starker Informationsaustausch zwischen den Mitarbeitern des Unternehmens stattfinden kann. Das können sowohl technische als auch räumliche Lösungen sein.
- Eine weitere wichtige strukturelle Rahmenbedingung ist die Gestaltung der Bonussysteme im Unternehmen:
  - Gestalten Sie Bonussysteme, die Fehler nicht bestrafen.
  - Incentivieren Sie in Zielvereinbarungen schwierige und hoch gesteckte, aber erreichbare Ziele.
  - Incentivieren Sie Proaktivität nicht nur auf der individuellen, sondern auch auf Team- und Abteilungsebene.
  - Lassen Sie Ziele soweit wie möglich durch die Mitarbeiter mitentwickeln.
  - Lassen Sie den Weg zum Ziel möglichst offen.

Führung

Die transformationale Führung haben wir bereits ausführlich beschrieben. Eine Betrachtungsebene weiter oben ist es wichtig, dass Führung zu allererst als Funktion des Systems verstanden wird. Sie ist als Funktion zunächst personenunabhängig. Es gilt, ein solches Verständnis von Führung in der jeweiligen Organisation aufzubauen. Da dieses Verständnis abweicht von dem, wie Führung typischerweise aufgefasst wird, sind zuerst auch die Führungskräfte diejenigen, die umlernen müssen, was ihre Funktion und auch ihr Selbstverständnis angeht.[263] Führung ist nicht die Eigenschaft einer Person und dient nicht als Mittel für den individuellen Aufstieg. Dieses Verständnis bedeutet einen Paradigmenwechsel und das Entwickeln einer deutlich anderen Haltung zu Führung, als sie heute überwiegend gelebt und ausgeführt wird. So muss vor allem das Topmanagement dieses Verständnis haben und umsetzen.

Alle weiteren Führungsebenen fungieren dann, wie das Topmanagement selbst auch, als wichtiges Multiplikationsgerüst dieser Haltung und dieses Verständnisses von Führung. Sie verantworten die Umsetzung der strategischen Aspekte, die Ausgestaltung des strukturellen Rahmens, die direkte Arbeitsumgebung der Mitarbeiter und sind durch ihre Vorgesetztenrolle natürlich letztlich auch in Person und Interaktion Teil der direkten Umgebung des jeweiligen Mitarbeiters.

- Machen Sie sich bewusst, dass Sie als wichtiger Change-Agent fungieren und Vorbildfunktion haben.
- Sie stehen in der Verantwortung in Ihrem Bereich, für Ihre Mitarbeiter eine Umgebung zu schaffen, die Raum für Eigeninitiative gibt.
- Es ist Ihre Aufgabe, nach oben und nach unten Einfluss zu nehmen: nach oben fordern Sie ein, was Sie brauchen, um in Ihrem Bereich ein aktives Eigeninitiativemanagement ermöglichen zu können. Sorgen Sie dafür, dass so viele Aspekte wie möglich im Unternehmen bedacht, diskutiert und implementiert werden. Ihr Einfluss nach unten meint, dass Sie in Ihrer direkten Führung Ihren Handlungsspielraum entsprechend nutzen und in dem unmittelbaren Arbeitsumfeld Ihrer Mitarbeiter dafür sorgen, dass ...
  - Sie ihnen herausfordernde, schwierige, aber nicht überfordernde Aufgaben geben, die lösbar sind.
  - es, wo immer möglich, eine gewisse Komplexität in den individuellen Arbeitsaufgaben gibt.
  - Sie diejenigen loben, die viel Initiative zeigen.
  - das Engagement und die Motivation Ihrer Mitarbeiter in die richtige Richtung ausgerichtet sind, Sie ihnen Fokus geben. Das gelingt insbesondere mit einer bildhaften Vision, einer »Story«, und entsprechend starker Kommunikation von dem, wo das Unternehmen hinstrebt.
  - Sie Ihre Mitarbeiter ausführlich informieren über die Ziele und die Strategie des Unternehmens und ebenso über Fortschritte, die das Unternehmen macht, berichten.
  - Ihre Mitarbeiter die Aufgabenstellung und Ihre Erwartung zum Ergebnis einer Aufgabe (Zeitachse und Qualität) kennen, Sie es aber vermeiden, konkrete, ausdetaillierte Arbeitsvorgaben zu machen.
  - Sie sukzessive immer anspruchsvollere und verantwortungsvollere Aufgaben und Projekte an die Mitarbeiter übertragen.

- Sie vertrauensvolle Beziehungen aufbauen.
- Sie den freien Austausch von Informationen zwischen den Mitarbeitern fördern und offene Fragen und Diversität von Gedanken zulassen.
- Sie den Mitarbeitern Dringlichkeit, Sinn und Zweck von Veränderungen transparent machen und die Herausforderungen, denen das Unternehmen gegenübersteht, klar benennen.
- Sie verdeutlichen, mit welchen Ressourcen Sie die genannten Herausforderungen meistern können.
- Sie den Top-down-Informationsfluss und die Information innerhalb Ihrer Verantwortungsebene maximieren.
- Sie Ideen Ihrer Mitarbeiter zunächst mittragen und so lange für gut befinden, bis sie wirklich scheitern. Wenn möglich, geben Sie Ideen auch eine zweite Chance.
- Sie selbst einen offenen Umgang mit Fehlern ausüben.
- Sie provokative Fragen stellen, weiter nachbohren und eine Antwort auf die Frage einfordern, wie Dinge weiter verbessert werden können.
- Sie von den Mitarbeitern einfordern, dass sie sich weiterentwickeln und auch in einer Art und Weise weiterwachsen, die von demjenigen selbst als sinnvoll empfunden wird und Bedeutung besitzt.
- Sie mögliche Abwärtsspiralen im Blick haben und diese ggf. aufbrechen können.
- Sie, wenn möglich, die individuellen Ressourcen der Mitarbeiter herausfinden.
- Sie wissen, wie stark die Selbstwirksamkeitsüberzeugungen Ihrer Mitarbeiter ausgeprägt sind, um diese gegebenenfalls stärken zu können.
- Sie herausfinden, wie Ihre Mitarbeiter mit Problemen, Fehlern und Hindernissen umgehen, um auch hier gegebenenfalls Maßnahmen einzuleiten.

Überprüfen Sie sich anhand der folgenden Fragen einfach selbst:

- Sind Sie sich über Ihre Funktion in dem System »Organisation« bewusst?

- Sind Sie ein gutes Vorbild in den Aspekten der transformationalen Führung?
- Sind Sie vorbildlich, was Ihre Haltung zur Eigeninitiative angeht?
- Gehen Sie selbst offen mit Fehlern um und sehen Sie sie als Möglichkeit zum Lernen?
- Wie ist Ihre Reaktion auf Fehler von Kollegen und/oder von Mitarbeitern?
- Ermutigen Sie die Mitarbeiter, sich zu vernetzen und sich auszutauschen?
- Schaffen Sie Möglichkeiten, dass sich die Mitarbeiter austauschen können?
- Ermutigen Sie Ihre Mitarbeiter, auch mal ein Risiko einzugehen, etwas auszuprobieren, zu experimentieren?
- Treiben Sie Veränderungen voran? Stoßen Sie eigens Veränderungen an?
- Setzen Sie die beschriebenen Aspekte transformationaler Führung um?
- Mischen Sie sich in die Diskussionen des Topmanagements ein, um Einfluss auf das organisationale Design zu nehmen, die Strukturen mit zu formen und ggf. auf Missstände aufmerksam zu machen?
- Können Sie durch Beobachtung Ihrer Mitarbeiter einschätzen, wie stark ihre eigene Selbstwirksamkeitsüberzeugung ausgeprägt ist und wie viel Selbstvertrauen sie haben?
- Geben Sie Ihren Mitarbeitern genug Information?
- Sorgen Sie dafür, dass Ihre Mitarbeiter die Vision und die Unternehmensziele kennen und ihren eigenen Anteil daran verstehen?

Kultur

Wie sollten kulturelle Rahmenbedingungen gestaltet sein, um die Eigeninitiative maximal zu fördern? Kultur entsteht zwangsläufig durch das Verhalten von Menschen in Organisationen. Wichtig ist, dass man die Kultur nicht dem Zufall überlässt, sondern sie aktiv durch das eigene Verhalten prägt und mitgestaltet. So überschneiden sich die praktischen Implikationen für die Prägung der Kultur mit unseren zusammenfassenden Punkten im vorangehenden Abschnitt zur Führung zwangsläufig. Damit klar wird, dass durch entsprechendes Verhalten der Kultur Ausdruck verliehen wird bzw. sie dadurch geprägt werden kann, führen wir diese Punkte trotzdem noch ein zweites Mal auf, und zwar entlang der zuvor beschriebenen Aspekte der eigeninitiativeförderlichen Kultur.

Prägen Sie aktiv eine *Fehlermanagementkultur*, indem Sie …

- ganz explizit reflektieren, wie Sie selbst mit Fehlern umgehen und welche Art des Umgangs mit Fehlern sich im Unternehmen bereits entwickelt hat.
- formulieren, wie die gewünschte Art und Weise im Umgang mit Fehlern aussieht. Sowohl in strategischer Hinsicht als auch als Teil von Unternehmenswerten und/oder in der Vision/der Mission des Unternehmens und nicht zuletzt auch für Ihr ganz persönliches Verhalten: Reagieren Sie konstruktiv, nicht vorwurfsvoll, wenn Fehler an Sie herangetragen werden, wenn jemand schroff gerügt wird für einen Fehler, am besten noch vor anderen, dann werden Sie keinen Weg mehr finden, offen über Fehler sprechen zu können. Umso sensibler muss man im Umgang mit Fehlern sein, denn generell ist es gefühlt mit hohem potenziellen Risiko behaftet, offen über Fehler zu sprechen. Es wird als Hindernis im Vorantreiben der eigenen Karriere empfunden und ist mit der Angst verbunden, sich persönlich zu blamieren.
- gerade als Führungskraft ausnahmslos als Vorbild agieren: Die Führungskräfte eines jeden Levels sollten als Vorbilder über die eigenen Fehler sprechen und die Kommunikation und »lessons learned« in die Regelkommunikation einbetten (zum Beispiel im Jour fixe, in Monats-Meetings oder sogar in größeren Formaten, wenn es als Lernoption für viele andere im Unternehmen von hohem Wert ist). Ermutigen Sie die Mitarbeiter dazu, das auch zu tun. Es gibt Unternehmen, in denen es sogar Events zu Fehlern gibt: eine »Fuck-up Night« oder die Verleihung eines »Error-of-the-Month«-Awards.
- sich bewusstmachen, dass das Unternehmen selbst durch die Gestaltung der Reward-Systeme den Umgang bzw. die Einstel-

lung zu Fehlern unterstreichen kann. Analysieren Sie, ob die unternehmensweiten Reward-Systeme rein auf fehlerfreien Erfolg und Bestrafung von Fehlern ausgelegt sind.

Wenn die Reward-Systeme Fehler bestrafen, dann ist es eigentlich egal, welche weiteren Fehlermanagementinitiativen Sie umsetzen oder zu gestalten versuchen; die Mitarbeiter werden – wenn überhaupt – äußerst zögerlich an innovativen, unbekannten Projekten arbeiten. Die Mitarbeiter werden es vermeiden, durch das Einbringen von Ideen und Initiativen mit unklarem Ergebnis ein individuelles und finanzielles Risiko einzugehen.

- sich der Tatsache bewusst sein sollten, dass ein Fokus auf Beschuldigungen, Rügen und Bestrafung Ressourcen verbrennt. Es sind Ressourcen, die verloren gehen und die für eine schnelle Reaktion auf Fehler, eine Analyse von Fehlern und das Lernen aus Fehlern besser eingesetzt sind und das Langzeitlernen aus Fehlern maximiert.
- das Führungsteam als erweiterten Arm aktivieren und sensibilisieren hinsichtlich aller Aspekte, die die Eigeninitiative fördern. Die Führungskräfte müssen homogen als Vorbilder agieren. Nehmen Sie sich Zeit, Eigeninitiative zu erklären. Sorgen Sie dafür, dass Ihre Führungskräfte wirklich verstehen, wie viel Einfluss eine gut funktionierende Eigeninitiativekultur auf das gesamte Unternehmen hat und dass Veränderungen ohne eine von Proaktivität geprägte Kultur nicht funktionieren.
- sich nicht davor scheuen, entsprechende Personalentscheidungen zu treffen, wenn es Führungskräfte gibt, die dem Auftrag, das Unternehmen gesamtheitlich agil und wandlungsfähig zu gestalten, nicht nachkommen.
- 1:1 zeitnahes, aktives Feedback geben und sich ebenso Feedback einholen.
- auch systematisches Feedback einführen und/oder regelmäßig durchführen.
- nicht müde werden zu betonen, dass Feedback wichtiger Baustein von Lernen und Weiterentwicklung ist.
- einen unterhaltsamen, kreativen Weg finden, Feedback regelmäßig umzusetzen und so zur gewinnbringenden Routine werden zu lassen.

Prägen Sie aktiv eine Umgebung psychologischer Sicherheit, dadurch, dass Sie ...

- sich verlässlich und so transparent wie möglich verhalten.
- nichts versprechen, was Sie nicht halten können.
- Ihren Mitarbeitern wertschätzend begegnen.
- dafür sorgen, dass auch die Ausgestaltung Ihrer Richtlinien und Regelungen ein Ausdruck von Kultur ist bzw. bewirkt: Auch die Rahmenbedingungen müssen fair und transparent gestaltet sein (zum Beispiel Konditionen im Arbeitsvertrag, interne Richtlinien etc).
- ein ebenso faires wie nachvollziehbares Reward-System etablieren und die Mitarbeiter spürbar am Unternehmenserfolg teilhaben lassen.
- eine proaktive und transparente Informationspolitik und Kommunikation pflegen.

Insbesondere in Bezug auf Veränderungsprojekte: Machen Sie in Ihrem Unternehmen klar, dass es das Kernstück eines jeden Change-Prozesses ist, zuvor das Eigeninitiative- und das psychologische Sicherheitsklima zu erfassen, zu schauen, ob es gut ausgeprägt ist, bevor Sie Veränderungs- und Innovationsprojekte in Angriff nehmen. Ob die Kultur für bevorstehenden Wandel die richtige ist, kann zum Beispiel wie bei Procter & Gamble durch eine Mitarbeiterbefragung in Erfahrung gebracht werden. Aber auch andere Methoden wie die Befragung von Schlüsselpersonen oder die Messung des Eigeninitiativeklimas mit entsprechenden psychometrischen Tests können sinnvoll sein.

Empfehlungen für das Recruiting

Überlassen Sie es im Prozess der *Personalauswahl* nicht dem Zufall, ob die Bewerber jeweils hohe Eigeninitiative mitbringen oder eine eher passive Herangehensweise an Aufgaben und Anforderungen haben. Gerade wenn Sie Führungspositionen besetzen wollen, ist die Auswahl umso erfolgskritischer. Wir beobachten, dass die Unternehmen in ihren Stellenausschreibungen quasi nach Eigeninitiative der Bewerber lechzen, sie aber im Auswahlprozess nicht berücksichtigen, möglicherweise, weil die Idee dazu fehlt, wie man Eigeninitiative beobachten oder operationalisieren und valide erheben kann.

- Sensibilisieren Sie Ihre Führungskräfte und das HR-Team maximal für die Wichtigkeit von Eigeninitiative.
- Lassen Sie Ihre Führungskräfte und die HR-Abteilung schulen, hohe Proaktivität an Lebensläufen und im Gespräch zu erkennen und stets darauf zu achten.
- Implementieren Sie die Messung von Eigeninitiative im Rahmen Ihres Auswahlprozesses: Testen Sie an mehreren Zeitpunkten mit unterschiedlichen Methoden, wie eigeninitiativ Ihre Bewerber sind. Implementieren Sie zum Beispiel einen kleinen Case in einem telefonischen Erstinterview, schalten Sie ein Online-Assessment vor, führen Sie einen Situational-Judgement-Test zur Proaktivität ein und prüfen Sie im persönlichen Gespräch erneut die Eigeninitiative. Je mehr unterschiedliche Quellen Sie haben, die eine Aussage über die Proaktivität machen, desto besser können Sie Ihr Urteil beim Vergleich der Kandidaten abrunden.
- Achten Sie auf die Ausprägung der Veränderungsbereitschaft, der Selbstwirksamkeit, des Strebens nach Verantwortung bzw. Verantwortungsbereitschaft bei den Bewerbern.
- Wählen Sie diejenigen aus, die lernorientiert sind (und nicht lageorientiert, denn die lageorientierten tun sich typischerweise schwer mit Veränderungen).
- Prüfen Sie die Einstellung gegenüber Fehlern.
- Prüfen Sie, wie der Bewerber mit Frustration umgeht, ob er eine Bewältigungsstrategie zur Hand hat, um mit Frust umzugehen und schnell wieder zu einer konstruktiven Arbeitsweise zurückfindet, nicht in schlechten Gefühlen verharrt und dadurch unnötig Ressourcen verbraucht.
- Stellen Sie Menschen ein, die Neugierde zeigen, viele und offene Fragen stellen, ein starkes Interesse daran haben, weiter zu lernen, und die selbstbestimmt handeln.

- Achten Sie auf das Durchhaltevermögen und die Beharrlichkeit Ihrer Bewerber.
- Suchen Sie Menschen, die Hindernisse nicht scheuen und sich von einer gegebenen Situation nicht einschränken lassen.
- Wählen Sie Menschen aus, die sich durch Möglichkeiten und Chancen motiviert fühlen und entsprechend Ausschau nach Chancen halten.
- Wählen Sie Menschen aus, die gerne auch einen Blick in die Zukunft werfen und über den Tellerrand schauen können.
- Wählen Sie Menschen aus, die kooperativ und partnerschaftlich denken, die Netzwerke aufbauen können.
- Wählen Sie Menschen aus, die den Status quo herausfordern und es mit bestehenden Paradigmen aufnehmen wollen.
- Wählen Sie die Menschen aus, die Ihnen immer noch ein bisschen mehr (von sich aus) anbieten als das, was gefordert ist.
- Wählen Sie Menschen aus, die ein gesundes Selbstvertrauen haben.
- Überprüfen Sie den Wortlaut Ihrer Stellenanzeigen: Vermitteln Sie an die Bewerber ein richtiges Verständnis von Eigeninitiative und Verantwortung?

Empfehlungen für die Personalentwicklung

In der *Personalentwicklung* gibt es zwei wichtige Stellhebel: Der erste ist, das Management- bzw. Führungskräfteteam maximal auf Proaktivität auszurichten und zu entwickeln (auch hier wiederholen wir viele Aspekte aus den Bereichen Führung und Kultur). Die Führungskräfte müssen vorbildliche Change-Agents sein. Sie sollten viel Proaktivität zeigen, darin geschult und weiterentwickelt werden, denn diese Menschen sind es, die diese Haltung für Sie im Unternehmen multiplizieren und weitergeben werden. Achten Sie darauf, dass Ihre *Führungskräfte*

- im Know-how zur Eigeninitiative auf dem neuesten Stand sind und sie um das Zusammenspiel und die Dynamik der vielen Faktoren und Aspekte wissen.

- einen transformationalen Führungsstil leben also, dass sie die Mitarbeiter
  - inspirieren,
  - anregen, Probleme auf neue Weise zu betrachten und kreative Lösungen entwickeln,
  - individuell berücksichtigen und anerkennen,
  - maximal durch ihre eigene integre Persönlichkeit zu respektvollem Umgang und vertrauensvoller Zusammenarbeit einladen.
- darin unterstützen und auch dazu befähigen, ihre Ideen einzubringen, eigene Barrieren zu überwinden und Ziele zu verfolgen.
- die Mitarbeiter in ihrem Können bestätigen und weiterentwickeln und zu mehr Selbstvertrauen verhelfen.
- einen Rahmen schaffen für die Arbeit, in dem die Mitarbeiter mit proaktivem, antizipativem Verhalten nichts riskieren, keine persönlichen und arbeitsbezogenen Nachteile erleben.
- nicht auf die Maximierung der persönlichen Vorteile fokussiert sind.

Weitere Möglichkeiten sowohl für Ihre *Führungskräfte als auch für die Mitarbeiter* sind

- Trainings, die zum Beispiel direktes Wissen zu Entrepreneurship, Verantwortung, der wichtigen Feedback-Funktion von Fehlern, Eigeninitiative und einem entsprechenden Mindset vermitteln.
- Trainings, die darauf abzielen, die Selbstwirksamkeitsüberzeugung zu verbessern und Selbstsicherheit und Durchsetzungsvermögen aufzubauen.
- Trainings oder Coachings, in denen konstruktive Bewältigungsstrategien erlernt und entwickelt werden und eine konstruktive Problemlösefähigkeit gefestigt wird, sodass ein produktiver Umgang mit Fehlern, Rückschlägen und Kritik erlernt wird.
- jeweils fachliche Trainings, die bestimmte Kompetenzen erhöhen.
- Trainings/Feedbacks, die unter anderem ermutigen, Verantwortung zu übernehmen.
- die Mitarbeiter in möglichst umfangreicher Opportunität in Projekten und der Arbeit an sich möglichst hohe Expertise entwickeln zu lassen.

- zum Beispiel durch Jobrotation oder mixed Teams ein umfangreiches Verständnis über den gesamten Prozess, andere Bereiche und das gemeinsame Ziel auch aus unterschiedlichen Perspektiven zu erlangen.

Zusammenfassung Kapitel 7

Falls noch nicht geschehen, nehmen Sie sich zunächst Zeit, zu entscheiden, welche zusätzlichen Methoden, Fragen oder Diagnostiken im Rahmen Ihres Auswahlprozesses gut zu Ihnen passen und Ihnen Aufschluss geben können über die Ausprägung der Eigeninitiative Ihrer Bewerber. Wählen Sie die richtigen, also die proaktivsten, Bewerber als zukünftige Mitarbeiter aus und verwenden Sie weitere Zeit und Energie darauf, das beschriebene Verständnis von Eigeninitiative und eine entsprechende Haltung in Ihrem Unternehmen zu prägen und umzusetzen. Haben Sie den Mut, zu überprüfen und zu hinterfragen, an welchen Stellen es in Ihrem Unternehmen noch am Zusammenspiel von Stellgrößen fehlt (geben Sie zum Beispiel viel Geld aus für von der Strategie und Vision entkoppelte Motivationstrainings im mittleren Management?) oder an Konsequenz (belohnen Sie in Ihrer Bonuslogik »fehlerloses Geradeausgehen« von Vertriebs- und Führungskräften und fordern gleichzeitig zu Innovationen auf?) oder an welcher Stelle möglicherweise auf nicht vorbildliche Weise agiert oder reagiert und somit die Kultur beeinträchtigt wird. Die in diesem Kapitel gegebene Zusammenfassung kann Ihnen als Leitfaden dienen, sich oder dem Unternehmen die ein oder andere prüfende Frage zu stellen und zu entdecken, in welchen Bereichen oder bei welchen Abläufen es Inkongruenzen gibt. Wir haben einen umfassenden Überblick gegeben, welche Anforderungen ein Eigeninitiativemanagement an die Strategie, die Struktur, die Kultur und die Führung eines Unternehmens stellt. Regen Sie, an welchen Anknüpfungspunkten auch immer, Diskussionen an: zur Kultur, zu dem Verhalten der Mitarbeiter und besonders der Führungskräfte in ihrer Vorbildfunktion. Wir haben aus unterschiedlichen, sich ergänzenden (und sich gegenseitig bedingenden) Perspektiven aufgelistet, wie Sie das Unternehmen auf den Prüfstand stellen und gezielt Diskussionen anregen können. Abschließend haben wir aus Sicht des strategischen Personalmanagements aufgezeigt, was Sie im Bereich Recruiting und Personalentwicklung tun können. Auch hier sei dazu gesagt und wiederholt, dass einzelne, punktuelle Bemühungen auf lange Sicht nicht ausreichen werden, um das gesamte Potenzial des Unternehmens zu mobilisieren. Je nachdem, in welcher Funktion im Unternehmen bzw. in welcher Ebene als Führungskraft Sie sich befinden, werden Sie vielleicht an vielen Stellen gedacht haben: »Das liegt leider nicht in meiner Hand«. Gerade dann sollte dieses zusammenfassende Kapitel darauf antworten, dass genau das nicht die Gedanken einer proaktiven Führungskraft sind. Gehen auch Sie mit neuem Blick und Ihren Ideen offen auf Kollegen und Führungskräfte zu und hinterfragen Sie vor allem auch ihre eigene Haltung zu ihrer Führungsfunktion.

TEIL III

8. Eigeninitiative und Motivation

eigeninitiatives Verhalten ist, wie bereits erläutert, ein selbststartendes Verhalten. Selbststartendes Verhalten ist bereits heute von großer Bedeutung und wird in Zukunft an Wichtigkeit weiter zunehmen. In Kapitel 1 haben wir ausführlich beschrieben, warum die Umwelt schon heute von jedem Einzelnen von uns eine hohe Proaktivität fordert. Zukünftig wird die Anzahl der verfügbaren Jobs in Konzernen im Zuge technologischer Entwicklungen und globalem Wettbewerb zurückgehen. In manchen Bereichen werden ganze Business-Sektoren aufgelöst. Der Einzelne muss aktiver werden auf der Suche nach Arbeit oder sich möglicherweise einen passenden Job erst selbst kreieren. Ein Leben mit nur dem *einen* Job wird zur Seltenheit.

Jeder muss mehr Verantwortung für die eigene Karriere übernehmen, muss Märkte beobachten und schauen, dass er sich durch lebenslanges Lernen beschäftigungs- und arbeitsmarktfähig hält. Der weltweite Wettbewerb fördert und fordert höhere Innovationsgeschwindigkeiten. Die verwendeten Managementsysteme beinhalten dementsprechend, dass immer mehr Verantwortung weiter nach unten verlagert wird, um so Veränderungen, Innovationen und Verbesserungen von Prozessen auch auf unteren Unternehmensebenen entstehen und umsetzen zu lassen. Es sind nicht mehr nur die Change-Experten und das Topmanagement, sondern ebenso die Mitarbeiter, die Ideen einbringen, nah am Markt sind und nützliche Verbesserungen einbringen können und müssen.

Diese veränderungslustige oder auch -getriebene Welt braucht Menschen, die aktiv und vor allem selbststartend, mit Gestaltungswille dieser Umwelt begegnen und entsprechend ihren Handlungsfreiraum mit beeinflussen. Gerade die deutlichen Veränderungen, die sich in den letzten Jahren in der Arbeit und für die Arbeitnehmer ergeben haben, machen es erforderlich, zu verstehen, was die Motivation bei der Arbeit aufbaut und aufrechterhält.[264] Versuche, die Frage zu beantworten, was genau jemanden dazu befähigt, selbststartend zu handeln, unternimmt typischerweise die Motivationsforschung.

In der Motivationsforschung wird freiwilliges, selbststartendes Verhalten im Rahmen des Konzeptes der *intrinsischen Motivation* untersucht. Das Konzept der intrinsischen Motivation ist zweifelsohne ein hervorragendes und elementar wichtiges Konzept. In der Praxis stößt das Konzept allerdings auf Schwierigkeiten. Im Folgenden zeigen wir die Problematik der intrinsischen Motivation auf und bieten einen alternativen bzw. integrativen Vorschlag an, wie selbststartendes Verhalten auch in der Unternehmenspraxis ohne Schwierigkeiten erklärt werden kann. Diese Ausführungen mögen etwas abstrakt erscheinen, da sie konzeptionellen, theoretischen Hintergrund haben. Wir halten sie dennoch für enorm wichtig, da – gerade in der Management- und Führungsliteratur, ebenso in Trainings, Workshops und allgemein im Arbeits- und Unternehmenskontext – der Begriff der intrinsischen Motivation sehr etabliert ist, häufig verwendet wird und oft falsch verstanden ist.

Da die weiteren Erläuterungen bzw. die Argumentation in diesem Kapitel neben konzeptionellem, theoretischem Hintergrund auch sehr komprimiert sind, geben wir vorab einen Kurzüberblick als roten Faden für die dann folgende Argumentation:

- Ziel ist es, selbststartendes Verhalten zu erklären.
- Bisher wird selbststartendes Verhalten mithilfe des Konstrukts der intrinsischen Motivation erklärt. Damit klar ist, worüber wir genau schreiben, starten wir mit einer kurzen Definition von intrinsischer und extrinsischer Motivation.
- Wir zeigen die praktisch unüberwindbaren Probleme auf, wenn selbststartendes Verhalten mithilfe der intrinsischen Motivation im Arbeitskontext erklärt werden soll.
- Dann erläutern wir noch einmal die zwei Hauptmerkmale bzw. Voraussetzungen, die gegeben sein müssen, damit jemand intrin-

sisch motiviert ist, und werden feststellen, dass diese Voraussetzungen die gleichen sind, die auch der Eigeninitiative vorausgehen. Eigeninitiative und intrinsische Motivation liegen also nah beieinander.

- Selbststartendes Verhalten im Rahmen des Eigeninitiativekonzeptes erlaubt eine andere Betrachtungsweise bzw. andere Erklärung, wie selbststartendes Verhalten – auch im praktischen Arbeitskontext – entsteht.

- Schließlich geben wir noch einen Blick aus der Vogelperspektive auf Eigeninitiative und ihre Bedeutung für die Fähigkeit zur Selbstorganisation und zur Überlebensfähigkeit im Allgemeinen.

Intrinsische und extrinsische Motivation

Motivation besteht aus drei psychologischen Funktionen: zielorientierte Aktivität zu leiten, anzuspornen und zu regulieren. Mit anderen Worten: Alles, was nicht mit Fähigkeiten zu tun hat, wird oft durch Motivation beeinflusst – also wie man etwas initiiert, wie man dem Handeln eine Richtung gibt, wie intensiv und nachdrücklich man etwas verfolgt, gehört zur Motivationsforschung.[265] Typischerweise werden verschiedene Bestandteile der Motivation unterschieden, wie zum Beispiel intrinsische und extrinsische Motivation. Man ist intrinsisch motiviert, wenn man eine Aufgabe an sich gerne tut. Extrinsisch motiviert ist man hingegen, wenn das Ziel der eigenen Handlung eine materielle oder soziale Belohnung ist und dabei nicht die Freude an der Handlung selbst im Vordergrund steht. Es gibt unterschiedliche Ansätze, die erklären, wie intrinsische Motivation entsteht. Einer der Erklärungsansätze[266] benennt als Wurzeln intrinsischer Motivation das Streben danach, Kompetenz und persönliche Verursachung[267] zu erfahren. Ähnlich motivierend ist das grundlegende, menschliche Bedürfnis nach Selbstverwirklichung[268] und Autonomie.[269] Dieses tiefe, natürliche Bedürfnis treibt das Handeln der Menschen maßgeblich an, immer mit dem Ziel, eine ambitionierte Herausforderung zu meistern. Das heißt, dass man sich mit den Fähigkeiten, die man zwar hat, trotzdem noch ordentlich strecken muss, um die Herausforderung zu bewältigen. Das setzt natürlich auch ein gewisses Interesse an der Aufgabe voraus, denn ohne Interesse würde man sich kaum intensiv anstrengen. Hat man eine solche Herausforderung gemeistert, ist das Bedürfnis nach Autonomie und Selbstverwirklichung befriedigt. Diese Befriedigung wird als positive Aufregung, Freude und Vergnügen empfunden und ist somit zugleich die Belohnung für die Anstrengung. Diese Belohnungserfahrung – wie am Beispiel der Positivspirale der Selbstwirksamkeit erklärt – motiviert das Suchen oder Annehmen einer nächsten, wieder etwas größeren Herausforderung.

Probleme der intrinsischen Motivation im Arbeitskontext

So viel zur Definition und zu den zugrundeliegenden Antrieben der intrinsischen Motivation. Die intrinsische Motivation ist ein elementar wichtiges Konzept. Unsere Ausführungen sind keine Kritik an der Theorie der intrinsischen Motivation, sondern die Bemühung, die Probleme in der Anwendung zu überwinden. Denn durch die Definition der intrinsischen Motivation, dass man freiwillig etwas tut aufgrund von Interesse, Begeisterung und Freude an der Sache an sich, ist die Anwendung der intrinsischen Motivation im Arbeitskontext [270] genau genommen ausgeschlossen. Sogar noch stärker: Die Theorie der intrinsischen Motivation beinhaltet die Hypothese, dass extrinsische Motivation (also zum Beispiel Geld) intrinsische Motivation reduziert und irreparabel beschädigt.

Nun wird in den meisten Betrieben Arbeit von außen vorgelegt und bearbeitet – die Aufgaben werden also nicht vollständig selbst entwickelt oder durch den Arbeitenden entschieden. Das Element der Freiwilligkeit in der Arbeit ist also nicht unbedingt ausgeprägt. Die Freiwilligkeit ist jedoch in der Definition der intrinsischen Motivation enthalten.

Darüber hinaus steht Arbeitsverhalten immer unter dem Einfluss vieler unterschiedlicher Faktoren, von denen einige internal sind, wie zum Beispiel großes Interesse an dem, was man tut, und andere von außen gegeben sind, zum Beispiel das Geld, das man für die Arbeit bekommt. Jeder erwartet und erhält normalerweise einen Lohn für die Arbeit. Es ist eine Binsenweisheit, dass ohne Lohn kaum jemand arbeiten würde, auch dann, wenn starkes Interesse und Freude an der Arbeit besteht.[271] Entsprechend der Theorie stehen intrinsische Motivation und externale Belohnungen in reziproker Beziehung zueinander. Je mehr Belohnung von außen gegeben wird, desto niedriger ist die intrinsische Motivation. Folglich sollte die Omnipräsenz extrinsischer Motivatoren im Arbeitskontext intrinsisch motiviertes Verhalten fast unmöglich machen.

Eine weitere Schwierigkeit ist, dass intrinsische Motivation stets durch das Erleben von Freude, Vergnügen und Zufriedenheit erlebt wird. Wird intrinsische Motivation nun als Rahmenkonzept benutzt, um selbststartendes Verhalten bei der Arbeit zu erklären, müsste das ebenso stets mit positiven Emotionen einhergehen. Dies ist kaum haltbar, denn häufig wird selbststartendes Verhalten durch einen Missstand und entsprechend punktueller Unzufriedenheit ausgelöst.

Was bewirkt nun selbststartendes Verhalten?

Die folgenden zwei Merkmale sind nachweislich entscheidend für die intrinsische Motivation. Diese beiden Merkmale werden wir wiedererkennen, denn beide Aspekte haben wir bereits bei den Voraussetzungen von Eigeninitiative diskutiert.

1. Der *Grad an Selbstbestimmung,* den der Kontext, also die Situation, in der sich jemand befindet, zulässt. Das Maß an möglicher Selbstbestimmung ist ausschlaggebend dafür, wie man die eigene Möglichkeit zur Einflussnahme wahrnimmt. Die Selbstbestimmung kann aktiv dadurch gefördert werden, dass Wahlmöglichkeiten gegeben sind. Nimmt man diese Wahlmöglichkeiten entsprechend als Handlungsspielraum wahr und ist sich bewusst darüber, dass man die Situation beeinflussen kann, fördert das die intrinsische Motivation und Eigeninitiative.

2. Die *Wahrnehmung der eigenen Leistungsfähigkeit in Bezug auf eine Aufgabe* beeinflusst die intrinsische Motivation ebenso. Je höher man die eigene Leistungsfähigkeit angesichts einer bevorstehenden Herausforderung einschätzt, umso stärker die intrinsische Motivation und Proaktivität, die einen antreibt, eine Herausforderung auch tatsächlich anzunehmen und sie anzupacken. Alles, was in der Umgebung informativen Charakter hat und Feedback zur eigenen Effektivität, Effizienz und Leistung liefert, fördert die intrinsische Motivation und die Eigeninitiative. Im Gegensatz dazu ist eine Umgebung, die einem vermittelt, dass Ziele nicht zu erreichen sind, zum Beispiel permanentes destruktives Feedback oder Misserfolg, ganz und gar nicht motivierend, da sie die Wahrnehmung der eigenen Leistungsfähigkeit drastisch mindern.

Noch einmal kurz zusammengefasst, ist es für die intrinsische Motivation zentral, wie man die Situation hinsichtlich des gegebenen Handlungsspielraumes einschätzt und wie sehr man davon überzeugt ist, dass man diesen Raum bzw. eine Aufgabe mit der eigenen Kompetenz und Leistungsfähigkeit aus- bzw. erfüllen kann. Die Eigeninitiative charakterisiert dabei, *wie* man an Aufgaben herangeht.

Um selbststartendes Verhalten zu erklären, schlagen wir daher ein integratives Motivationsverständnis vor und versuchen, die beschriebenen Schwierigkeiten der intrinsischen Motivation im praktischen Arbeitskontext mit dem Modell der Eigeninitiative zu überwinden.

Selbststartendes Verhalten im Kontext von Unternehmenszielen und -aufgaben

Die Aufgaben der Mitarbeiter ergeben sich typischerweise aus heruntergebrochenen Unternehmenszielen. Wie können Mitarbeiter nun trotzdem selbststartende Ziele generieren? Wir haben beobachten können, dass Eigeninitiative dann auftritt, wenn jemand die eigenen Aufgaben mit einer gewissen Tiefe analysiert und die jeweilige Aufgabe entsprechend umfassend und tiefgreifend versteht. Das bedeutet, dass jemand zum Beispiel auch zukünftige Implikationen erkennt, die eine Aufgabe mit sich bringt, wenn es Veränderungen gibt, und entsprechendes Wissen entwickelt, um mit zukünftigen Anforderungen umzugehen. Stellen Sie sich Frau Schmitt, eine Büroangestellte, vor, die erfährt, dass das Unternehmen von einem amerikanischen Konzern aufgekauft werden soll. Sie weiß, dass es in Zukunft wichtig sein wird, solides Englisch zu beherrschen. Sie überzeugt ihre Kollegen von der Nützlichkeit, Englisch zu lernen, organisiert Englischkurse und handelt noch mit dem Vorgesetzten aus, dass ein Teil der Englischkurse in der Arbeitszeit stattfinden kann. Die Initiative, die hier von Frau Schmitt ergriffen wurde, ging über die normale Anforderung an sie hinaus.

Wie sieht es nun aus mit Managern und Unternehmern, deren grundsätzliche Aufgabe es ist, eigeninitiativ zu sein? Um hier einen Grad an Eigeninitiative zu beschreiben, schaut man am besten auf die »psychologische Distanz«, also darauf, wie weit das Verhalten bzw. die Initiative des Managers von dem, was normalerweise sowieso abverlangt wird, entfernt ist. Greift ein Manager eine Innovation auf, über die in Managerkreisen bereits gesprochen oder in Magazinen berichtet wird, dann ist die psychologische Distanz sehr klein und somit ist diese Veränderung wohl kaum als hohe Eigeninitiative zu bewerten. Käme der Vorschlag zu eben jener Innovation von einem der Fließbandarbeiter, so ist die psychologische Distanz weitaus höher und bedeutet hohe Eigeninitiative. Beim Manager spricht man von hoher Eigeninitiative, wenn er zum Beispiel einen für den eigenen Industrie- oder Geschäftszweig unüblichen Weg einschlägt. Dann ist auch hier psychologische Distanz gegeben und die Definition der Eigeninitiative getroffen. Je stärker jemand von einer Anweisung und einem beschriebenen Weg abweicht, umso eigeninitiativer ist das Verhalten. Wann mit hoher Eigeninitiative gehandelt wird und wann nicht, kann auch gut über den Gegenpol verdeutlicht werden: Ist eine Aufgabe im Detail beschrieben und jemand folgt genau dieser Anleitung, dann ist hier nicht die Rede von selbststartendem Verhalten.

Der funktionelle Wert der Eigeninitiative

Einfach einen unkonventionellen Weg zu gehen und Dinge mit hoher psychologischer Distanz zu tun, ist natürlich nicht das einzige Kriterium. Die Abweichung vom vorgeschriebenen oder regulären Weg, eine Aufgabe zu erledigen, muss natürlich letzten Endes auch in guter und/oder verbesserter Aufgabenerledigung münden, sonst handelt es sich lediglich um Ineffizienz oder einen Fehler. Das selbststartende Verhalten muss sowohl einen funktionellen Wert für den Einzelnen als auch für das Unternehmen haben. Es ist keine Eigeninitiative, wenn der Organisation oder dem Unternehmen Schaden zugefügt wird. Beschließt ein angestellter Frisör zum Beispiel, den Kunden den Haarschneideservice auch bei ihnen zu Hause nach Feierabend und zu einem günstigeren Preis anzubieten, ist dies zwar ein selbst initiiertes Ziel, allerdings schadet es dem bestehenden Frisörsalon. Bis auf weiteres nehmen wir die Unternehmensperspektive ein, sodass es einen funktionellen Wert der Eigeninitiative in Form von zusätzlichem Nutzen für mindestens das Team oder die Aufgaben innerhalb des Unternehmens geben muss. Welche unterschiedlichen Motivatoren eigeninitiatives Verhalten antreiben, haben Sie bereits gelesen. Jede Initiative kann durch ein individuelles Motivationsmuster zustande kommen. Am Beispiel von Frau Schmitt, die den Englischkurs ins Leben gerufen hat, hat ihr Verhalten dafür gesorgt, dass sie höhere Jobsicherheit verspürt, weil sie auf die neue englischsprachige Kultur gut vorbereitet ist. Zudem bekommt sie Lob und Anerkennung von ihren Kollegen für ihren Einsatz. Sie hat also sowohl ihr Sicherheits- als auch ihr Zugehörigkeitsbedürfnis befriedigt und zudem noch ihre Beliebtheit gestärkt. Dies sind nur einige mögliche Antriebe und positive Effekte, die Frau Schmitt mit ihrem Verhalten bewirken konnte.

Bei Fließbandarbeitern ist der Raum zur Eigeninitiative per se relativ beschränkt. So haben Firmen begonnen, unterschiedliche Arten von Ideenmanagement und Vorschlagswesen einzurichten. Auf diese Weise wird die Möglichkeit zu Eigeninitiative gegeben[272] und gute Vorschläge können umgesetzt und durch Boni oder Beförderungen belohnt werden. Hier spielt dann eine extern gegebene Belohnung für die Eigeninitiative eine Rolle.

Es können im Unternehmenskontext eine Menge unterschiedliche proaktive Ziele gesetzt und verfolgt werden. So kann Eigeninitiative dementsprechend durch vielerlei Ziele motiviert sein: durch das angestrebte Ziel an sich (zum Beispiel erleichterte Arbeitsabläufe, Verbesserungen, also durch den funktionellen Wert der Eigeninitiative), durch Prämien, die für Eigeninitiative vergeben werden, oder durch Effekte, die in engem Zusammenhang stehen mit dem Arbeitsergebnis, zum Beispiel eine verbesserte Kompetenz und weitere Nebeneffekte, wie zum Beispiel das gute Gefühl, eine gute Leistung erbracht zu haben und erfolgreich gewesen zu sein, Stolz zu verspüren und Anerkennung von Kollegen zu bekommen.

Zusammenfassend kann man sagen, dass diese Ziele anhand zweier Dimensionen variieren: Zum einen ist das der Zielzustand, also die Vorstellung davon, wie die Zukunft aussehen soll. Die Vorstellung kann auf eine bessere Passung zwischen der Arbeitsumgebung und dem jeweiligen Mitarbeiter abzielen, auf die Verbesserung des Funktionierens der internen Prozesse, oder es wird versucht, eine bessere Passung der unternehmerischen Strategie im Abgleich mit dem Markt und der Gesamtumgebung herzustellen. Zum anderen gibt es die Möglichkeit, bei sich selbst oder eben in der Umwelt eine Veränderung herbeizuführen.[273]

Integratives Motivationskonzept

Da Eigeninitiative einem selbst gesetztem Ziel folgt, ist die Handlung dann eine ebenso selbstbestimmte. Man verlässt den Routinepfad, testet neue Wege und erweitert die eigenen Kompetenzen und Fähigkeiten. Mit dem Konzept der Eigeninitiative können die Anwendungsprobleme der intrinsischen Motivation überwunden werden. Denn die Theorie der Eigeninitiative krankt nicht an der Einschränkung, dass es keine extern gegebenen Aufgaben geben darf und eigeninitiatives Handeln nicht intrinsisch motiviert sein muss, sondern zum Beispiel via Geld oder andere extrinsische Motivatoren bedingt werden kann. Dies ist ein wichtiger Unterschied zum Beispiel für das Handeln von Unternehmern, denn viel von dem, was sie tun, tun sie nicht intrinsisch angetrieben, sondern dadurch motiviert, dass diese Dinge langfristig zu positiven Ergebnissen für ihr Unternehmen führen.[274]

Für Angestellte bedeutet das, dass Aufgaben, die durch das Unternehmen gegeben werden, selbststartendes Verhalten auch nicht per se ausschließen, denn ein Selbststart ist immer noch möglich, wenn Aufgaben nicht bis ins letzte Detail vorgegeben werden. Die Aufgabe muss also die Möglichkeit zulassen, dass man sie auf eine Art und Weise erledigt, die eine psychologische Distanz zu konventioneller Aufgabenerledigung zulässt.

Aus der Sicht des Eigeninitiativekonzeptes können sowohl externale als auch internale Belohnungen selbststartendes Verhalten antreiben. Dies steht im Gegensatz zu der Theorie der intrinsischen Motivation. Wir schlagen vor, dass wir uns von der Dichotomie verabschieden, dass Verhalten *entweder* extrinsisch *oder* intrinsisch motiviert ist. Vielleicht verschwindet dieser Effekt also, wenn man auf ein definiertes *Ergebnis* eine Belohnung aussetzt, den Weg dorthin aber frei gestaltbar lässt, dem Einzelnen also Raum zur Selbstbestimmung gibt. Metaanalytische Untersuchungen zeigen, dass eine Belohnung, die an ein bestimmtes *Leistungslevel* gekoppelt war (im Gegensatz zu bestimmter Aufgabenerledigung) das selbststartende Verhalten keineswegs verringerte.[275] Die Perspektive der Eigeninitiativetheorie erlaubt es, dass selbststartendes Verhalten durch sowohl intrinsische Aspekte der Aufgabe als auch durch extrinsische Anreize, wie zum Beispiel Geld, motiviert sein kann.

Ein letzter wichtiger Punkt ist, dass die Eigeninitiativetheorie nicht verlangt, dass die Menschen sich permanent in positiven Gefühlszuständen befinden. So ist es auch vereinbar, dass Stress sich als ein Vorläufer von Eigeninitiative herausgestellt hat.[276] Stress wird überwiegend als negativ empfunden. Es ist plausibel, dass man zu handeln und Dinge zu verändern beginnt, wenn man unzufrieden ist. Wie weiter oben erläutert, geht Initiative und Anpacken immer auch einher mit Unannehmlichkeiten. Zudem braucht man Stehvermögen und Beharrlichkeit, um Ideen bis zur tatsächlichen Veränderung durch- und umzusetzen – oftmals in einem Umfeld, das gekennzeichnet ist durch Trägheit und/oder Widerstände. Das ist nicht unmittelbar mit Glücksgefühlen und Freude verbunden.

Überlebensfähigkeit durch Eigeninitiative und Selbstorganisation

Entlang unserer Arbeit hat sich auch die biologische Funktionalität der Eigeninitiative entwickelt bzw. abgezeichnet. Der Mensch lebt heutzutage im Umfeld kontinuierlicher Veränderung, in Perioden schnelleren und umfangreicheren Wandels. Dies verlangt die Fähigkeit der steten Anpassung an sich verändernde Umwelten. Der unmittelbarste Mechanismus, wie Eigeninitiative die langfristige Überlebenschance und Weitergabe unserer Gene erhöht, ist eine proaktive Grundhaltung und Zukunftsorientierung. Diese hat schon in Zeiten, in denen die Nahrungssuche noch nicht im Supermarkt stattgefunden hat, dazu beigetragen, dass Individuen Nahrung an Orten fanden, an denen andere nicht gesucht haben, diese Orte nicht kannten und auch nicht entdeckten. Eigeninitiative hat dafür gesorgt, dass mehr Nahrung für den Nachwuchs vorhanden ist.

In einer Umwelt, in der die Notwendigkeit besteht, mit Veränderungen umzugehen, ist Eigeninitiative notwendig für erfolgreiches, also nachhaltiges Überleben, sowohl für den Einzelnen als auch für eine Gruppe.

In Bezug auf Organisationen und ihr Überleben bedeutet weit verbreitete Eigeninitiative, dass sie fähig ist, die notwendigen Anforderungen – allen voran Veränderungsnotwendigkeiten und -prozesse sowie Innovationen – zu initiieren und zu managen. Ein Unternehmen mit hoher Eigeninitiative hat typischerweise immer einen Riecher für die Zukunft und schafft es, sich durch zukunftsgerichtete Transformation hinsichtlich Struktur, Produkt oder Dienstleistung immer wieder dem Markt anzupassen und/oder den Markt sogar mitzuformen und somit das langfristige Überleben zu sichern.

Zusammenfassung Kapitel 8

Wir haben kurz die Unterscheidung intrinsischer und extrinsischer Motivation umrissen, um anschließend die Schwierigkeiten der Anwendung des Konzeptes in der Praxis – vor allem in Bezug auf das Arbeitsgeschehen in Unternehmen – aufzuzeigen. Denn genau genommen lässt die Definition der intrinsischen Motivation eine Anwendung im Kontext bezahlter Arbeit nicht zu. Der Begriff der intrinsischen Motivation ist allerdings weithin – auch und gerade bei denjenigen, die im Bereich Motivation und Training und/oder Beratung arbeiten – beliebt und weit verbreitet. Wir wollen dieses Konzept nicht kritisieren, trotzdem aber aufzeigen, dass es in der Praxis falsch verwendet wird. Bisher wird selbststartendes Verhalten mithilfe des Konstruktes der intrinsischen Motivation erklärt. Wir haben selbststartendes Verhalten demnach durch zwei Aspekte erklärt, die der Eigeninitiative vorausgehen: der Grad an Selbstbestimmung, den der Kontext, also die Situation, in der sich jemand befindet, zulässt, und die Wahrnehmung der eigenen Leistungsfähigkeit in Bezug auf eine Aufgabe. Wir haben dann erläutert, wie im Arbeitskontext, trotz Vorgaben des Arbeitgebers, selbststartende Ziele entstehen können. Das Eigeninitiativekonzept erlaubt also eine andere Erklärung, wie selbststartendes Verhalten – auch im praktischen Arbeitskontext – entsteht. Um selbststartendes Verhalten bei Managern zu bemessen bzw. zu beschreiben, haben wir das Konzept der psychologischen Distanz erklärt und ergänzt, dass das Verhalten natürlich auch einen funktionellen Wert für das Unternehmen haben, also in besseren Ergebnissen, Prozessen oder anderweitigem Mehrwert münden muss. Eigeninitiative kann dabei wie erwähnt durch vielerlei Ziele motiviert sein, beispielsweise durch das angestrebte Ziel an sich oder durch Prämien, die für Eigeninitiative vergeben werden. Wenn wir selbststartendes Verhalten also über die Eigeninitiative erklären, gibt es keine praktischen Anwendungsprobleme, wie bei der Definition der intrinsischen Motivation. Zum Schluss haben wir die wichtige Metaebene der Eigeninitiative aufgezeigt: Sie ist grundlegende Voraussetzung unserer Fähigkeit zur Selbstorganisation und zur nachhaltigen

Überlebensfähigkeit. Besonders im Umfeld kontinuierlicher Veränderung, in Perioden schnelleren und umfangreicheren Wandels ist die Fähigkeit der steten Anpassung an sich verändernde Umwelten erfolgsentscheidend – ob im Unternehmensgeschehen oder ganz allgemein im Leben.

Anmerkungen

1 Vergl. Sprenger (1998): *Die Entscheidung liegt bei Dir* (the decision is yours). Frankfurt: Campus.

2 Vergl. Frese & Fay, (2000): »Neue Herausforderung für Mitarbeiter und Manager«. In: Welge, M. K., Häring, K. & Voss, A. (Hrsg): *Management Development*: Schäffer Poeschel, 2000 (pp. 63–79).

3 Der Begriff »Proaktivität« wird als Synonym von Eigeninitiative verwendet. Die Forschung zur Eigeninitiative ist divers und es werden unter anderem leicht unterschiedliche Konstrukte untersucht wie zum Beispiel »eigeninitiatives Verhalten«, »Eigeninitiative« (als Persönlichkeitskonstrukt), »Proaktivität« etc. – da es in diesem Buch nicht um die Konstrukte geht, sondern um die Zusammenfassung der für die Praxis relevanten Erkenntnisse, verwenden wir in diesem Buch die Begriffe »Proaktivität« und »Initiative« als Synonym von Eigeninitiative. Für Interessierte bietet die Metaanalyse von Tornau und Frese einen tiefergehenden Überblick über unterschiedliche Konstrukte: Tornau, K., & Frese, M. (2013). Construct Clean-Up in Proactivity Research: A Meta-Analysis on the Nomological Net of Work-Related Proactivity Concepts and Their Incremental Validities. *Applied Psychology: An International Review*, 62 (1), 44–96.

4 Frese, M., Tornau, K. & Fay, D. (2008): Forschung zur Analyse und Förderung der Eigeninitiative. Love it, leave it or change it. *Personalführung*, 41(3), 48–57.

5 White, R. W. (1959): »Motivation reconsidered: The concept of competence«. *Psychological Review* 66, 267–333.

6 Wunderer, R., Küpers, W. (2003): Wunderer, R. Kuepers, W. (2003): *Demotivation – Remotivation – Wie Leistungspotentiale blockiert und reaktiviert werden*. Neuwied: Luchterhand.

7 Vergl. Drejer, A., Christensen, K. S., & Ulhøi, J. P. (2004): Understanding intrapreneurship by means of state-of-the-art knowledge management and organisational learning theory. *International Journal of Management and Enterprise Development*, Vol. 1, No. 2.

8 Vergl. Pinnow, D. F. (2009): Pinnow, D. F. (2009). 4. Auflage. *Führen. Worauf es wirklich ankommt*. Gabler Verlag.

9 Tornau, K., & Frese, M. (2013): Tornau, K., & Frese, M. (2013). Construct Clean-Up in Proactivity Research: A Meta-Analysis on the Nomological Net of Work-Related Proactivity Concepts and Their Incremental Validities. *Applied Psychology: An International Review*, 62 (1), 44–96.

10 Vergl. Pinnow, D. F. (2009): Pinnow, D. F. (2009). 4. Auflage. *Führen. Worauf es wirklich ankommt.* Gabler Verlag. Frese, M., Tornau, K. & Fay, D. (2008): Frese, M., Tornau, K. & Fay, D. (2008). Forschung zur Analyse und Förderung der Eigeninitiative. Love it, leave it or change it. Personalführung, 41(3), 48–57. Grant, A. M., & Ashford, S. J. (2008): The dynamics of proactivity at work. Research in Organizational Behavior, Vol. 28, p. 3–34.

11 Zimmermann, K. F. (2011): Klaus F. Zimmermann auf: http://www.sueddeutsche.de/karriere/die-zukunft-der-arbeit-arbeitnehmer-wappnet-euch-1.1043554-3

12 Vergl. Frese, M. & Fay, D. (2000): Entwicklung von Eigeninitiative: Neue Herausforderung für Mitarbeiter und Manager. In: M. K. Welge, K. Häring & A. Voss (Hrsg.), *Management Development* (S. 2–16). Stuttgart: Schäffer-Poeschel.

13 Vergl. Frese, M., Tornau, K. & Fay, D. (2008): Frese, M., Tornau, K. & Fay, D. (2008). Forschung zur Analyse und Förderung der Eigeninitiative. Love it, leave it or change it. *Personalführung,* 41(3), 48–57.

14 Frese, M. (2008): Michael Frese, (2008). The Word Is Out: We Need An Active Performance Concept for Modern Worklpaces. *Industrial and Organizational Psychology,* 1 (2008), 67–69.

15 Lawler. E. (1992): *The ultimate advantage: Creating the high-involvement organization.* San Francisco: Jossey-Bass.

16 Z. B. Campbell, D. J. (2000); Wall, T. D., & Jackson, P. R. (1995): The proactive employee: Managing workplace initiative. *Academy of Management Executive,* 14(3), 52–66.; Wall, T. D., & Jackson, P. R. (1995). New manufacturing initiatives and shopfloor work design. In: A. Howard (Ed.), *The changing nature of work* (pp. 139–174). San Francisco: Jossey-Bass.

17 Vergl. Pinnow, D. F. (2009): Pinnow, D. F. (2009). 4. Auflage. *Führen. Worauf es wirklich ankommt.* Gabler Verlag.

18 Vergl. Mirvis, P. H., & Hall, D. T. (1994): Mirvis, P. H., & Hall, D. T. (1994). Psychological success and the boundaryless career. *Journal of Organizational Behavior,* 15, 365–380.

19 Vergl. Frese, M. & Fay, D. (2000): Entwicklung von Eigeninitiative: Neue Herausforderung für Mitarbeiter und Manager. In: M. K. Welge, K. Häring & A. Voss (Hrsg.), *Management Development* (S. 2–16). Stuttgart: Schäffer-Poeschel.

20 Vergl. Salanova, M., & Schaufeli, W. B. (2008): A cross-national study of work engagement as a mediator between job resources and proactive behaviour. *International Journal of Human Resource Management,* 19: 116–131.

21 Frese, M., & Fay, D. (2001): Frese, M., & Fay, D. (2001). Personal initiative: An active performance concept for work in the 21st century. In: B. M. Staw & R. I. Sutton (Eds.), *Research in Organizational Behavior* (Vol. 23, pp. 133–187). Amsterdam: Elsevier.

22 Bindl, U. K., & Parker, S. K. (2010): Bindl, U. K., & Parker, S. K. (2010). Proactive work behavior: Forward-thinking and change-oriented action in organizations. In: S. Zedeck (Ed.), APA *Handbook of industrial and organizational psychology* (Vol. 2, ch. 19). Washington, DC: American Psychological Association.

23 Frese, M. & Fay, D. (2000): Frese, M. & Fay, D. (2000). Entwicklung von Eigeninitiative: Neue Herausforderung für Mitarbeiter und Manager. In: M. K. Welge, K. Häring & A. Voss (Hrsg.), *Management Development* (S. 2–16). Stuttgart: Schäffer-Poeschel.

24 Frese, M., Tornau, K. & Fay, D. (2008): Frese, M., Tornau, K. & Fay, D. (2008).

Forschung zur Analyse und Förderung der Eigeninitiative. Love it, leave it or change it. *Personalführung, 41(3)*, 48–57.

25 Gallup-Studie 2012, http://content.gallup.com/origin/gallupinc/GallupSpaces/ Production/Cms/WWWV7DEDE/508_Wichtigste%20Ergebnisse%202012.mp3

26 Präsentation zum Gallup-Engagement-Index 2016 (S. 24), http://www.gallup. de/183104/engagement-index-deutschland.aspx

27 Z. B. Heckhausen, D. (2000): Einflussfaktoren auf Fehlzeiten und Maßnahmen dagegen. Organisationsberatung, Supervision, clinical management. Volume 7, pp. 109–120.

28 Katz, D. (1964): The motivational basis of organizational behavior. *Behavioral Science, 9*, 131–146.

29 Griffin, M. A., Neal, A., & Parker, S. K. (2007): A new model of work role performance: Positive behavior in uncertain and interdependent contexts. *Academy of Management Journal, 50*, 327–347.

30 Pinchot, G. (1995): Intrapreneuring: *Why You Don't Have to Leave the Corporation to Become an Entrepreneur.* Berrett-Koehler Publishers, 2. Auflage.

31 Vergl. William H. Turnley, W. H., Lester, S. W., Bloodgood, J. M. (2003): The Impact of Psychological Contract Fulfillment on the Performance of In-Role and Organizational Citizenship Behaviors. *Journal of Management* 2003 29(2) 187–206.

32 Leonardo Araújo & Rogério Gava (2012): *Proactive Companies. How to anticipate market changes.* Palgrave Macmillan, FDC.

33 vergl. Griffin, M. A., Parker, S. K., & Mason, C. M. (2010): Leader vision and the development of adaptive and proactive performance: A longitudinal study. *Journal of Applied Psychology.*

34 http://www.unternimm-die-zukunft.de

35 Frese, M., Tornau, K. & Fay, D. (2008): Frese, M., Tornau, K. & Fay, D. (2008). Forschung zur Analyse und Förderung der Eigeninitiative. Love it, leave it or change it. *Personalführung, 41(3)*, 48–57.

36 Frese, M. (2008): Michael Frese, (2008). The Word Is Out: We Need An Active Performance Concept for Modern Worklpaces. *Industrial and Organizational Psychology*, 1 (2008), 67–69.

37 http://www.unternimm-die-zukunft.de/

38 Frese, M. & Fay, D. (2000): Frese, M. & Fay, D. (2000). Entwicklung von Eigeninitiative: Neue Herausforderung für Mitarbeiter und Manager. In: M. K. Welge, K. Häring & A. Voss (Hrsg.), *Management Development* (S. 2–16). Stuttgart: Schäffer-Poeschel.

39 Vergl. Wunderer, R., Kuepers, W. (2003): Wunderer, R. Kuepers, W. (2003): *Demotivation – Remotivation – Wie Leistungspotentiale blockiert und reaktivert werden.* Neuwied: Luchterhand.

40 Vergl. Hall, D. T., & Chandler, D. E. (2005): Psychological success: When the career is a calling. *Journal of Organizational Behavior, 26*, 155–176.

41 Z. B. Raabe, B., Frese, M., & Beehr, T. A. (2007): Action regulation theory and career self-management. *Journal of Vocational Behavior, 70*: 297–311.

42 Das Konzept der *Beschäftigungsfähigkeit* (wenn man die verschiedenen Stränge in der neueren Forschungsliteratur zu *einem* Konzept »aggregiert«) basiert auf der Annahme, dass Erwerbstätige, die über »marktfähige« (und möglichst hohe) Qualifikationen verfügen, die produktiv sind, zur Wertschöpfung eines Unternehmens beitragen können und die Fähigkeit besitzen, zu lernen und sich selbst

und ihre Karriere zu organisieren, weniger abhängig von einem spezifischen Arbeitsplatz sind, sondern sich relativ »frei« auf den Arbeitsmärkten bewegen können. Für Berufseinsteiger heißt dies, dass sie in der Lage sind, einen Ausbildungsplatz zu bekommen und danach eine Beschäftigung als Angestellte (befristet oder unbefristet) zu finden oder sich selbstständige Erwerbsformen zu sichern; für Personen, die arbeitslos geworden sind, bedeutet dies, dass sie in die Lage versetzt werden, eine neue Erwerbsbeschäftigung zu finden (ebenfalls als Angestellte oder als Selbstständige). Arbeitsmarktliche Sicherheit für den Einzelnen entstünde dann nicht länger durch Formen der Beschäftigungssicherung, d. h. der *rechtlich* begründeten Sicherung *bestimmter* Arbeitsverhältnisse bei *einem bestimmten* Arbeitgeber. Sie entsteht vielmehr dadurch, dass jemand bestimmte Fähigkeiten besitzt (oder erwerben kann), die auf den internen und externen Arbeitsmärkten nachgefragt werden. Er ist nicht angewiesen auf einen spezifischen Arbeitsplatz und Arbeitgeber, sondern kann Beschäftigung zu Erwerbszwecken jederzeit auch anderswo finden und sich relativ frei auf flexiblen Arbeitsmärkten bewegen; er ist tatsächlich »mobil« und verfügt damit auch über Sicherheit – wenn diese auch auf anderen Prämissen basiert als bei herkömmlichen Formen der Beschäftigungssicherung (zusammengefasst von Susanne Blancke, Christian Roth und Josef Schmid in *Employability (»Beschäftigungsfähigkeit«) als Herausforderung für den Arbeitsmarkt – Auf dem Weg zur flexiblen Erwerbsgesellschaft –* Eine Konzept- und Literaturstudie, Nr. 157/Mai 2000.

43 Frese, M., Tornau, K. & Fay, D. (2008): Frese, M., Tornau, K. & Fay, D. (2008). Forschung zur Analyse und Förderung der Eigeninitiative. Love it, leave it or change it. *Personalführung*, 41(3), 48–57.

44 Vergl. Raabe, B., Frese, M., & Beehr, T. A. (2007): Action regulation theory and career self-management. *Journal of Vocational Behavior*, 70: 297–311.

45 Interview mit Alexander Kron, EY. Mit freundlicher Genehmigung zur Veröffentlichung.

46 Entrepreneur – Magazin für unternehmerische Exzellenz. By EY 02/2016.

47 vergl. Pinchot, G., & Pinchot, E. (1996): *The Intelligent Organization. Engaging the Talent & Initiative in Everyone in the Workplace.* Berrett-Koehler Publishiers, Inc. San Francisco.

48 Frese, M. & Fay, D. (2000): Entwicklung von Eigeninitiative: Neue Herausforderung für Mitarbeiter und Manager. In: M. K. Welge, K. Häring & A. Voss (Hrsg.), *Management Development* (S. 2–16). Stuttgart: Schäffer-Poeschel; Frese, M., Tornau, K. & Fay, D. (2008): Frese, M., Tornau, K. & Fay, D. (2008). Forschung zur Analyse und Förderung der Eigeninitiative. Love it, leave it or change it. *Personalführung, 41(3),* 48–57.

49 Hacker, W. (1992): Expertenkönnen. Erkennen und Vermitteln (Detection and communication of expert mastery). Göttingen: Hogrefe.

50 Frese, M., Tornau, K. & Fay, D. (2008): Frese, M., Tornau, K. & Fay, D. (2008). Forschung zur Analyse und Förderung der Eigeninitiative. Love it, leave it or change it. *Personalführung, 41(3),* 48–57.

51 Fay, D. & Frese, M. (2013): Eigeninitiative. In: W. Sarges (Ed): *Management-Diagnostik* (pp. 316–322). Goettingen, Germany: Hogrefe.

52 Frese, M. & Fay, D. (2000): Entwicklung von Eigeninitiative: Neue Herausforderung für Mitarbeiter und Manager. In: M. K. Welge, K. Häring & A. Voss (Hrsg.), *Management Development* (S. 2–16). Stuttgart: Schäffer-Poeschel.

53 Frese, M., Tornau, K. & Fay, D. (2008): Frese, M., Tornau, K. & Fay, D. (2008). Forschung zur Analyse und Förderung der Eigeninitiative. Love it, leave it or change it. *Personalführung, 41(3)*, 48–57.

54 Frese, M. & Fay, D. (2000): Entwicklung von Eigeninitiative: Neue Herausforderung für Mitarbeiter und Manager. In: M. K. Welge, K. Häring & A. Voss (Hrsg.), *Management Development* (S. 2–16). Stuttgart: Schäffer-Poeschel.

55 Vergl. Frese, M., Tornau, K. & Fay, D. (2008): Frese, M., Tornau, K. & Fay, D. (2008). Forschung zur Analyse und Förderung der Eigeninitiative. Love it, leave it or change it. *Personalführung, 41(3)*, 48–57.

56 Vergl. Frese, M. & Fay, D. (2000): Entwicklung von Eigeninitiative: Neue Herausforderung für Mitarbeiter und Manager. In: M. K. Welge, K. Häring & A. Voss (Hrsg.), *Management Development* (S. 2–16). Stuttgart: Schäffer-Poeschel.

57 Def. siehe Parker, S. K., Bindl, U. K., & Strauss, K. (2010): Making Things Happen: A Model of Proactive Motivation. *Journal of Management* Vol. 36 No. 4, July 2010.

58 Zusammenfassenden Überblick geben hier: Grant, A. M., & Ashford, S. J. (2008): The dynamics of proactivity at work. *Research in Organizational Behavior. An annual Series of Analytical Essays and Critical Reviews.* Volume 28.

59 Frese, M. & Fay, D. (2000): Entwicklung von Eigeninitiative: Neue Herausforderung für Mitarbeiter und Manager. In M. K. Welge, K. Häring & A. Voss (Hrsg.), *Management Development* (S. 2–16). Stuttgart: Schäffer-Poeschel.

60 Vergl. Griffin, R. W., & Lopez, Y. P. (2005): Griffin, R. W., & Lopez, Y. P. (2005). »Bad behavior‹ in organizations: A review and typology for future research«. *Journal of Management*, 31, 988–1005; P. E., & Fox, S. (2002). An emotion-centered model of voluntary work behavior: Some parallels between counterproductive work behavior and organizational citizenship behavior. *Human Resource Management Review*, 12, 269–292.

61 Vergl: deCharms, R. (1968). *Personal Causation: The internal affective determinants of behavior.* New York: Academic Press.

62 Frese, M.: On Talk Symposium (Juli 2011).

63 White, R. (1959): »Motivation reconsidered: The concept of competence«. *Psychological Review* 66, 267–333.

64 Frese, M., & Zapf, D. (1994): Action as the core of work psychology: A German approach. In: H. C. Triandis, M. D. Dunnette & L. Hough (Eds), *Handbook of Industrial and Organizational Psychology* (Vol. 4, pp. 271–340). Palo Alto, California: Consulting Psychologists Press.

65 Salanova, M., & Schaufeli, W. B. (2008): A cross-national study of work engagement as a mediator between job resources and proactive behaviour. *International Journal of Human Resource Management*, 19: 116–131.

66 Z. B.: Frese, M., & Fay, D. (2001): Personal initiative: An active performance concept for work in the 21st century. In: B. M. Staw & R. I. Sutton (Eds.), *Research in organizational behavior* (Vol. 23, pp. 133–187). Amsderdam: Elsevier.

67 Vergl. Parker, S. K., Bindl, U. K., & Strauss, K. (2010): Making Things Happen: A Model of Proactive Motivation. Journal of Management Vol. 36 No. 4, July 2010.

68 Fischer, S., & Frese, M. (2014). Erfolgreiche Unternehmer. In: W. Plumpe (Hrsg.), *Unternehmer – Fakten und Fiktionen: historisch-biografische Studien.* (S. 57–79). (Schriften des historischen Kollegs; Band 88). München: Oldenbourg Wissenschaftsverlag.

69 Z. B. Bateman, T. S., & Crant, J. M. (1993): The proactive component of organizational behavior: A measure and correlates. *Journal of Organizational Behavior*, 14, 103–118.

70 McCrae, R. R., Costa, P. T. J, et. al (2000): Nature over nurture: Temperament, personality and life span development. *Journal of Personality ans Social Psychology*, 78, 173–186.

71 Tornau, K., & Frese, M. (2013): Construct Clean-Up in Proactivity Research: A Meta-Analysis on the Nomological Net of Work-Related Proactivity Concepts and Their Incremental Validities. *Applied Psychology: An International Review*, 62 (1), 44–96.

72 Deanne N. Den Hartog, Frank D. Belschak (2007): Personal initiative, commitment and affect at work. *Journal of Occupational and Organizational Psychology* 80, 601–622.; Salanova, M., & Schaufeli, W. B. (2008): A cross-national study of work engagement as a mediator between job resources and proactive behaviour. *International Journal of Human Resource Management*, 19: 116–131.

73 Deanne N. Den Hartog, Frank D. Belschak (2007): Personal initiative, commitment and affect at work. *Journal of Occupational and Organizational Psychology* 80, 601–622.

74 Gielnik, M., Spitzmuller, M., Schmitt, A., Klemann, D. K., & Frese, M. (2015). I put in effort, therefore I am passionate: Investigating the path from effort to passion in entrepreneurship. *Academy of Management Journal*, August 1, 2015 vol. 58 no. 4,1012–1031.

75 Vergl. Schaufeli, W. B., & Bakker, A. B. (2004): Job demands, job resources, and their relationship with burnout and engagement: A multi-sample study. *Journal of Organizational Behavior*, 25, 293–315.

76 Den Hartog, D. N., Belschak, F. D. (2007): Personal initiative, commitment and affect at work. *Journal of Occupational and Organizational Psychology* 80, 601–622.

77 Z. B. Macey, W. H., & Schneider, B. (2008): The meaning of employee engagement. *Industrial and Organizational Psychology: Perspectives on Science and Practice*, 1, 3–30.

78 Hakanen, J. J., Perhoniemi, R., & Toppinen-Tanner, S. (2008): Positive gain spirals at work: From job resources to work engagement, personal initiative and work-unit innovativeness. *Journal of Vocational Behavior*, 73 (1), 78–91. Lisbona, A., Palaci, F., Salanova, M., & Frese, M. (2017). The effect of work engagement and self-efficacy on personal initiative and performance. *Psicothema 2017, Vol.29, 4*.

79 Z. B. McClelland, D., Atkinson, J. W.; Clark, R. A. (1953): *The achievement motive.* New York, Appleton-Century-Crofts.

80 Frese, M. & Fay, D. (2000): Frese, M. & Fay, D. (2000). Entwicklung von Eigeninitiative: Neue Herausforderung für Mitarbeiter und Manager. In: M. K. Welge, K. Häring & A. Voss (Hrsg.), *Management Development* (S. 2–16). Stuttgart: Schäffer-Poeschel.

81 Bledow, R., Schmitt, A., Frese, M., & Kuehnel, J. (2011): The affective shift model of work engagement. *Journal of Applied Psychology*, 96, 1246–1257.

82 Extraversion: siehe Jung, C. G. (1921/1971). Psychological Types (H. G. Baynes, Trans.; revised by R. F. C. Hull). Princeton, NJ: Princeton University Press. (Original work published 1921).

83 Vergl. Lambert, T. A., Eby, L. T., & Reeves, M. P. (2006). Predictors of networking intensity and network quality among white-collar job seekers. *Journal of Career Development*, 32(4), 351–365.

84 Vergl. Kammeyer-Mueller, J., & Wanberg, C. R. (2003): Unwrapping the organizational entry process: Disentangling multiple antecedents and their pathways to adjustment. *Journal of Applied Psychology*, 88, 779–794.
85 Vergl. Seibert, S. E., Kraimer, M. L., & Crant, J. M. (2001): What do proactive people do? A longitudinal model linking proactive personality and career success. *Personnel Psychology*, 54: 845–874.
86 Frese, M., Tornau, K. & Fay, D. (2008): Forschung zur Analyse und Förderung der Eigeninitiative. Love it, leave it or change it. *Personalführung, 41(3)*, 48–57.
87 Fischer, S., & Frese, M. (2014). Erfolgreiche Unternehmer. in W. Plumpe (Hrsg.), *Unternehmer – Fakten und Fiktionen: historisch-biografische Studien*. (S. 57–79). (Schriften des historischen Kollegs; Band 88). München: Oldenbourg Wissenschaftsverlag.
88 Vergl. Ohly, S., Sonnentag, S., Pluntke, F. (2006). Routinization, work characteristics and their relationships with creative and proactive behaviors. *Journal of Organizational Behavior*, 27, 257–279.
89 Frese, M. & Fay, D. (2000). Entwicklung von Eigeninitiative: Neue Herausforderung für Mitarbeiter und Manager. In: M. K. Welge, K. Häring & A. Voss (Hrsg.), *Management Development* (S. 2–16). Stuttgart: Schäffer-Poeschel.
90 Bindl, U. K., Parker, S. K., (2010). Proactive work behavior: Forward thinking and change-oriented Action in Organizations. In: S. Zedeck (Ed.) APA handbook of industrial and organizational psychology. Washington, DC: American Psychological Association.
91 Vergl. Kanfer, R. (1992): Work motivation: New directions in theory and research. In: C. L. Cooper & I. T. Robertson (Eds), *International Review of Industrial and Organizational Psychology*. (Vol. 7, pp. 1–54). Chichester: Wiley.
92 Vergl. Schaufeli, W. B., & Salanova, M. (2006): Work engagement. An emerging psychological concept and its implications for organizations. In: S. W. Gilliland, D. D. Steiner, & D. P. Skarlicki (Eds.), *Research in social issues in management* (Vol. 5): Managing social and ethical issues in organizations (pp. 135–177). Greenwich: Information Age Publishers.
93 Vergl. Hackman, J. R., & Oldham, G. R. (1976): Motivation through the design of work: Test of a theory. *Organizational Behavior and Human Performance*, 16, 250–279.
94 Frese, M., Garst, H., & Fay, D. (2007): Making things happen: Reciprocal relationships between work characteristics and personal initiative in a four-wave longitudinal structural equation model. *Journal of Applied Psychology*, 92: 1084–1102.
95 Salanova, M., & Schaufeli, W. B. (2008): A cross-national study of work engagement as a mediator between job resources and proactive behaviour. *International Journal of Human Resource Management*, 19: 116–131.
96 Bakker, A. B., Hakanen, J. J., Demerouti, E., Xanthopoulou, D. (2007): Job Resources Boost Work Engagement, Particularly When Job Demands Are High. *Journal of Educational Psychology*. Vol. 99, No. 2, 274–284.
97 Vergl. Salanova, M., & Schaufeli, W. B. (2008): A cross-national study of work engagement as a mediator between job resources and proactive behaviour. *International Journal of Human Resource Management*, 19: 116–131.
98 Hakanen, J. J. et al. (2008): Hakanen, J. J. et al. (2008), Positive gain spirals at work: From job resources to work engagement, personal initiative and work-unit innovativeness. *Journal of Vocational Behavior*.

99 Bakker, A. B., Hakanen, J. J., Demerouti, E., Xanthopoulou, D. (2007): Job Resources Boost Work Engagement, Particularly When Job Demands Are High. *Journal of Educational Psychology*. Vol. 99, No. 2, 274–284.

100 Lisbona, A., Palací, F. J., Salanova, M., & Frese, M. (2009). The effects of work engagement and self-efficacy on personal initiative and performance. Submitted for publication.

101 Fay, D., & Sonnentag, S. (2002): Rethinking the effects of stressors: A longitudinal study on personal initiative. *Journal of Occupational Health Psychology*, 7, 221–234.

102 Amabile, T. M., Conti, R., Coon, H., Lazenby, J., & Herron, M. (1996). Assessing the work environment for creativity. *Academy of Management*, 39, 1154–1184.

103 Kotter, J. P. (1996): Kotter, J. P. (1996). *Leading Change*. Harvard Business School Press.

104 Vergl. Morrison, E. W., & Phelps, C. C. (1999): Taking charge at work: Extrarole efforts to initiate workplace change. *Academy of Management Journal*, 42: 403–419.

105 Kasper, H., Mayrhofer, W. (1996). *Personalmanagement Führung Organisation*. Wirtschaftsverlag Carl Ueberreuter, Wien.

106 Fay, D. & Frese, M. (2013): Eigeninitiative. In: W. Sarges (Ed): *Management-Diagnostik* (pp. 316–322). Goettingen, Germany: Hogrefe.

107 Klein, K. J., Dansereau, F., & Hall, R. J. (1994): Levels issues in theory development, data collection, and analysis. *Academy of Management Review*, 19, 195–229.; Edmondson, A. (1999). Psychological safety and learning behavior in work teams. *Administrative Science Quarterly*, 44, 350–383.

108 Edmondson, A. (1999): Psychological safety and learning behavior in work teams. *Administrative Science Quarterly*, 44, 350–383.

109 Baer, M., & Frese, M. (2003): Innovation is not enough: Climates for initiative and psychological safety, process innovations and firm performance. *Journal of Organizational Behavior*, 24, 45–68.

110 Ringel, M., Taylor, A., Zablit, H. (2015). The most innovative companies 2015. Four factors that differentiate leaders. The Boston Consulting Group. https://media-publications.bcg.com/MIC/BCG-Most-Innovative-Companies-2015-Nov-2015.pdf.

111 Schimroszik, N. (2017): Rückschläge in Siege verwandeln. Wie und was wir aus den Niederlagen der Großen lernen können. Finanzbuch Verlag.

112 Z. B. Ringel, M., Taylor, A., Zablit, H. (2015). The most innovative companies 2015. Four factors that differentiate leaders. The Boston Consulting Group, S. 18 –20.

113 Zum Begriff *Fehlermanagementkultur*: häufig findet man den Begriff »Fehler– Kultur« in der gängigen Literatur oder in Artikeln. Wir sprechen nicht von einer Fehlerkultur, sondern von einer Fehlermanagementkultur. Der Unterschied besteht darin, dass Unternehmen eine Kultur entwickeln müssen, innerhalb derer Fehler gut gemanagt werden können. Das Problem ist ja, dass Fehler nicht nur positive Effekte produzieren, sondern auch negative. Diese negativen Konsequenzen sollen dadurch vermieden werden, dass man Fehler gut managt. Management von Fehlern beinhaltet, dass man versucht, aus Fehlern zu lernen, dass man die Angestellten nicht bestraft, wenn sie einen Fehler machen. Das bedeutet aber auch, dass man Routinen entwickelt, wie man die negativen Konsequenzen verringert, z. B. indem man schnell auf Fehler reagiert und die Probleme beseitigt.

114 Vergl. Frese in Schimroszik, N. (2017): Rückschläge in Siege verwandeln. Wie und was wir aus den Niederlagen der Großen lernen können. Finanzbuch Verlag.

115 https://dgfp.de/wissen/personalwissen-direkt/dokument/

116 Semmer, N., & Pfaefflin, M. (1978): *Interaktionstraining. Ein handlungstheoretischer Ansatz zum Training sozialer Fertigkeiten.* Basel: Weinheim.

117 Vergl. Dormann, T., & Frese, M. (1994). Error Training: Replication and the Function of Exploratory Behavior. *International Journal of Human-Computer Interaction*, 6 (4), 365–372.

118 Brodbeck, Frese & Zapf (1991): Brodbeck, Frese & Zapf (1991). *Fehler bei der Abeit mit dem Computer.* Bern: Huber.

119 Frese, M. & Fay, D. (2000): Entwicklung von Eigeninitiative: Neue Herausforderung für Mitarbeiter und Manager. In M. K. Welge, K. Häring & A. Voss (Hrsg.), *Management Development* (S. 2–16). Stuttgart: Schäffer-Poeschel; Baer, M., & Frese, M. (2003): Innovation is not enough: Climates for initiative and psychological safety, process innovations and firm performance. *Journal of Organizational Behavior*, 24, 45–68; van Dyck, C., Frese, M., Baer, M., & Sonnentag, S. (2005): Organizational error management culture and its impact on performance: A two-study replication. *Journal of Applied Psychology*, 90, 1228–1240.

120 Fehlerberichts- und Lernsystem für Hausarztpraxen: https://www.jeder-fehler-zaehlt.de/public/comment/commentOverview.jsp

121 Schimroszik, N. (2017): Rückschläge in Siege verwandeln. Wie und was wir aus den Niederlagen der Großen lernen können. Finanzbuch Verlag.

122 Vergl. Morrison, E. W., & Phelps, C. C. (1999): Taking charge at work: Extrarole efforts to initiate workplace change. *Academy of Management Journal*, 42: 403–419.

123 Vergl. Franken, S. (2016): Instrumente der strukturellen Führung. In: Führen in der Arbeitswelt der Zukunft. Springer Gabler, Wiesbaden. https://link.springer.com/chapter/10.1007%2F978-3-658-11613-2_7.

124 Vergl. Doppler, K., Simon, F. B., Wimmer, R. im Interview über »Change im Fluss der Dinge« in *OrganisationsEntwicklung, Zeitschrift für Unternehmensentwicklung und Change-Management.* Ausgabe 3/17. Prinzien des Wandels – Zwischen Anspruch und Anwendung.

125 Den Hartog, D. N., Belschak, F. D. (2012): When does transformational leadership enhance employee proactive behavior? The role of autonomy and role breadth self-efficacy, *Journal of Applied Psychology*, 97, 194–202.

126 Z. B. http://www.manager-magazin.de/magazin/artikel/0,2828,567992,00.html

127 Bass, B. M., & Avolio, B. J. (1994): *Improving organizational effectiveness through transformational leadership.* Thousand Oaks, CA: Sage.

128 Lewin, K. (1951): Field theory in social science. New York: Harper. Low, M. B., & MacMillan, B. C. (1988). Entrepreneurship: Past research and future challenges. *Journal of Management*, 14(2), 139–162.

129 Leonardo Araújo & Rogério Gava (2012): *Proactive Companies. How to anticipate market changes.* Palgrave Macmillan, FDC.

130 Bass, B. M. (1985): *Leadership and Performance beyond Expectations.* London: Free Press; Leonardo Araújo & Rogério Gava (2012): *Proactive Companies.* How to anticipate market changes. Palgrave Macmillan, FDC.

131 Griffin, M. A., Parker, S. K., & Mason, C. M. (2010): Leader vision and the development of adaptive and proactive performance: A longitudinal study. *Journal of Applied Psychology.*

132 Vergl. Kotter, J. P. (1996). *Leading Change.* Harvard Business School Press.

133 Shamir, B., House, R. J., & Arthur, M. B. (1993): The motivational effects of charismatic leadership: A self-concept based theory. *Organization Science*, 4, 577–594.

134 Vergl. Griffin, M. A., Parker, S. K., & Mason, C. M. (2010): Leader vision and the development of adaptive and proactive performance: A longitudinal study. *Journal of Applied Psychology*.

135 Xue, X. (2009): Beitrag auf dem zweiten internationalen Workshop »Knowledge Discovery and Data Mining 02, 2009 (WKDD 2009).

136 Leonardo Araújo & Rogério Gava (2012): *Proactive Companies*. How to anticipate market changes. Palgrave Macmillan, FDC.

137 Vergl. Leonardo Araújo & Rogério Gava (2012): *Proactive Companies*. How to anticipate market changes. Palgrave Macmillan, FDC.

138 Vergl. Fay, D., Lührmann, H.; & Kohl, C. (2004): Proactive climate in a post-reorganization setting: When staff compensate managers' weakness. *European Journal of Work and Organizational Psychology*, 13:2, 241–267.

139 Deanne N. Den Hartog & Frank Belschak (2012): When does transformational leadership enhance employee proactive behavior? The Role of autonomy and Role Breadth self-efficacy. *Journal of Applied Psychology* 2012, Vol. 97, No. 1, 194–202.

140 Vergl. Morrison, E. W., & Phelps, C. C. (1999): Taking charge at work: Extrarole efforts to initiate workplace change. *Academy of Management Journal*, 42: 403–419.

141 Ebd.

142 Ebd.

143 Fay, D. & Frese, M. (2013): Eigeninitiative. In: W. Sarges (Ed): *Management-Diagnostik* (pp. 316–322). Goettingen, Germany: Hogrefe.

144 Vergl. Frese, M., Tornau, K. & Fay, D. (2008): Forschung zur Analyse und Förderung der Eigeninitiative. Love it, leave it or change it. *Personalführung, 41(3)*, 48–57; Frese, M. & Fay, D. (2000): Entwicklung von Eigeninitiative: Neue Herausforderung für Mitarbeiter und Manager. In: M. K. Welge, K. Häring & A. Voss (Hrsg.), *Management Development* (S. 2–16). Stuttgart: Schäffer-Poeschel.

145 Koop, S., De Reu, T., & Frese, M. (2000): Sociodemographic factors, entrepreneurial orientation, personal initiative, and environmental problems in Uganda. In: M. Frese (Ed.), *Success and failure of microbusiness owners in Africa: A psychological approach* (pp. 55–76). Westport, Ct.: Quorum; Krauss, S. I., Frese, M., Friedrich, C., & Unger, J. (2005). Entrepreneurial orientation and success: A psychological model of success in Southern African small scale business owners. *European Journal of Work and Organizational Psychology*, 14, 315–344.

146 Frese, M., Fay, D., Hilburger, T., Leng, K., & Tag, A. (1997). The concept of personal initiative: Operationalization, reliability and validity in two German samples. *Journal of Occupational and Organizational Psychology*, 70, 139–161.

147 Seibert, S. E., Kraimer, M. L., & Crant, J. M. (2001). What do proactive people do? A longitudinal model linking proactive personality and career success. Personnel Psychology, 54: 845–874.

148 Ebd.; vergl. Thomas, J. P., Whitman, D. S., & Viswesvaran, C. (2010). Employee proactivity in organizations: A comparative meta-analysis of emergent proactive constructs. *Journal of Occupational and Organizational Psychology*, 83, 275–300.

149 Organ, D. (1997): Organ, D. (1997). Organizational citizenship behavior: It's construct clean-up time. *HumanPerformance*, 12(2): 85–97.

150 Hakanen, J. J., Perhoniemi, R., & Toppinen-Tanner, S. (2008). Positive gain spirals

at work: From job resources to work engagement, personal initiative, and work-unit innovativeness. *Journal of Vocational Behavior*, 73, 78–91.

151 Vergl. Bakker, A. B., Hakanen, J. J., Demerouti, E., Xanthopoulou, D. (2007): Job Resources Boost Work Engagement, Particularly When Job Demands Are High. *Journal of Educational Psychology*. Vol. 99, No. 2, 274–284.

152 LePine, J. A., & Van Dyne, L. (1998): Predicting voice behavior in work groups. *Journal of Applied Psychology*, 83, 853–868.

153 Fay, D., & Sonnentag, S. (1998). Stressors and Personal Initiative: A Longitudinal Study on Organizational Behavior (manuscript submitted for publication).

154 Frese, M., Tornau, K. & Fay, D. (2008): Frese, M., Tornau, K. & Fay, D. (2008). Forschung zur Analyse und Förderung der Eigeninitiative. Love it, leave it or change it. *Personalführung, 41(3)*, 48–57; Frese, M. & Fay, D. (2000): Entwicklung von Eigeninitiative: Neue Herausforderung für Mitarbeiter und Manager. In: M. K. Welge, K. Häring & A. Voss (Hrsg.), *Management Development* (S. 2–16). Stuttgart: Schäffer-Poeschel.

155 Frese, M., Tornau, K. & Fay, D. (2008): Frese, M., Tornau, K. & Fay, D. (2008). Forschung zur Analyse und Förderung der Eigeninitiative. Love it, leave it or change it. *Personalführung, 41(3)*, 48–57.

156 Baer, M., & Frese, M. (2003): Innovation is not enough: Climates for initiative and psychological safety, process innovations and firm performance. *Journal of Organizational Behavior*, 24, 45–68; Crant, J. M. (1995); Koop, S., De Reu, T., & Frese, M. (2000); Krauss, S. I., Frese, M., Friedrich, C., & Unger, J. (2005); Miron, E., Erez, M., & Naveh, E. (2004); Utsch, A., & Rauch, A. (2000).

157 Baer, M., & Frese, M. (2003): Innovation is not enough: Climates for initiative and psychological safety, process innovations and firm performance. *Journal of Organizational Behavior*, 24, 45–68.

158 Fay, D., Lührmann, H.; & Kohl, C. (2004): Proactive climate in a post-reorganization setting: When staff compensate managers' weakness, *European Journal of Work and Organizational Psychology*, 13:2, 241–267.

159 Baer, M., & Frese, M. (2003): Innovation is not enough: Climates for initiative and psychological safety, process innovations and firm performance. *Journal of Organizational Behavior*, 24, 45–68.

160 Ebd.

161 Vergl. Fay, D., Lührmann, H.; & Kohl, C. (2004): Proactive climate in a post-reorganization setting: When staff compensate managers' weakness, *European Journal of Work and Organizational Psychology*, 13:2, 241–267.

162 Fay, D., & Kamps, A. (2006). Work characteristics and the emergence of a sustainable workforce: Do job design principles matter? Gedrag en Organisatie, 19, 184–203.

163 Fischer, S. & Frese, M., Mertins J. C., Hardt, J. V., Flock, T., Schauder, J., Schmitz, M., & Wiegel, J. (2014). Climate for Personal Initiative and Radical and Incremental Innovation in Firms: A Validation Study. Journal of Enterprising Culture, Vol. 22, No. 1 (March 2014) 91–109.

164 Rosenbusch, N., Brinckmann, J. and Bausch, A. (2011). Is innovation always beneficial? A meta-analysis of the relationship between innovation and performance in SMEs. Journal of Business Venturing, 26(4): 441–457.

165 Gleb Tritus, Director & Member of the Management Board at Lufthansa Innovation Hub im Interview mit LinkedIn (2017). https://linkedin.com/pulse/design-thinking-ist-ein-sandkasten-der-mit-leben-gefüllt-jörg-bueroße.

166 Drejer, A., Christensen, K. S. & Ulhoi, J. P., 2004: Understanding intrapreneurship by means of state-of-the-art knowledge management and organisational learning theory. *International Journal of Management and Enterprise Development*, Vol. 1, No. 2.

167 Kotter, J. P. (1995). Leading Change: Why Transformation Efforts Fail. Harvard Business Review March-April 1995.

168 Fischer, S.; Frese, M.; Mertins, J. C.; Hardt, J. V.; Flock, T.; Schauder, J.; Schmitz, M.; Wiegel, J. (2014): Climate for personal initiative and radical and incremental innovation in firms: A validation study. *Journal of Enterprising Cult*ure, 22, 91–109. Die Abbildung wurde aus den Daten dieser Studie erstellt. Nicht veröffentlicht im Rahmen der Studie.

169 Frese, M., & Zapf, D. (1994): Action as the core of work psychology: A German approach. In: H. C. Triandis, M. D. Dunnette & L. Hough (Eds), *Handbook of Industrial and Organizational Psychology* (Vol. 4, pp. 271–340). Palo Alto, California: Consulting Psychologists Press.

Handlungssequenz: Aktionen sind in einem Handlungsprozess eingebunden: Eine Handlung ist eine Abfolge von Zielsetzung, Informationssuche, Handlungsplanung, Durchführung der Handlung und deren Überwachung und dem Einholen von Feedback zu der entsprechenden Handlung. Jeder dieser Schritte ist für aktive Handlungen notwendig, die Reihenfolge kann jedoch variieren.

170 Fischer, S.; Frese, M.; Mertins, J. C.; Hardt, J. V.; Flock, T.; Schauder, J.; Schmitz, M.; Wiegel, J. (2014): Climate for personal initiative and radical and incremental innovation in firms: A validation study. *Journal of Enterprising Cult*ure, 22, 91–109.

171 Frese, M., & Fay, D. (2001): Personal initiative: An active performance concept for work in the 21st century. In: B. M. Staw & R. I. Sutton (Eds.), Research in organizational behavior (Vol. 23, pp. 133–187). Amsterdam: Elsevier; Glaub, M. E., (2009) Training Personal Initiative to Business Owners in developing countries: a theoretically derived intervention and its evaluation. GEB – Giessener Elektronische Bibliothek. http://geb.uni-giessen.de/geb/volltexte/2009/7240/pdf/Glaub-Matthias_2009_11_02.pdf.

172 Frese et al. (2007): Frese, M., Krauss, S. I., Keith, N., Escher, S., Grabarkiewicz, R., Luneng, S. T., Heers, C., Unger, J., Friedrich, C., (2007). Business Owners' Action Planning and Its Relationship to Business Success in Three African Countries. Journal of Applied Psychology, 92, 1481–1498.

173 Binnewies, C., Ohly, S., Sonnentag, S., (2007): Taking personal initiative and communicating about ideas: What is important for the creative process and for idea creativity? *European Journal of Work and Organizational Psychology*.

174 Baer, M., & Frese, M. (2003): Innovation is not enough: Climates for initiative and psychological safety, process innovations and firm performance. *Journal of Organizational Behavior*, 24, 45–68.

175 Ebd.

176 Ebd.

177 Ebd.

178 Z. B. Wall, T. D., & Jackson, P S. (1995). New manufactoring initiatives and shopfloor job design. In: A. Howard (Ed.), *The Changing Nature of Work* (pp. 139–174). San Francisco: Jossey-Bass.

179 Baer, M., & Frese, M. (2003): Innovation is not enough: Climates for initiative

and psychological safety, process innovations and firm performance. *Journal of Organizational Behavior*, 24, 45–68.

180 Fay, D., Lührmann, H., & Kohl, C. (2004): Proactive climate in a post-reorganization setting: When staff compensate managers' weakness, *European Journal of Work and Organizational Psychology*, 13:2, 241–267.

181 Deanne N. Den Hartog & Frank Belschak (2012): Deanne N. Den Hartog & Frank Belschak (2012): When does transformational leadership enhance employee proactive behavior? The Role of autonomy and Role Breadth self-efficacy. *Journal of Applied Psychology* 2012, Vol.97, No. 1, 194–202.

182 Fay, D., Lührmann, H., & Kohl, C. (2004): Proactive climate in a post-reorganization setting: When staff compensate managers' weakness, *European Journal of Work and Organizational Psychology*, 13:2, 241–267.

183 Fay, D. & Frese, M. (2013): Eigeninitiative. In W. Sarges (Ed): *Management-Diagnostik* (pp. 316–322). Goettingen, Germany: Hogrefe.

184 Morrison, E. W., & Phelps, C. C. (1999): Morrison, E. W., & Phelps, C. C. (1999): Taking charge at work: Extrarole efforts to initiate workplace change. *Academy of Management Journal*, 42: 403–419.

185 Baer, M., & Frese, M. (2003): Innovation is not enough: Climates for initiative and psychological safety, process innovations and firm performance. *Journal of Organizational Behavior*, 24, 45–68.

186 Aus im Internet veröffentlichten Interviews mit Dr. F. G. Pferdt, Innovationschef, Google: 1. Innovation für Fortschritt: Googles Innovationschef Frederik G. Pferdt im Interview, Stanford (20.09.2016). https://www.transformationbeats.com/de/innovation/was-wird-herr-pferdt/. 2. http://www.manager-magazin.de/magazin/artikel/frederik-pferdt-im-interview-a-1120063.html 10/2016 3. https://www.brandeins.de/wissen/brand-eins-thema-innovation/innovation-los-lassen/google-innovationschef-frederik-g-pferdt-im-interview/ 4. Innovation für Fortschritt: Googles Innovationschef Frederik G. Pferdt im Interview, Stanford (20.09.2016). https://www.transformationbeats.com/de/innovation/was-wird-herr-pferdt/

187 Ebd.

188 Vergl. Hacker, W. (1986): Hacker, W. (1986). *Arbeitspsychologie*. Bern: Huber.; Ilgen, D., & Hollenbeck, J. (1991): Ilgen, D. R., & Hollenbeck, J. R. (1991). The structure of work: Job design and roles. In: M. D. Dunnette & L. M. Hough (JZds), *Handbook of Industrial and Organizational Psychology* (Vol. 2, pp. 165–208). Palo Alto, Calif.: Consulting Psychologists Press.

189 Salanova, M., & Schaufeli, W. B. (2008): A cross-national study of work engagement as a mediator between job resources and proactive behaviour. *International Journal of Human Resource Management*, 19: 116–131.

190 Frese, M. & Fay, D. (2000): Entwicklung von Eigeninitiative: Neue Herausforderung für Mitarbeiter und Manager. In: M. K. Welge, K. Häring & A. Voss (Hrsg.), *Management Development* (S. 2–16). Stuttgart: Schäffer-Poeschel.

191 Frese, M., Garst, H., & Fay, D. (2007): Frese, M., Garst, H., & Fay, D. (2007). Making things happen: Reciprocal relationships between work characteristics and personal initiative in a four-wave longitudinal structural equation model. *Journal of Applied Psychology*, 92: 1084–1102.

192 Vergl. Reziproker Determinismus: Bandura, A. (1986): *Social foundations of thoughts and action: A social cognitive view*. Englewood Cliffs. NJ: Prentice Hall; Ilgen, D., & Hollenbeck, J. (1991): The structure of work: Job design and roles. In:

Dunnette, M. D., & Hough, L. M. Eds. *Handbook of industrial and organizational psychology*. Vol. 2 (pp. 165–208). Palo Alto: Consulting Psychologists Press; Staw, B. M., & Boettger, R. D. (1990): Task revision: A neglected form of work performance. *Academy of Management Journal, 33,* 534–559; Organ, D. W. (1988): *Organizational citizenship behavior: The good soldier syndrome.* Lexington, MA: Lexington Books.

193 Vergl. Bandura, A. (1986): Social foundations of thoughts and action: A social cognitive view. Englewood Cliffs. NJ: Prentice Hall.

194 Z. B. Hakanen, J. J., Perhoniemi, R., & Toppinen-Tanner, S. (2008). Positive gain spirals at work: From job resources to work engagement, personal initiative and work-unit effectiveness. Journal of Vocational Behavior, 73, 78–91.

195 Vergl. Frese, M. & Fay, D. (2000). Entwicklung von Eigeninitiative: Neue Herausforderung für Mitarbeiter und Manager. In M. K. Welge, K. Häring & A. Voss (Hrsg.), *Management Development* (S. 2–16). Stuttgart: Schäffer-Poeschel.

196 Hahn, V. C., Frese M., Binnewies C., Schmitt A., (2012). Happy and Proactive? The Role of Hedonic and Eudaimonic Well-Being in Business Owners' Personal Initiative. *Entrepreneurship Theory & Practice*. Vol. 36, Issue 1, 97–114.

197 Latham, G. P., & Locke, E. A. (2007). New developments in and directions for goal-setting research. *European Psychologist, 12,* 290–300.

198 Vergl. Latham, G. P., & Locke, E. A. (2007). New developments in and directions for goal-setting research. *European Psychologist, 12,* 290–300.

199 Lindsley, D. H., Brass, D. J., & Thomas, J. B. (1995). Efficacy-performance spirals: A multilevel perspective. *Academy of Management Review, 20,* 645–678.

200 Ford, H. Amerikanischer Großindustrieller, 1863–1947.

201 Judge, T. A., Thoresen, C. J., Bono, J. E., & Patton, G. K. (2001). The job satisfaction-performance relationship: A qualitative and quantitative review. *Psychological Bulletin, 127,* 376–407.

202 Staw, B. M./Sandelands L. E./Dutton, J. E. (1981).

203 Van Gelderen, M., Frese, M., & Thurik, R. (2000). Strategies, uncertainty and performance of small business startups. Small Business Economics, 15, 165–181.

204 Vergl. Katz, D. (1964): The motivational basis of organizational behavior. *Behavioral Science, 9,* 131–146.

205 Sonnentag, S., & Frese, M., (2009). Chapter prepared for the Oxford Handbook of Industrial and Organizational Psychology (edited by Steve W. J. Kozlowski).

206 Vergl. Fischer, S., & Frese, M. (2014). Erfolgreiche Unternehmer. In: W. Plumpe (Hrsg.), *Unternehmer –Fakten und Fiktionen: historisch-biografische Studien.* (S. 57–79). (Schriften des historischen Kollegs; Band 88). München: Oldenbourg Wissenschaftsverlag.

207 Frese, M. & Fay, D. (2000): Entwicklung von Eigeninitiative: Neue Herausforderung für Mitarbeiter und Manager. In: M. K. Welge, K. Häring & A. Voss (Hrsg.), *Management Development* (S. 2–16). Stuttgart: Schäffer-Poeschel.

208 Artikel Handelsblatt, Autor: Christoph Schlautmann, 05.01.2012. http://www.handelsblatt.com/unternehmen/industrie/fotoindustrie-kodak-droht-der-untergang-seite-all/6021928-all.html

209 Hakanen, J. J., Perhoniemi, R., & Toppinen-Tanner, S. (2008): Positive gain spirals at work: From job resources to work engagement, personal initiative and work-unit innovativeness. *Journal of Vocational Behavior,* 73 (1), 78–91.

210 Salanova, M., & Schaufeli, W. B. (2008): A cross-national study of work engage-

ment as a mediator between job resources and proactive behaviour. *International Journal of Human Resource Management*, 19: 116–131.

211 Glaub, M., S. Fischer, M. Klemm, and M. Frese (2009), »Training personal initiative to business owners«. University of Giessen: Manuscript; Autio, E. (2005). Global entrepreneurship monitor 2005 report on high-expectation entrepreneurship. London: London Business School.
212 Frese, M. & Fay, D. (2000): Entwicklung von Eigeninitiative: Neue Herausforderung für Mitarbeiter und Manager. In: M. K. Welge, K. Häring & A. Voss (Hrsg.), *Management Development* (S. 2–16). Stuttgart: Schäffer-Poeschel.
213 Statistisches Bundesamt (Angaben aus 2014), https://www.destatis.de/DE/ZahlenFakten/GesamtwirtschaftUmwelt/UnternehmenHandwerk/KleineMittlereUnternehmenMittelstand/Aktuell_.html.
214 Offensive Mittelstand (Angaben aus 2006), https://www.offensive-mittelstand.de/serviceangebote/fachinformationen/der-mittelstand-in-deutschland/die-volkswirtschaftliche-und-gesellschaftliche-bedeutung-von-kmu/?sword_list%5B%5D=KMU.
215 Davidsson, P. (1989). Entrepreneurship – and after? A study of growth willingness in small firms. *Journal of Small Business Venturing*, 4, 211–226; Wong, P. K., Ho, Y. P., & Autio, E. (2005). Entrepreneurship, innovation and economic growth: Evidence from GEM data. *Small Business Economics*, 24, 335–350.
216 Statistisches Bundesamt (Angaben 2014–2016). https://www.destatis.de/DE/ZahlenFakten/GesamtwirtschaftUmwelt/UnternehmenHandwerk/Gewerbemeldungen/Tabellen/Gewerbeanmeldungen_WZ.html.
217 http://www.oecd.org/economy/growth/indicatorsofproductmarketregulationhomepage.htm.
218 The World Bank Report (2017): http://www.doingbusiness.org/data/exploreeconomies/united-kingdom.
219 http://www.iwconsult.de/aktuelles/broschueren-publikationen/unternehmertum/.
220 Frese, M. & Fay, D. (2000): Entwicklung von Eigeninitiative: Neue Herausforderung für Mitarbeiter und Manager. In: M. K. Welge, K. Häring & A. Voss (Hrsg.), *Management Development* (S. 2–16). Stuttgart: Schäffer-Poeschel.
221 Mead, D. C., &Liedholm, C. (1998). The dynamics of micro and small enterprises in developing countries. *World Development*, 26, 61–74.
222 Glaub, M., S. Fischer, M. Klemm, & M. Frese (2009), »Training personal initiative to business owners«. University of Giessen: Manuscript.
223 Frese, M., Fay, D., Hilburger, T., Leng, K., & Tag, A. (1997): The concept of personal initiative: Operationalization, reliability and validity in two German samples. *Journal of Occupational and Organizational Psychology*, 70, 139–161.
224 Vergl. Frese, M. & Fay, D. (2001). Personal initiative (PI): An active performance concept for work in the 21st century. In: B. M. Staw & R. M. Sutton (Eds.), Research in organizational behavior (vol. 23, pp. 133–187). Amsterdam: Elsevier Science; Krauss, S. I., Frese, M., Friedrich, C., & Unger, J. (2005): Krauss, S. I., M. Frese, C. Friedrich, and J. Unger (2005), »Entrepreneurial orientation and success: A psychological model of success in Southern African small scale business owners«. *European Journal of Work and Organizational Psychology* 14, 315–344.
225 Locke, E. A. (1997). Prime movers: The traits of great business leaders. In: C. L. Cooper & S. E. Jackson (Eds), *Creating Tomorrow's Organizations* (pp. 75–96). Chichester, England: Wiley.

226 Vergl. Schumpeter, J. (1935): Theorie der wirtschaftlichen Entwicklung (Theory of Economic Development) 4 ed, Von Duncker and Humblot, Munich.

227 Vergl. Shane, S. and S. Venkataraman (2000). »The promise of entrepreneurship as a field of research«. *Academy of Management Review* 25, 217–226.

228 Clayton M. Christensen, (2000). *Harvard Business Review* Press, 2000. The Innovator's Dilemma: When New Technologies Cause Great Firms to Fail.

229 Pinchot, G. (1985). *Intrapreneuring*: Why you don't have to leave the corporation to become an entrepreneur. New York: Harper & Ro.

230 Vergl. Malek, M. & Ibach, K. P., (2004). *Entrepreneurship. Prinzipien, Ideen und Geschäftsmodelle zur Unternehmensgründung im Informationszeitalter*. dpunkt.verlag GmbH.

231 Vergl. Utsch, A., A. Rauch, R. Rothfuss, and M. Frese (1999). »Who becomes a small scale entrepreneur in a post-socialist environment«: On the differences between entrepreneurs and managers in East Germany«. *Journal of Small Business Management* 37(3), 31–42.

232 Beschreibung von Entrepreneurship in Frese, M. (2009). *Foundations and Trends in Entrepreneurship*. Vol. 5, No. 6, 437–496 »Toward a Psychology of Entrepreneurship – An Action Theory Perspective« (der sich bezieht auf: Gartner, W. B. (1989), »Who is an entrepreneur?‹ is the wrong question«. *Entrepreneurship Theory and Practice* 13(4), 47–68; Shane, S. and S. Venkataraman (2000), »The promise of entrepreneurship as a field of research«. *Academy of Management Review* 25, 217–226; Schumpeter, J. (1935), *Theorie der Wirtschaftlichen Entwicklung* [Theory of economic development]. Munich, Germany: Von Duncker & Humblot, 4th edition.

233 Glaub, M., S. Fischer, M. Klemm, & M. Frese (2009), »Training personal initiative to business owners«. University of Giessen: Manuscript.

234 Vergl. Lieberman, M. B. & Montgomery, D. B. (1988) First-Mover Advantages. *Strategic Management Journal*, 9, 41–58.

235 Glaub, M. E. (2009) Training Personal Initiative to Business Ownwers in Developing Countries:
A theoretically deroved intervention and its evaluation. Inaugural-Dissertation Universität Gießen (bezieht sich auf Gaglio, C. M., & Katz, J. (2001): The psychological basis of opportunity identification: Entrepreneurial alertness. *Small Business Economics*, 16, 95–111.; Fiet, J. O. (2002). *The systematic search for entrepreneurial discoveries*. Westport, CT: Quorum Books.; Hills, G. E., & Shrader, R. C. (1998). Successful entrepreneurs' insights into opportunity recognition. In: P. D. Reynolds (Ed.), *Frontiers of entrepreneurship research* (pp. 30–43). Wellsley, MA: Babson College.

236 Frese, M., & Fay, D. (2001): Personal initiative: An active performance concept for work in the 21st century. In B. M. Staw & R. I. Sutton (Eds.), *Research in organizational behavior* (Vol. 23, pp. 133–187). Amsderdam: Elsevier.

237 Glaub, M., S. Fischer, M. Klemm, & M. Frese (2009), ›Training personal initiative to business owners‹. University of Giessen: Manuscript.

238 Ebd.

239 Glaub, M., S. Fischer, M. Klemm, & M. Frese (2009) beziehen sich auf: Baum, J. R. (2004, August). Cognitions and behaviors of successful nascent entrepreneurs: A three-year panel study. Presented at the Academy of Management Meeting, New Orleans, LA.; Funder, D. C., & Ozer, D. J. (1983). Personality processes and individual differences. *Journal of Personality and Social Psychology*, 44, 107–112.

240 Frese, M., Tornau, K. & Fay, D. (2008): Forschung zur Analyse und Förderung der Eigeninitiative. Love it, leave it or change it. *Personalführung, 41(3)*, 48–57.

241 Klinger, B., Khwaja A., & LaMonte, J. (2013, Oktober). Improving Credit Risk Analysis with Psychometrics in Peru. Inter-American Development Bank.

242 Entrepreneurial Finance Lab Research Initiative at the Harvard Center for International Development (EFL): https://www.eflglobal.com/about/

243 Glaub, M., Frese, M., Fischer, S., & Hoppe, M. (2014): Increasing Personal Initiative in Small Business Managers or Owners Leads to Entrepreneurial Success: A Theory-Based Controlled Randomized Field Intervention for Evidence-Based Management. *Academy of Management Learnign & Education*, September 1, Vol. 13 no. 3.

244 Glaub, M., S. Fischer, M. Klemm, & M. Frese (2009), »Training personal initiative to business owners«. University of Giessen: Manuscript.

245 Vergl. Schimroszik, N. (2017): Rückschläge in Siege verwandeln. Wie und was wir aus den Niederlagen der Großen lernen können. Finanzbuch Verlag.

246 Bledow, R., Schmitt, A., Frese, M., & Kuehnel, J. (2011). The affective shift model of work engagement. *Journal of Applied Psychology, 96*, 1246–1257.

247 Vergl. Kuhl J., Kazén, M. (2003). Kuhl, J. & Kazén, M, (2003). Handlungs- und Lageorientierung: Wie lernt man, seine Gefühle zu steuern? In Rheinberg, F. & Stiensmeier-Pelster, J. (Hg.), *Diagnostik von Motivation und Selbstkonzept*. Göttingen: Hogrefe, 201–219.

248 Bledow, R., Rosing, K., & Frese, M. (2013). A dynamic perspective on affect and creativity. *Academy of Management Journal, 56*, 432–450.

249 Kuhl, J., Kazén, M., & Koole, S. L. (2006). Putting Self-Regulation Theory into Practice: A User's Manual. *Applied Psychology: An international review, 55* (3), 408–418.

250 Muraven, M., Baumeister, R. F., & Tice, D. M. (1999). Logitudinal improvement of self-regulation through pracitice: Building self-control strenght through repeated exercise. *Journal of Social Psychology, 139*(4), 446–458.

251 Bledow, R., Schmitt, A., Frese, M., & Kühnel, J. (2011). The Affective Shift Model of Work Engagement. *Journal of Applied Psychology*, Vol. 96 (No. 6), 1246–1257.

252 Interview mit Dennis von Ferenczy und Felix Haas. Mit freundlicher Genehmigung zur Veröffentlichung.

253 *Bits & Pretzels* »THE FOUNDERS FESTIVAL«: https://www.bitsandpretzels.com Von Andreas Bruckschlögl und Dr. Bernd Storm van's Gravesande 2014 ursprünglich als Weißwurst-Unternehmer-Frühstück ins Leben gerufen und zusammen mit Felix Haas seit 2015 zum Unternehmer Event mit jährlich 5000 intrenationalen Teilnehmern und 3-Tages-Programm ausgebautes Festival mit dem Setting dafür, dass sich Gründer, Investoren, Medienvertreter und Corporates austauschen und vernetzen.

254 Interview mit Gründer Ijad Madisch, mit freundlicher Erlaubnis zur Veröffentlichung.

255 http://de.pg.com/de-DE/ueber-pg-und-unsere-produkte/pg-geschichte

256 Interview mit Jochen Brenner, Associate-Director Human Resources Germany, Austria, Switzerland, mit freundlicher Erlaubnis zur Veröffentlichung.

257 Mensmann, M., & Frese, M. (2017). Proactive behavior training: Theory, design, and future directions. In: S. K. Parker & U. K. Bindl (Eds.), *Makings things happen in organizations* (pp. 434–468). New York City: Routledge. Campos, F., Frese, M.,

Goldstein, M., Iacovone, L., Johnson, H., McKenzie, D., et al. (2017). Teaching personal initiative beats traditional business training in boosting small business in West Africa. *Science, 357*, 1287–1290.

258 Ebd.

259 Ross, L. (1977). The intuitive psychologist and his shortcomings: Distortions in the attribution process. Advances in Experimental Social Psychology, L. Berkowitz (Hg.). New York: Academic Press.

260 Studien zeigen, dass der kulturelle Hintergrund einer Person eine Rolle spielt: Menschen aus westlichen, individualistischen Kulturen neigen stark dazu, den fundamentalen Attributionsfehler zu begehen, wohingegen diese Tendenz in kollektivistischen Kulturen nicht so stark ausgeprägt zu sein scheint. Z. B. Miller, J. G. (1984). »Culture and the development of everyday social explanation«. *Journal of Personality and Social Psychology.* 46 (5): 961–978.

261 Vergl. Wunderer, R., Küpers, W. (2003): Wunderer, R. Kuepers, W. (2003): *Demotivation – Remotivation – Wie Leistungspotentiale blockiert und reaktiviert werden.* Neuwied: Luchterhand.

262 Rüegg-Stürm, J. (2005). *Das neue St. Galler Management-Modell*, Haupt Verlag, Bern.

263 Vergl. Doppler, K., Simon, F. B., Wimmer, R. im Interview über »Change im Fluss der Dinge« in *OrganisationsEntwicklung, Zeitschrift für Unternehmensentwicklung und Change Management.* Ausgabe 3/17. Prinzien des Wandels – Zwischen Anspruch und Anwendung.

264 Kanfer, R., Frese, M., & Johnson, R. E. (2017). Motivation related to work: A century of progress. *Journal of Applied Psychology – Centennial Special Issue, 102*, 338–355.

265 Ebd.

266 Deci, E. L., & Ryan, R. M. (1985). Intrinsic motivation and self-determination in human behavior. New York: Plenum.

267 de Charms, R. (1968), *Personal Causation*, New York: Academic Press.; Deci, E. L. (1975). *Intrinsic motivation*. New York: Plenum.

268 Maslow, A. H. (1954). *Motivation and personality*. New York: Harper & Row.

269 Murray, H. (1938). Explorations in personality. New York: Oxford University Press.

270 Fay, D.; Frese, M., (2000). Self-starting behavior at work: Towards a theory of personal initiative. In: Heckhausen, J. (ed) Motivational psychology of human development: Developing motivation and motivating development. Amsterdam, Netherlands, Elsevier, Pages: 307–337.

271 Overjustification effect (Korrumpierungseffekt) beschrieben in: Deci, E. L., Koestner, R., Ryan, R. M. (1999). A Meta-Analytic Review of Experiments Examining the Effects of Extrinsic Rewards on Intrinsic Motivation. Psychological Bulletin, Vol. 125, No. 6, 627–6. Die grundsätzliche Debatte zum bedingungslosen Grundeinkommen und der Frage, wie sich Motivation und Arbeit dann zueinander verhalten würden, lassen wir hier bewusst außen vor.

272 Vergl. Frese, M., Teng, E., Wijnen, C. J. D., (1999). Helping to improve suggestion systems: predictors of making suggestions in companies. *Journal of Organizational Behavior*, Vol. 20 Issue 7.

273 Parker, S. K., Bindl, U. K., & Strauss, K. (2010): Making Things Happen: A Model of Proactive Motivation. *Journal of Management* Vol. 36 No. 4, July 2010.

274 Fischer, S., & Frese, M. (2014). Erfolgreiche Unternehmer. In: W. Plumpe

(Hrsg.), *Unternehmer – Fakten und Fiktionen: historisch-biografische Studien*. (S. 57–79). (Schriften des historischen Kollegs; Band 88). München: Oldenbourg Wissenschaftsverlag.

275 Tang & Hal, 1995: Tang, S. H., & Hall, V C. (1995). The overjustification effect: A meta-analysis. *Applied Cognitive Psychology*, 9, 356–404.

276 Fay, D., Sonnentag, S., & Frese, M. (2001). Stressors, innovation, and personal initiative: Are stressors always detrimental? In: C. L. Cooper (Ed.), Theories of organizational stress: 170–189. New York: Oxford University Press.

Register

Alexander Groth
**Der Chef, den ich nie
vergessen werde**
Wie Sie Loyalität und Respekt
Ihrer Mitarbeiter gewinnen

2017. 223 Seiten

Auch als E-Book erhältlich

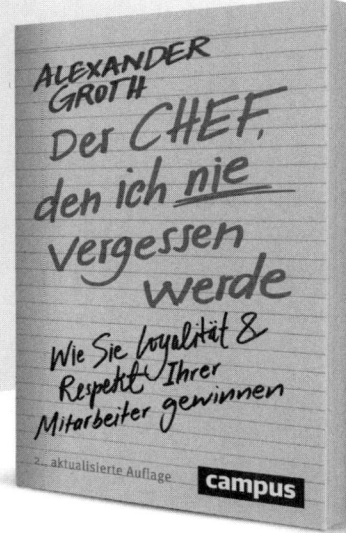

Persönlich führt sich's besser!

Großartige Führungskräfte sind vor allem großartige Persönlichkeiten. Deshalb zeigt Alexander Groth in dieser komplett
überarbeiteten Neuauflage, wie jeder Manager seine starken
persönlichen Eigenschaften nach und nach entwickeln kann.
Am Ende des Prozesses steht ein Mensch, der sein Leben nicht
auf Karriereoptimierung ausrichtet, sondern andere mit Demut,
Akzeptanz und Vertrauen führt. Nur so hinterlässt man Spuren
in den Unternehmen sowie in den Köpfen und Herzen seiner
Mitarbeiter.